Jichu Kexue Yanjiu Zhongxin Zhuanyi De Zhishi Tupu

基础科学研究中心转移的知识图谱

侯剑华◎编著

中山大学出版社
·广州·

版权所有　翻印必究

图书在版编目（CIP）数据

基础科学研究中心转移的知识图谱/侯剑华编著． －－广州：中山大学出版社，2024.10． －－ISBN 978 －7 －306 －08167 －4

Ⅰ．G322

中国国家版本馆 CIP 数据核字第 2024GJ6577 号

出 版 人：王天琪
策划编辑：李　文
责任编辑：李　文
封面设计：林绵华
责任校对：林　峥
责任技编：靳晓虹
出版发行：中山大学出版社
电　　话：编辑部 020 －84110283，84113349，84111997，84110779，84110776
　　　　　发行部 020 －84111998，84111981，84111160
地　　址：广州市新港西路 135 号
邮　　编：510275　传　　真：020 －84036565
网　　址：http://www.zsup.com.cn　E-mail：zdcbs@ mail. sysu. edu. cn
印 刷 者：广州一龙印刷有限公司
规　　格：787mm×1092mm　1/16　18 印张　324 千字
版次印次：2024 年 10 月第 1 版　2024 年 10 月第 1 次印刷
定　　价：70.00 元

如发现本书因印装质量影响阅读，请与出版社发行部联系调换

前　言

"中国要强盛、要复兴，就一定要大力发展科学技术，努力成为世界主要科学活动中心和创新高地。"① 习近平总书记关于我国建设世界主要科学活动中心的战略构想和重要论述为我国新时期加快实施创新驱动发展战略，实现高水平科技自立自强指明了方向。当前，我们迎来了世界新一轮科技革命和产业变革同我国发展方式转变的历史性交汇期，既面临着千载难逢的历史机遇，又面临着差距拉大的严峻挑战。全球科技竞争不断向基础研究前移，抢占世界基础科学研究的制高点，提升原始创新能力已经成为我国实现经济和社会高质量发展的重要课题。

中国古代是世界技术文明的中心。历史上，中国的四大发明对全世界人类文明产生了重大影响。以四大发明为代表的中国古代技术大多形成于生产生活实践，是为解决劳动过程中的具体问题而创造的"实用"技术，这与我国传统的农耕文化、政治制度以及社会组织制度有密切的关联。科学和技术并非等同的概念，在"实用"技术导向的古代社会，人们对以"自由"为基础的科学活动关注不够，系统、规范的科学知识体系未能完全建立和发展。中国古代无科学，曾经是中国学界的公论和共识。然而，诚如吴国盛教授所言，"中国古代有无科学，取决于如何理解和规定科学"。在以西方理性科学和近代数理实验为代表的科学范畴中，中国古代虽然没有建立起基于"契约"关系的自由理性的科学体系，但是中国古代的科学知识仍然为"实用"技术的创造和发展提供了重要的基础。一方面，以"算经十书"为代表的古代数学知识、以《黄帝内经》《伤寒杂病论》《千金方》《本草纲目》等为代表的医学知识、以《夏小正》《甘石星经》《授时历》等为代表的天文历法知识、以《齐民要术》等五大农书为代表的农业知识，以及古代的物理、冶金、化学等知识对我国乃至世界范围的知识创造贡献了重要价值；另一方面，以古代数学、医学、农学、天文学等为基础发展起来的原理性知识是技术发明的重要知识基础。可以认为我国古代已经开始形成技术科学的雏形。钱学森先生认为技术科学是介于自然科

---

① 习近平2018年5月28日在中国科学院第十九次院士大会、中国工程院第十四次院士大会上的讲话。

学与工程技术之间的一门独立的学科，也可称之为桥梁；它是从自然科学和工程技术的互相结合中产生出来的，是为工程技术服务的一门学问。因此，虽然不同于西方理性科学和近代数理实验科学，但是中国古代文化中已经形成了基础科学知识的"基因"，为当前我国加快推进基础科学研究奠定了重要的知识基础。

进入 21 世纪以来，全球科技创新进入空前密集活跃的时期，新一轮科技革命和产业变革正在重构全球创新版图、重塑全球经济结构。基础科学研究的重要性日益突显。近年来，我国在铁基超导材料、量子反常霍尔效应、多光子纠缠，以及中微子振荡、干细胞等领域取得了一系列重要的基础科学研究成果，并已成为全球高质量论文的主要贡献国之一。但是，我国基础科学研究对技术和创新的支撑能力仍然不足，"卡脖子"的技术问题依然明显存在。特别是我国重大原始创新成果依然缺乏，应对世界新一轮科技革命的挑战，基础科学的研究质量和能力仍亟待提升。通过系统地梳理国际上基础科学领域研究中心的转移规律、探索基础科学研究中心形成的影响因素，对当前我国进一步提升基础科学研究水平、形成世界主要科学活动中心和创新高地具有一定的理论和实践价值。新一代信息技术、生命科学技术、智能制造技术、新能源技术的加速突破应用和变革正在为基础科学研究提供更多的创新源泉，当前比历史上任何时期都更加需要加强基础科学研究，都更加需要基础科学领域的重大突破[①]。挖掘基础科学研究中心的转移规律，揭示世界主要基础科学活动中心的基本特征，对于突破前沿技术和颠覆性技术，加快推进先进技术的适用情景和使用效率具有一定的现实意义。

习近平总书记指出，基础研究是整个科学体系的源头，是所有技术问题的总机关。要瞄准世界科技前沿，抓住大趋势，下好"先手棋"，打好基础、储备长远。中美贸易战持续升级的背后，"卡脖子"技术已成为制约我国实现高水平科技自立自强和高质量发展的核心问题。虽然这其中涉及政治和外交等因素，但归根结底是与基础研究相关的科学知识问题。实现前瞻性基础研究和引领性原创成果重大突破，是突破"卡脖子"技术问题的关键环节，也是加快推进建设世界科技强国的根本要求。人类历史上，科技和人才总是向发展势头好、文明程度高、创新最活跃的地方集聚。形成世界主要的基础科学研究中心，需要良好的创新环境和条件保障，需要自

---

① 习近平 2018 年 5 月 28 日在中国科学院第十九次院士大会、中国工程院第十四次院士大会上的讲话。

由探索和甘于奉献的科学精神，更需要崇尚科学、向往科学的社会氛围。16世纪以来，综观全球先后形成的5个科学和人才中心，无一例外都具备优质的创新文化土壤。当前，我国比历史上任何时期都更加重视基础科学研究，加快科技体制改革，从创新环境、制度和政策保障等全方位推动科技创新文化和创新环境的建设，为加快形成世界主要的基础科学研究中心奠定了良好的条件。

本书内容既是作者近年来在学习和实践基础上的积累，也是群体智慧的成果，是在中山大学信息管理学院科学计量与科技评价团队师生的共同努力下完成的。本人在写作过程中，还参考了前辈和同行的大量研究成果。在此，衷心地向各位表示感谢！首先，我要郑重地感谢团队中的学生，他们查阅了大量的学术资料，在书稿的修改、校对和完善的过程中做了大量的工作，付出了辛勤的汗水，是大家共同的努力才有本书的问世。其次，要感谢我的家人，他们对我的工作给予了极大的支持、理解和帮助，承担了大量繁杂的家务，让我能够安心地学习和工作。其中还要特别地感谢我的妻子和女儿，谨以此书献给她们！

由于作者水平有限，本书的疏漏和不足在所难免，请广大读者提出宝贵意见。

侯剑华

2024年8月

目 录

1 近代世界科学活动中心的转移 ··· 1
1.1 第一个科学活动中心——意大利 ··· 1
1.1.1 在文艺复兴中崛起的意大利 ··· 2
1.1.2 意大利与近代科学的诞生 ··· 3
1.1.3 意大利科学活动中心地位的衰落 ··· 4
1.2 第二个科学活动中心——英国 ··· 5
1.2.1 英国基础科学的发展推动科学活动中心的形成 ··· 5
1.2.2 英国17—18世纪中叶领先世界的基础科学 ··· 7
1.2.3 英国科学活动中心地位的衰落 ··· 9
1.3 第三个科学活动中心——法国 ··· 10
1.3.1 法国基础科学的繁荣和科学活动中心的形成 ··· 10
1.3.2 1770—1830年法国基础科学的领先发展 ··· 11
1.3.3 法国在动荡中失去科学活动中心地位 ··· 13
1.4 第四个科学活动中心——德国 ··· 14
1.4.1 德国的大学改革与科学活动中心的形成 ··· 15
1.4.2 德国基础科学的繁荣发展 ··· 17
1.4.3 德国在战争中失去科学活动中心地位 ··· 21
1.5 第五个科学活动中心——美国 ··· 22
1.5.1 美国在战争中获得科学活动中心优势 ··· 23
1.5.2 学科交叉融合的美国"大科学"时代 ··· 25
1.5.3 美国科学活动中心地位的生命力 ··· 27
1.6 科学活动中心国家代表性基础研究情况 ··· 28

2 科学发展规律的理论探索 ··· 30
2.1 世界科学活动中心及其转移规律 ··· 30
2.1.1 早期对科学活动中心的探索 ··· 30
2.1.2 科学活动中心转移的定量分析 ··· 31
2.1.3 科学活动中心转移的研究拓展 ··· 33

        2.1.4 科学活动中心转移的原因解释 …………………… 36
　　2.2 科学加速发展规律的定量测度 ……………………………… 38
        2.2.1 普赖斯的指数增长模型 …………………………… 39
        2.2.2 逻辑曲线增长模型 ………………………………… 40
        2.2.3 其他科技文献增长模型 …………………………… 41
        2.2.4 科学加速发展规律的原因探索 …………………… 44
    2.3 科学发展模式的哲学阐释 …………………………………… 45
        2.3.1 库恩与科学革命的结构 …………………………… 45
        2.3.2 波普尔与拉卡托斯的科学发展模式 ……………… 46
        2.3.3 施耐德的科学发展四阶段模式 …………………… 46
    2.4 科学知识扩散及其测度 ……………………………………… 47
        2.4.1 科学知识扩散的释义 ……………………………… 47
        2.4.2 科学知识扩散的理论基础 ………………………… 50
        2.4.3 科学知识扩散的测度指标 ………………………… 52
    2.5 科学知识图谱与引文网络 …………………………………… 54
        2.5.1 科学知识图谱 ……………………………………… 54
        2.5.2 引文网络及其可视化 ……………………………… 56
        2.5.3 信息可视化技术分析工具 ………………………… 58
    2.6 本章小结 ……………………………………………………… 60

3 **基础数学研究中心转移的知识图谱** ………………………………… 61
    3.1 数据来源与分析 ……………………………………………… 61
        3.1.1 数据检索与处理 …………………………………… 61
        3.1.2 文献数量的整体分析 ……………………………… 62
        3.1.3 文献质量的整体分析 ……………………………… 65
    3.2 基础数学研究主题与知识基础的迁移 ……………………… 67
        3.2.1 研究知识基础的迁移 ……………………………… 67
        3.2.2 研究前沿的演化 …………………………………… 69
        3.2.3 研究中心主题转移的整体趋势 …………………… 71
    3.3 基础数学研究的中心区域转移 ……………………………… 75
        3.3.1 研究中心的热点区域 ……………………………… 75
        3.3.2 研究中心国家（地区）的转移 …………………… 76
        3.3.3 研究中心机构的转移 ……………………………… 79
        3.3.4 研究中心区域转移的整体趋势 …………………… 85

3.4 基础数学研究中心区域的影响力分析 ········· 86
  3.4.1 文献产出分析 ························· 86
  3.4.2 H指数分析 ··························· 86
  3.4.3 文献引用分析 ························· 87
3.5 本章小结 ····································· 90

4 凝聚态物理研究中心转移的知识图谱 ············ 92
4.1 数据来源与分析 ······························· 92
  4.1.1 数据检索与处理 ······················· 92
  4.1.2 文献数量的整体分析 ··················· 93
  4.1.3 文献质量的整体分析 ··················· 96
4.2 凝聚态物理研究主题与知识基础的迁移 ·········· 98
  4.2.1 研究知识基础的迁移 ··················· 98
  4.2.2 研究前沿的演化 ······················ 102
  4.2.3 研究中心主题转移的整体趋势 ·········· 106
4.3 凝聚态物理研究的中心区域转移 ··············· 109
  4.3.1 研究中心的热点区域 ·················· 110
  4.3.2 研究中心国家（地区）的转移 ·········· 111
  4.3.3 研究中心机构的转移 ·················· 114
  4.3.4 研究中心区域转移的整体趋势 ·········· 119
4.4 凝聚态物理研究中心区域的影响力分析 ········ 119
  4.4.1 文献产出分析 ························ 119
  4.4.2 H指数分析 ·························· 122
  4.4.3 文献引用分析 ························ 122
4.5 本章小节 ···································· 123

5 无机与核化学研究中心转移的知识图谱 ·········· 124
5.1 数据来源与分析 ······························ 124
  5.1.1 数据检索与处理 ······················ 124
  5.1.2 文献数量的整体分布 ·················· 125
  5.1.3 文献质量的整体分析 ·················· 128
5.2 无机与核化学研究主题与知识基础的迁移 ······· 129
  5.2.1 研究知识基础的迁移 ·················· 129
  5.2.2 研究前沿的演化 ······················ 130

5.2.3 研究中心主题转移的整体趋势 ·············· 132
5.3 无机与核化学研究的中心区域转移 ················ 133
  5.3.1 研究中心的热点区域 ······················ 133
  5.3.2 研究中心国家（地区）的转移 ·············· 134
  5.3.3 研究中心机构的转移 ······················ 136
  5.3.4 研究中心区域转移的整体趋势 ·············· 139
5.4 无机与核化学研究领域中心区域的影响力分析 ······ 139
  5.4.1 文献产出分析 ···························· 139
  5.4.2 H指数分析 ······························ 141
  5.4.3 文献引用分析 ···························· 142
5.5 本章小结 ···································· 143

6 天体物理学研究中心转移的知识图谱 ·············· 145
6.1 数据来源与分析 ································ 145
  6.1.1 数据检查与处理 ·························· 145
  6.1.2 文献数量的整体分析 ······················ 147
  6.1.3 文献质量的整体分析 ······················ 149
6.2 天体物理学研究主题与知识基础的迁移 ············ 152
  6.2.1 研究知识基础的迁移 ······················ 152
  6.2.2 研究前沿的演化 ·························· 154
  6.2.3 研究中心主题转移的整体趋势 ·············· 156
6.3 天体物理学研究的中心区域转移 ·················· 162
  6.3.1 研究中心的热点区域 ······················ 162
  6.3.2 研究中心国家（地区）的转移 ·············· 163
  6.3.3 研究中心机构的转移 ······················ 165
  6.3.4 研究中心区域转移的整体趋势 ·············· 167
6.4 天体物理学研究中心区域的影响力分析 ············ 167
  6.4.1 H指数分析 ······························ 171
  6.4.2 文献引用分析 ···························· 172
6.5 本章小结 ···································· 173

7 地球物理学研究中心转移的知识图谱 ·············· 174
7.1 数据来源与分析 ································ 174
  7.1.1 数据检索与处理 ·························· 174

    7.1.2 文献数量的整体分析 ……………………………………… 176
    7.1.3 文献质量的整体分析 ……………………………………… 178
  7.2 地球物理学研究主题与知识基础的迁移 …………………………… 180
    7.2.1 研究知识基础的迁移 ……………………………………… 180
    7.2.2 研究前沿的演化 …………………………………………… 183
    7.2.3 研究中心主题转移的整体趋势 …………………………… 185
  7.3 地球物理学研究的中心区域转移 …………………………………… 190
    7.3.1 研究中心的热点区域 ……………………………………… 190
    7.3.2 研究中心国家（地区）的转移 …………………………… 192
    7.3.3 研究中心机构的转移 ……………………………………… 193
    7.3.4 研究中心区域转移的整体趋势 …………………………… 198
  7.4 地球物理学研究中心区域的影响力分析 …………………………… 199
    7.4.1 文献产出分析 ……………………………………………… 199
    7.4.2 H指数分析 ………………………………………………… 201
    7.4.3 文献引用分析 ……………………………………………… 201
  7.5 本章小结 ……………………………………………………………… 203

8 细胞生物学研究中心转移的知识图谱 …………………………………… 205
  8.1 数据来源与分析 ……………………………………………………… 205
    8.1.1 数据检索与处理 …………………………………………… 205
    8.1.2 文献数量的整体分析 ……………………………………… 206
    8.1.3 文献质量的整体分析 ……………………………………… 211
  8.2 研究主题与知识基础的迁移 ………………………………………… 213
    8.2.1 研究知识基础的迁移 ……………………………………… 213
    8.2.2 研究前沿的演化 …………………………………………… 216
    8.2.3 研究中心主题转移的整体趋势 …………………………… 223
  8.3 细胞生物学研究的中心区域转移 …………………………………… 230
    8.3.1 研究中心的热点区域 ……………………………………… 230
    8.3.2 研究中心国家（地区）的转移 …………………………… 232
    8.3.3 研究中心机构的转移 ……………………………………… 238
    8.3.4 研究中心区域转移的整体趋势 …………………………… 242
  8.4 细胞生物学研究中心区域的影响力分析 …………………………… 242
    8.4.1 文献产出分析 ……………………………………………… 242
    8.4.2 H指数分析 ………………………………………………… 244

8.4.3　文献引用分析 ······ 246
　8.5　本章小结 ······ 248

9　中国基础科学研究的发展建议 ······ 250
　9.1　基础科学活动中心生态环境发展建议 ······ 250
　　　9.1.1　抓住基础科学活动中心转移机遇 ······ 250
　　　9.1.2　优化基础科学活动中心生态环境 ······ 252
　　　9.1.3　中国特色基础科学活动中心建设道路 ······ 255
　9.2　基础科学活动中心建设过程推进建议 ······ 256
　　　9.2.1　助力基础科学活动中心高质量发展 ······ 256
　　　9.2.2　加强使能技术的关注 ······ 256
　　　9.2.3　吸引全球关注和资源投入 ······ 257
　9.3　基础科学加速发展的学科保障建议 ······ 258
　　　9.3.1　加强科学学学科能力建设 ······ 258
　　　9.3.2　加强科技政策学学科能力建设 ······ 259
　　　9.3.3　加强科技哲学学科能力建设 ······ 262
　9.4　基础科学人才队伍建设发展建议 ······ 264
　　　9.4.1　培养造就基础科学创新生力军 ······ 264
　　　9.4.2　让科学工作成为青少年尊崇向往的职业 ······ 267
　　　9.4.3　引进人才让国际人才为我所用 ······ 268

参考文献 ······ 270

1 近代世界科学活动中心的转移

随着农业集约化生产经营方式的诞生，欧洲开始迅速发展，其人口膨胀到与中国、印度不相上下。在经历了农业革命和军事革命之后，欧洲从 15 世纪开始有了向外扩张的实力，凭借着大炮和船只制造技术，其实现了原始资本的积累。西欧开始有条件成为科学探索和研究的中心。

人们普遍认为，近代科学起源于十六七世纪的文艺复兴。这场科学革命是科学史上的一个巨大转折点，人们对科学的看法也在科学革命中有了全新的改变，人们在观念上承认了科学的社会效用，新的研究方式——实验科学——也成了这一时期"新科学"的重要特性。

1.1 第一个科学活动中心——意大利

根据汤浅光朝对科学活动中心的定义——一个国家的科学成果占同时代全世界科学成果的 25% 及以上，持续的时间为科学兴隆期，汤浅光朝计算的科学兴隆期平均为 80 年。汤浅得出了 5 个先后成为科学活动中心的国家：意大利（1540—1610 年）、英国（1660—1730 年）、法国（1770—1830 年）、德国（1810—1920 年）、美国（1920 年至今）。

在独立于中国印刷术，古登堡发明了活字印刷术，这种新型的交流媒介极大地提高了信息交流的效率。活字印刷术使 12 世纪开始的对于古希腊和伊斯兰著作的大翻译运动有了极大进展。活字印刷术的发明对意大利的影响尤为突出，即翻译活动和知识的汲取工作得到教廷和宫廷的支持，在城市中形成了一种相当世俗化的现象，部分历史学家甚至将当时的艺术家视为自然新知识开发的先驱。不可否认的是，虽然科学家在当时还不是一种职业，但是这些文艺先驱掌握着一定量的科学知识，这对后来进行的对自然科学的探索有着启蒙作用。文艺先驱善于观察和求教于经验的态度与亚里士多德的研究理念是一致的，而亚里士多德体系正是"西欧"科学传统形成的主要内核。

1.1.1 在文艺复兴中崛起的意大利

中世纪是欧洲转型的关键时期,也是世界思想文化发展的重要节点。11世纪后,随着经济的复苏与发展、城市的兴起与生活水平的提高,脱胎于宗教修道院的大学初见端倪。由意大利独立公国在博洛尼亚设立的医学教学机构被认为是欧洲的第一所大学。

大学是历史上科学和知识走向组织规范化的一个转折点,在此之前的中世纪早期并不具有条理化的学问,对知识的追求也不在于科学,更多侧重于神学和宗教事务。大学的出现意味着对于科学的独立追求开始从宗教事务中分离。在12世纪的大翻译运动中,大学也发挥了重要作用,大量的古希腊知识得到了翻译,从而为文艺复兴积累了知识来源。

意大利南部和西西里岛不仅翻译阿拉伯文字,也直接将希腊语翻译成拉丁文,从而对有用的科学知识进行汲取,其中包括医学、天文学、炼金术等。欧洲人通过翻译恢复了大部分的古代科学以及伊斯兰世界所积累的科学与哲学成就,经历了12世纪的大翻译阶段,13世纪人们开始对这些知识进行消化吸收,于是亚里士多德的价值逐渐突显出来,真正的"西方"科学传统在西欧形成。

西欧的亚里士多德传统就现在来看存在很大的问题。但是亚里士多德对经验和物质的肯定,相对于神学教义对人类思想的束缚是进步的。由此天主教对于世界解释的主导权也受到了严重威胁,因为亚里士多德体系更易令人信服,它极大地肯定了眼见为实和经验感知,这些内容越来越多地与宗教教义开始出现分歧,并不能为天主教所接受。首先对此做出协调的是意大利的阿奎那,他将两者进行了智识调和,使亚里士多德的理论成为支撑基督教教义的一种完备的智识体系,在这个体系中,有可能作出关于上帝、人和自然的理性解释。这意味着亚里士多德体系和天主教实现了有效调和,并首先在意大利得到了肯定和发展,由此,捍卫亚里士多德体系成了大学的使命,而大学又在文艺复兴中起到了巨大的作用,它是主要科学参与者的活动场所,并逐渐发展成正规的科研机构,助推了科学向组织化和制度化发展。

大翻译运动中对古希腊知识的汲取和吸收,使亚里士多德的逻辑和分析方法成了主要的研究工具,这是基础科学真正的开始。文艺复兴的先驱人物但丁在其著作中,对亚里士多德的宇宙模型进行了修改,发展了中世纪的宇宙图景,并且兼顾了宗教教义。虽然二重宇宙的说法在后期一直是科学发展的阻碍，但是相较于宗教的单方面解释，亚里士多德的科学框架是进步的，由此可见意大利在对欧洲的科学启蒙上做出了非常重要的贡献。

1.1.2　意大利与近代科学的诞生

在意大利作为科学活动中心的 70 年中，意大利的天文学支撑起了意大利的科学活动中心地位。在这段时间内，意大利对天文学的发展做出了不可磨灭的贡献，天文学也在经典基础学科——数学与物理学的协助下对后世产生了巨大的影响，这使得人们提到历史上的意大利便会想到人文气息浓厚的文艺复兴运动与成绩斐然的天文学（表 1.1）。

表 1.1　意大利 1540—1610 年发生的自然科学大事

基础学科	自然科学大事
数学	1545 年，卡尔达诺在《大法》中发表了非尔洛求三次方程一般代数解的公式。 1550—1572 年，邦别利出版《代数学》，其中引入了虚数，完全解决了三次方程的代数解的问题
天文学	1584 年，布鲁诺出版《论无限性、宇宙和世界》，捍卫和发展了哥白尼的太阳中心说。 1609—1610 年，伽利略第一次用望远镜观测天象；发现月球上的山和谷；发现木星的 4 个最大卫星；发现金星的盈亏；发现太阳黑子和太阳的自转；认识到银河是由无数星宿所构成，为哥白尼学说提供了一系列有力的明证
物理学	1583 年，伽利略用自身脉搏作时间单位，发现单摆周期和振幅无关，创造用单摆周期作为时间度量的单位。 1590 年，伽利略做自由落体的科学实验，发现落体加速度与重量无关，否定了亚里士多德关于落体加速度决定于重量的臆断，引起了一些人的强烈反对。 1590 年，伽利略发现投射物的路线是抛物线。 1590 年，伽利略直观地认识到自由落体所达到的速度能够使它回到原高度，但不能超过。 1593 年，伽利略发明空气温度计，由于受大气压影响，尚不准确
地学	1570 年，丹蒂用摆式风力计测量风力

注：以上资料引自《自然科学大事年表》，《复旦学报（自然科学版）》1973 年第 2 期。

文艺复兴是一个"需要巨人而且产生巨人的时代"。这一时期，天文学家当以哥白尼为先。哥白尼是波兰人，他的伟大科学成就并没有记录在意大利自然科学大事年表中，但提及意大利的天文学便不得不提哥白尼。1473年出生的哥白尼，在其23岁的时候前往意大利深造，此时正是文艺复兴运动后期的高潮时期。自幼就对天文学有浓厚兴趣的哥白尼，在意大利系统地研究了古希腊自然哲学史与天文学史。在留学意大利近十年的时间中，哥白尼先后在波伦亚大学与帕多瓦大学学习与任教。这段时间内哥白尼深受意大利人文主义的影响，并且在天文学方面积累了深厚的知识，为日后"日心说"的提出打下了良好的基础。

哥白尼于1543年出版《天体运行论》，推翻了托勒密的"地心说"。虽然哥白尼的"日心说"在如今被证实也是错误的，但是哥白尼提出"日心说"的意义在于它向封建统治提出了反抗，对天主教迷惑人心的天体系统理论提出实质性的反驳，为真正解放人们的思想做出了贡献。1500年，哥白尼作为埃尔梅兰教区的代表，前往罗马参加天主教会百年纪念的盛典。他在罗马住了足足一年。在这一年中，他进行了一系列的天文观测，做了多次有关数学和天文学的讲演，还同在那里的天文学家交换了不少意见。后来，哥白尼在撰写《天体运行论》的时候采用了1500年11月6日在罗马观测的月食记录，这也是作为波兰人的哥白尼对意大利天文学影响颇深的重要原因。

天文学的发展离不开数学和物理的推动，数学与物理为天文学提供了计算和理论上的支持，天文学在它们的基础上实现开拓与发展。伽利略首先在科学实验的基础上融会贯通了数学、物理学和天文学三门知识，扩大、加深并改变了人类对物质运动和宇宙的认识，成为近代实验科学的创始人。他的研究也为日后牛顿的成就奠定了坚实的科学基础。伽利略从实验中总结出自由落体定律、惯性原理和伽利略相对性原理等，从而推翻了亚里士多德物理学的许多臆断，奠定了经典力学的基础，反驳了托勒密的地心说体系，有力地支持了哥白尼的"日心说"。他以真实的观察与系统的实验推翻了思辨传统的自然观，开创了以实验事实为根据并具有严密逻辑体系的近代科学。因此伽利略被誉为"近代力学之父""现代科学之父"。这样的巨人使意大利的基础科学的发展遥遥领先。近代科学的诞生是意大利成为第一个科学活动中心国的关键。

1.1.3 意大利科学活动中心地位的衰落

科学一经发展就不会停止脚步，亚里士多德学问体系从一开始就不是教条的，在这样的学问授教下，科学研究者不再拘泥于亚里士多德的研究框架，并在此中发现了更接近真相的科学知识，这极大地冲击了天主教的教义。特别是"日心说"触及了天主教的底线，伽利略最终被迫承认了"反对教皇、宣扬邪学"的罪名，被罗马宗教裁判所判处终身监禁。

意大利的科学活动中心地位与亚里士多德体系的建立关系密切，其最后走向衰落的原因在于天主教的顽固封建势力对科学造成的沉重打击。意大利的科学活动中心地位的衰落是科学在发展中必然要经历的疼痛期的代价。从神学统治解放到知识研究只是开始，接下来则是摆脱教条和所谓权威的桎梏，即对亚里士多德体系提出挑战。

17世纪初的意大利已经不再具备作为世界科学活动中心的条件。不稳定的城邦制使意大利面临着动荡的政治局面，城邦之间战争不断，经济严重受挫。在不稳定的社会环境之下，科学的进展陷入了僵局，还未真正形成一股力量的资产阶级无力挽救前人的科学成果。伴随着一位位伟大科学领袖被迫害的事件发生，意大利的科学活动中心地位走向了终结。

正如上文提到文艺复兴几乎影响了整个欧洲大陆，在北方的英国也受到人文主义的影响。作为第一个资本主义国家的英国，相比意大利有着更为稳定的经济与政治状况，在吸收了意大利大量科学成果之后，英国发展迅速，蓄势待发成为第二个科学活动中心国家。

1.2 第二个科学活动中心——英国

在意大利丧失科学活动中心的地位后，随之兴起的是在17—18世纪中叶基础科学大发展的英国。这一时期的英国政治、经济、文化都得到快速发展，基础科学也遥遥领先于世界其他国家。默顿在《17世纪英国的科学、技术与社会》一书中说，"更合乎情理的理解应该从各种社会学状况的结合中，从种种道德的、宗教的、美学的、经济的以及政治的条件的结合中去寻找，这种结合倾向于把该时代的天才们的注意力集聚在一定的特定的探索领域。"此时期英国致力于发展基础科学，正是凭借着上述的科学发展机遇，英国崛起成为第二个世界科学活动中心。

1.2.1 英国基础科学的发展推动科学活动中心的形成

作为历史上第一个确立资本主义制度的国家，英国顺应潮流的资本主义政治制度为科学的发展打下了良好的政治基础。新贵族阶级推翻了封建统治，英国从此确立君主立宪制，成为世界上第一个确立资产阶级政治统治的国家。此时欧洲的其他国家正处于战乱之中，家族政治斗争和城邦制导致意大利依然处于分裂之中，西班牙自大航海时代之后已经显示出衰落迹象，德、法资本主义的发展尚未成熟。英国在欧洲其他各国实力薄弱之时，涌现出了一大批科学家，其基础科学在良好的契机下快速发展，逐步实现在欧洲的领先。

不同于意大利科学活动以较为粗放的方式发展，英国基础科学的发展有着组织保障。英国较为明确地对科学表现出了重视。这也顺应了科学发展的趋势，即逐步走向制度化和组织化，科学共同体的发展使科学知识的诞生和传播更为高效。1662年，英国成立皇家学会。皇家学会作为一个独立的、享有慈善机构特权且作为英国资助科学发展的组织，在促进自然科学的发展、培养科学人才、推动基础科学的进步等方面起着重大作用。它既推动了科学家群体的壮大，推动科学研究职业化，又推动科学研究成为专门独立的社会建制，在英国起着国家科学院的重要作用，助推了英国基础科学在这一时期领先发展，也是英国基础科学在此时期领先于世界其他国家的重要因素之一。

从英国开始，资本主义国家的确立使政治和宗教分离，宗教的影响逐渐衰弱，而国家出于对有用知识的追求，给予科学以肯定，这使得当时影响意大利科学发展的最大阻碍在英国这里迎刃而解。没有了宗教权威的桎梏，并得到了国家的大力支持，科学知识在英国大步前进。

英国在科学家队伍的数量与质量、社会对科学事业的支持强度等诸多方面，都有相较于其他国家更为明显的优势。在科学家数量上，根据汤浅光朝统计，英国在1660—1730年处于科学兴隆周期时，共有以牛顿为首的60多位杰出科学家，占同期全世界杰出科学家总数的36%，这些杰出科学家在英国甚至在世界上都具有极强的影响力，他们共同推动了英国基础科学的壮大。同时期英国的科学成果数占同期全世界科学成果总数的40%，其世界科学活动中心地位当之无愧。在英国皇家学会的带领下，英国人民对科学的兴趣持续高涨，对于科学的态度也相对理智与开放。正是在如此巨大的优势下，英国在物理学、数学、化学、生物学等基础科学上都有了较大的发展。到17世纪中叶，英国在基础科学方面涌现了一批批杰出科学家，他们在多个领域成就突出，开创了科学发展的新纪元。此时的意大利基础科学停滞不前、被其他国家超过，科学活动中心的使命便转移到了基础科学大发展的英国。

科学的发展推动了英国科学技术的进步，使英国成为第二个科学活动中心。科学活动中心的形成又一定程度上反作用于基础科学，其衍生影响促使基础科学在科学与技术高速发展的氛围下继续发展壮大，进而迎来了18世纪60年代的工业革命。

资产阶级追求自由、人文的理念，在科学上的体现是对真理和万物的探索。自然科学的大发展让科学真正深入各个学科领域。牛顿力学体系的建立标志着近代自然科学的诞生，大大激发了人们对于科学的兴趣，基础科学在英国实现了繁盛发展。

得益于基础科学的率先发展，英国的整体科学水平伴随着基础科学的强大显著提高。英国在基础科学快速发展的背景下崛起，一举成为科学技术强国，取代意大利的科学活动中心位置，成为世界科学活动中心（图1.1）。

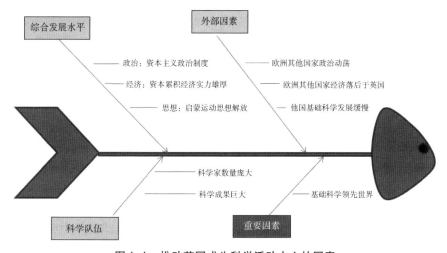

图1.1 推动英国成为科学活动中心的因素

1.2.2 英国17—18世纪中叶领先世界的基础科学

在意大利仍在文艺复兴的成就中原地踏步时，欧洲许多其他国家的基础科学发展都已将其超越，如德国、法国。但在众多国家中，英国是最有实力的，其发展条件也是最优越的。英国不仅在资本主义政治、经济、思想上领先于欧洲及世界其他各国，基础科学的发展也遥遥领先。在意大利成为科学活动中心的80年后，英国在科学技术领域日益崛起，其基础科学无论是在不同领域的成就数量上还是在领域发展的广度上都超越了其他国家，这些无不推动着世界科学活动中心向英国转移。

在以英国为世界科学活动中心的 70 年里，英国基础科学的发展具有跨时代的意义。1660—1730 年，英国的基础科学在数学、天文学、物理学、化学、生物学以及地学等多个领域均有发展，牛顿、波义耳、哈雷、胡克等科学家也随之涌现，其中以牛顿、波义耳为首的物理学、数学和化学领域发展最为突出（表 1.2）。

表 1.2　1660—1730 年英国基础科学不同领域代表人物及成就数量统计

人物	数学	天文学	物理学	化学	生物学	地学	总计
牛顿	4	0	4	0	0	1	9
波义耳	0	0	0	2	1	0	3
哈雷	0	1	0	0	0	1	2
胡克	0	0	1	0	1	0	2
迈约	0	0	0	1	0	0	1
布·泰勒	1	0	0	0	0	0	1
瓦里斯	1	0	0	0	0	0	1

作为英国皇家学会会长、著名的物理学家、百科全书式的"全才"牛顿，其对英国基础科学的贡献十分巨大。牛顿在基础科学领域的成就占据了当时英国基础科学成就的大部分。牛顿在物理学上，从 1666 年从开普勒行星运动三大定律推出万有引力定律，到 1687 年发表《自然哲学的数学原理》第一次阐述牛顿力学三大定律，奠定了经典力学的基础。牛顿及其物理学成就不仅构成此时期英国基础科学最重要的一部分，推动了英国基础科学的领先，也为后来人们在相关学科领域的研究打下基础。牛顿在数学上的成就也十分突出，1665—1676 年，牛顿先于莱布尼茨确立了微积分，推动后来微积分学的成立和发展，使得这一时期英国的数学发展领先于世界，进而带动整个基础科学的发展，推动科学活动中心在英国的形成。

以波义耳为代表的化学领域进展也十分迅猛。波义耳于 1661 年发表的《怀疑的化学家》提出了元素的定义，从而将化学确立为一门科学。化学的发展经历了古代工艺化学和神秘主义的炼金术，首次实现了真正科学的大进展，这推动了化学领域的发展和英国基础科学的壮大。其他基础科学领域也有不同程度的进步：生物学领域，胡克于 1665 年首次提出细胞的概念；

天文学领域，1675 年格林尼治天文台建立。基础科学在这些不同领域的大发展、大繁荣，使英国全国上下都融入科学的氛围里。人们对于科学的兴趣受到空前的鼓舞，科学也尝试着与技术实现结合。1641 年，意大利科学家托里拆利发现真空，这为蒸汽机的发明提供了原理上的支持，间接促进了蒸汽机的发明，而蒸汽时代的来临则标志着英国的实力真正达到顶峰。英国在 17—18 世纪中叶的基础科学发展对世界科学活动中心的第二次转移，即英国成为世界科学活动中心起到直接的影响和至关重要的作用。

由先进人物带领的基础学科在数学、物理、化学等领域实现了进展，相应基础科学的进步使当时英国成为科技最先进的国家，也为英国日后经济的大发展奠定了基础。

1.2.3 英国科学活动中心地位的衰落

根据汤浅光朝和赵红洲的研究，作为科学活动中心的国家，其平均科学兴隆周期为 80 年，其中科学兴隆周期最长的也不过 110 年。英国的科学兴隆周期时间刚好 80 年，在 17 世纪中叶英国迎来了科学地位的衰落（表1.3）。

表 1.3　1770—1830 年英国、法国基础科学在不同领域的成就数量对比

国家	数学	物理学	天文学	化学	生物学	地学	总计
英国	0	8	6	20	2	4	40
法国	13	14	4	28	6	3	68

随着牛顿等科学家的去世，英国的基础科学发展速度远远落后于后来居上的法国，支持英国基础科学发展的物理学、数学等学科的优势地位不再。工业革命兴起了大量实业工厂，这使得化学成就更受关注。法国人拉瓦锡完善了燃烧理论，推翻了燃素学说，几乎是凭一己之力建立起了基础化学学科。在法国快速发展的化学，作为与数学、物理学等理论科学相对的实验科学更易出成果，这严重打击了英国科学活动中心的地位。在经济方面，英国在 1825 年以前至少发生过六次经济危机，这使得其科学的发展失去了稳定的经济支持。在社会方面，一些资本家追求利益，不引进、不变革技术，这使得基础科学在实践中的应用锐减，基础科学发展速度落后于蒸蒸日上的法国。世界科学活动中心自然而然地转向了快速发展的法国，英国由此失去了科学活动中心的地位。

作为第二个世界科学活动中心的英国，它的科学随着政治、经济、思想的变化而变化，也随着基础科学发展的步伐而变化。科学的逐步社会化意味着单纯的科学研究不能支撑一国的科学地位，技术与科学的重新结合才能使科学得到更多的发展活力。

基础科学的发展推动英国成为第二个世界科学活动中心，反之，基础科学发展的滞缓也使其让位于下一个世界科学活动中心——法国。

1.3 第三个科学活动中心——法国

17—18世纪中叶，基础科学大发展的英国崛起为世界科学活动中心。伴随着时间的推移，到18世纪70年代，工业革命的胜利让资产阶级更多地关注科学的实用性，英国基础科学发展的高潮日渐平息。以拿破仑时代为代表的这一时期，法国以自己独特的发展方式，在各方面合力的作用下，屹立在世界科学的舞台上，在一步一步的进步发展中承担起重任，成为第三个世界科学活动中心。

1.3.1 法国基础科学的繁荣和科学活动中心的形成

17世纪开始，实验科学的日渐发展和成熟终于得到承认，实验科学成为检验科学理论的重要工具，由此增加了科学的说服力，培根等人的实用思想更是肯定了实验的作用。从伽利略开始一直到波义耳都在进一步开发实验的潜力，实验科学的进展同时促进了实验仪器的完善，逐渐规范起来的实验方式随着工业革命的持续进行得到普及，生产力的进步进而反哺科学理论。在法国，实验科学应用使基础科学，尤其是基础化学进展明显。

在法国的历史里，18世纪末法国大革命成为法国的转折点。自1789年巴黎人民攻占巴士底狱，法国大革命由此爆发。革命党推翻波旁王朝的统治，建立起法兰西第一共和国，成为法国史诗般的变革：封建贵族特权不断受到资产阶级政治组织及民众的冲击，天赋人权的思想深入人心，三权分立的思想被更多有识之士认同，封建王朝在思想上的禁锢已全然被新思想冲破。

随着科学的进一步发展，其与宗教势力的分离趋势更加明显，同时得益于统一国家的建立，组织化的科学得到良好的发展环境。值得一提的是，法国建立了度量衡委员会，统一了度量衡，解决了法国计量混乱的困扰，为科学技术的发展带来了巨大的便利。

同时，法国在此时期大力发展科学教育，改革教育体制，建立了许多军事工程学校、高等师范学院、医学院、技术学院等现代类型的学校，这些学校兼顾教育与科研，在推动科学的普及和提高人们科学兴趣上起到了很大的作用。1794年，法国皇家植物园改为自然博物馆，并设有科学讲座。这些都为法国在这一时期的基础科学发展和人才培养提供了保障，大批思想先进的知识分子借助学校、讲座等发展平台，致力于法国的科学事业，法国由此涌现了一大批科学家，并且他们在不同的科学领域都卓有建树。

与其他时期不同的是，此时的科学家不仅在科学领域有地位，在政治舞台上也占有一席之地。科学家在这一时期开始有了较大的影响力，这也为科学的顺利与蓬勃发展提供了很大的帮助，并且直接地对科学进展产生影响。比如著名的数学家蒙日和物理学家卡诺被是大革命的参与者，而且都是共和派的领导成员，他们利用自己在政治上的优势，大力支持基础科学的发展，为科学的发展提供更为光明的道路。

到1800年，拿破仑建立法兰西银行，重新发行证券与彩票，极大地鼓舞了商业的发展。资本主义经济的快速发展，为日后科学的发展提供了强有力的资金保障。这一时期的科学发展不仅拥有良好的社会政治环境和经济环境，而且还受到拿破仑的大力支持。拿破仑亲自投入科学事业中从事科技工作，兼任科学院院士并经常出席科技活动、会议，甚至于1798年远征埃及时率领科学技术队伍，在埃及进行了大规模的考古工作，挽救了濒临消失的古埃及文明，为人类科学事业做出了巨大贡献。在科学研究中，法国更为注重实验与应用，这使得这一时期法国的化学空前繁荣，工业化学更是一度赶超欧洲其他国家，极大地鼓舞了法国的科学发展。

由于拿破仑时期法国在有关科学方面做出了不懈努力，为基础科学的发展提供了非常优越的条件，基础科学在这一时期大繁荣、大发展，雄起的法国一举成为世界科学活动中心。

1.3.2　1770—1830年法国基础科学的领先发展

法国在这一时期的基础科学发展遥遥领先于其他各国，在化学、物理学和数学领域上成就突出（表1.4）。这三个领域的成果数量占到法国此时基础科学发展总量的80%以上，尤其是化学的发展优势明显，成为法国科学成果中最为突出的领域。

表 1.4　1770—1830 年科学领域成就数量前五名国家对比

国家	数学	天文学	物理学	化学	生物学	地学	总计
法国	13	4	14	28	6	3	68
英国	0	6	8	20	2	4	40
德国	8	4	3	13	5	7	40
瑞典	0	0	0	15	2	1	18
意大利	0	1	2	3	0	0	6

大革命推翻了封建统治，建立了法兰西第一共和国，为基础科学的发展提供了有力的政治保证。在共和政体下，基础科学迅速发展，科学领域内的研究趋向多元发展。经济上，法国大革命摧毁了封建制度，为法国资本主义的发展开辟了道路，奠定了法国工业革命的基础，化学的成就优势为重工业发展提供了相应的理论与技术保障。法国依靠自身资源丰富的优势，通过引进先进技术，学习借鉴英国工业革命的经验，使法国的发展更加迅速。大革命后，旧的观念逐渐被全新的天赋人权、三权分立等民主思想所取代，这些思想为法国基础科学的发展提供了自由的思想环境。在新思想的背景下，基础科学得以快速壮大。科学思想在民主思想中迸发，基础科学在科学思想中发展。

从 18 世纪 70 年代到 19 世纪中叶，法国的基础科学在化学、物理学和数学等多个方面都大放异彩，也涌现了非常多优秀的科学家，这也是法国在这一阶段基础科学发展的特色。与英国成为世界科学活动中心的时期不同，法国此时在六大基础科学领域的每一不同领域都活跃着大量的科学研究人员，这些科研人员大量分散在不同领域，使得法国的基础科学发展相对均衡，不同学科之间的相互补充与促进同样支持整个科学事业的发展（表 1.5）。英国基础科学的发展很大程度上得益于牛顿这样的灵魂人物，天才的作用相对更大。依靠精英的实力辐射整个科学领域，是英国基础科学发展的一个巨大特色。法国则是在不同领域都活跃着出色的科学家，科学家的数量优势成为法国基础科学发展的一大原因。

表 1.5　1770—1830 年法国在基础科学不同领域涌现的科学家人数及代表

科目	人数	代表
化学	14	拉瓦锡
数学	11	拉格朗日
物理学	11	阿拉戈
生物学	6	拉马克
天文学	3	拉普拉斯
地学	3	

法国在基础科学不同领域涌现的杰出科学家人数众多，化学领域有 14 位杰出科学家，数学和物理学领域也各有 11 位杰出科学家。法国拥有如此庞大的杰出科学家队伍，在当时是其他国家所不能及的，大批杰出的科学家使他们所代表的科学领域不断发展。比如在化学领域，拉瓦锡提出燃烧的氧化学说，指出物质只能在含氧的空气里进行燃烧，燃烧物重量的增加与空气中失去的氧气相等，从而推翻燃素说，正式确立质量守恒原理；在天文学领域，梅西耶刊布第一个星云表；在数学领域，拉格朗日用代数方法建立微分学；在生物学方面，拉马克发表《动物哲学》，提出了关于生物进化的学说，与当时占统治地位的生物不变论进行了不可调和的斗争。科学家队伍的极大丰富，为法国科学事业的进展做出了巨大贡献，使各个科学领域都得到相应发展。基础科学的发展助推了科学活动中心在法国的形成。

法国在理性思想的带领下实现了诸多领域的突破，化学在基础科学中尤其突出，其能够较快应用的优势帮助法国超越当时实力强大的英国；物理以及数学的持续活跃保证了法国当时的科学地位，卓越的成就使法国成为当时的科学活动中心。

1.3.3　法国在动荡中失去科学活动中心地位

法国发展一直难以克服的困难便是政治动荡。先是经历了由封建统治到共和国的胜利，拿破仑帝国的建立又使法国王朝复辟，此后王朝复辟和共和政体交替变换，使法国这个国家动荡不已。法国在繁盛时期积攒下的实力逐渐耗尽，前期的科学成就在动荡中再无发展。

法国持续不断的革命政治一方面推动了法国的发展，政治领域的空前活跃辐射到其他领域，多领域的活跃局面又推动科学的前进；另一方面，1830年后动荡的革命与政治也破坏了科学发展的良好氛围，政治斗争使统治者无暇顾及科学的发展，法国世界科学活动中心的命运由此断送。

拿破仑作为法国的历史性人物，在法国历史上有着举足轻重的作用。随着拿破仑帝国的衰落，法国的科学发展显示出衰落的迹象。拿破仑帝国被推翻之后，国家政体的频繁更迭导致国家问题严重，基础科学的发展失去了良好的政治环境，法国整体科学发展水平因此受到波及，最终使其丧失继续作为科学活动中心的能力。共和政体一次次被推翻，帝国一次次复辟，经济制度的更迭也使法国经济发展疲软。在1830—1870年这40年中，法国的政权掌控在金融贵族和大资产阶级手里，阶级矛盾尖锐，资产阶级丧失了革命成果，国家经济衰退，财政收入大不如前，无法形成持续有效的科学资助，科学家人才流失，以法国为科学活动中心的时代注定成为历史。法国的民主思想在一次次王朝复辟中遭到重创，与之相融合的科学思想也受到遏制和打击，基础科学同时失去了思想支柱与目标。由政治动荡引起的社会各方面问题使得法国的科学发展大不如前。就在法国科学发展的脚步放缓甚至原地踏步时，其他国家却大步向前，法国在科学领域的地位逐渐被其他国家赶超。

法国作为第三个世界科学活动的中心，和作为第一个中心的意大利、第二个中心的英国一样难逃盛极而衰的命运。无论是法国动荡的政治，还是经济的萧条，抑或是思想上的倒退，这些都对法国19世纪的基础科学造成了巨大的打击，基础科学的发展不堪重负，无法支撑其科学活动中心的地位。法国在18世纪70年代到19世纪成为世界的科学活动中心并非偶然，而在1830年后失去科学活动中心的地位也是必然。

法国科学在国际上的影响力逐渐减弱的同时，德国的科学事业已在1810年悄然兴起。随着以法国为科学活动中心的时代过去，世界迎来了以德国为世界科学活动中心的110年。

1.4 第四个科学活动中心——德国

随着拿破仑帝国退出历史，法国经历多次王朝复辟，资产阶级丧失了革命的成果，科学技术的发展受到严重的挫折。在19世纪初，法国的科学实力已无法支撑它继续维持科学活动中心的地位，作为它的比邻——德国，早已做好接替的准备，凭借后起之势力争成为第四个科学活动中心国家。

崇尚严谨精神的德国目光长远，其将重点放在教育上。教育基础的巩固为德国实现科学的发展带去了先机，统一较晚的德国凭借其自身独特的发展优势，成为自意大利以来科学兴隆期最长的科学活动中心国家。

1.4.1 德国的大学改革与科学活动中心的形成

1871年，德意志统一。在资产阶级革命期间，德国开始了工业革命，虽然资本主义在德国的发展比英、法两国晚，但德国以自己独特的方式走上了现代化道路。

德国在人口总量、国民生产总值、钢铁产量、煤产量以及铁路线里程等方面都远远超过法国，得天独厚的优势和后期的工业成果，使德国成为实力可以与英国这样老牌资本主义强国相抗衡的国家。与此同时，德国利用英、法两国的科学新成就，重视本国科学研究的实际应用，并在此基础上加速发展新型电气、化学等工业。

德国科学研究的迅速发展不同于前三国，德国将更多的精力放在大学改革上，赋予大学以科学研究职能，促使大学成为科学研究的中心，为德国教育事业的进展打下了良好基础，也加速实现德国科学的现代化。对人才与教育的重视使德国得到比意、英、法三国更快也更见成效的发展。就算从当今科学发展来看，大学也发挥着举足轻重的作用。

1810年，洪堡创办柏林大学。他深受新人文主义思想的影响，倡导学术自由和教学与研究的统一。在他的倡导下，学术自由成为柏林大学的精神图腾，为科学而生活成了柏林大学的崇高理想。德国后来又改办了一大批技术学校，组成了科学技术教育体系，实施全民教育计划。这不仅为德国培养了高素质的国民，也为德国科学界输送了大批杰出的科学家，同时，大学也为德国提供了重要的科学发现和先进的技术创造。

德国大学的创新还在于使实验室与教学、科研相结合。1826年，李比希建立吉森大学化学实验室，让所有学生亲身参与实验，开创了将现代实验与教学、研究相结合的先例。在这之后，1873—1877年德国又分别建立了"国立物理研究所"和"国立化工研究所"。在这些实验室里，名师与学生共同致力于研究，有意识地进行科学情报的交流，逐步形成紧密的联系网络，涌现一系列科学学派。"发展至19世纪中期，已有一部分德国大学的实验室成为研究中心，有时实际上是国际科学共同体的各个领域的活动中心。"① 科研先于生产，并且与生产紧密结合，成为德国科学发展的特点。

在不到半个世纪的时间里，德国的大学享誉世界，德国成为当时世界公认的教育强国、科学活动中心。在 19 世纪中期，第二次工业革命开始在德国萌芽，德国用了 40 年的时间完成英国 100 多年才完成的工业革命，迅速站在了世界科学技术发展的前沿。

著名科学社会学家本·戴维曾说，"到 19 世纪中期，实际上所有的德国科学家不是大学教师就是大学里的研究学者。"① 像数学家高斯、黎曼、希尔伯特、哥德巴赫，物理学家赫兹、哈伯、普朗克、爱因斯坦、波恩、迈尔、赫尔姆霍兹、伦琴，化学家李比希、哈维尔，地理学家洪堡等人，都与德国的大学紧紧地联系在一起，科学家队伍的强大也使德国科学发展锦上添花。

1870—1871 年普法战争德国打败了法国，成立了德意志帝国。政治上的统一带来了统一的国内市场和独立的经济体系，数以亿万法郎计的法国军事赔款为加强德国工业的发展提供了大量的资金，从法国掠夺的亚尔萨斯和洛林丰富的铁矿和钾矿，与鲁尔的煤矿区连成一片，形成重工业发展的重要基地。政治上的统一、经济上的繁荣进一步促进德国技术和自然科学的迅速发展。

不同于以往任何一个国家，在思想上，19 世纪的德国历史主旋律是统一和自由的。在这一时期，德国盛行思辨哲学。德国人擅长理论思维，具有批判精神的传统。这一传统不仅对德国社会起到了启蒙作用，而且为科学提供指导思想，推动了科学的进步。康德作为德国古典哲学的创始人，在其三部重要著作《纯粹理性批判》《实践理性批判》《判断力批判》中建立了批判哲学，他试图筑起自然科学的基础，把科学从形而上学的桎梏和神学的浪漫主义中解放出来，通过理性的思维推动科学的发展，对科学产生了深远的影响。

德国接替法国成为第四个科学活动中心国绝非偶然，德国表现出了不同凡响的实力。在政治、经济、思想和教育等多方面发展上，德国通过开辟出适合自己又独特的发展道路，向世界证明了其实力；时至今日，德国科学的发展在世界上仍有目共睹。

---

① 约瑟夫·本·戴维：《科学家在社会中的角色》，四川人民出版社，1988 年版，第 211 页。

1.4.2 德国基础科学的繁荣发展

1851—1900年，在重大科技革新和发明创造方面，德国取得的成果高达202项，超过英、法两国的总和。德国的基础科学成就突出，尤其是在数学、物理、化学领域遥遥领先于其他国家，科学理论的持续完善和各项重大科学的发现支撑着德国科学事业的发展。直至今天，德国依然是世界上最重要的科技大国之一。

（一）数学领域

19世纪，德国数学家开始对数学进行批判性检查运动，不仅使纯数学的发展有了更加严密和坚实的基础，并促使它渗透到自然科学的各个领域，推动自然科学的巨大发展。

1817年，高斯提出关于非欧几何的根本性认识，即"我们不能证明欧氏几何具有物理的必然性"。他试图通过对三角形内角和的实测来确认现实世界的几何属性，并预示了各种几何学的存在。高斯提出的欧几里得空间中曲面的内蕴几何，为数学开辟了一个全新并且广阔的研究领域；同时为此后黎曼的工作提供了支撑。1854年，黎曼在哥廷根大学的就职演讲《关于几何基础的假设》，概括了黎曼空间及其几何的基本内容。非欧几何的诞生标志着长达两千多年关于欧几里得第五公设问题的探索取得了突破性进展，对现代数学及相对论的发展具有极其重大的推动作用。

1821年，柯西在他的《分析教程》中非正式地定义过无理数，他称无理数为以有理数为项的序列的极限。19世纪50年代末，魏尔斯特拉斯在柏林大学讲授函数论时，提出利用非序集合来定义无理数的方法。最具代表性的无理数理论是康托尔和戴德金的理论。康托尔抓住了实数集的本质特征，从完备性着眼提出了他的实数理论。1872年戴德金发表了划时代的论文《连续性和无理数》，以有理数为基础，用崭新的方法定义了无理数，设计出了他的实数理论以及著名的实数定义——戴德金分割。

集合论的思想萌发于所谓函数"间断点问题"和"唯一性问题"的研究。集合论的创立同康托尔的工作是分不开的。1873年11月29日康托尔在给戴德金的信中提到全体有理数的集合可以和全体自然数集合建立一一对应，也就是说有理数集合是一个"可列集合"，这标志着集合论的诞生。1874年，康托尔发表《论实数代数集合的特征》，其中包括对有理数集、代数数集可数的证明，以及对实数集不可数的证明。1878年在《集合论》中，康托尔使"一一对应"的概念明确地被确立为判断两个集合相同和不相同的认识基础,在这个基础上引入"势"的概念。1879—1884 年间康托尔发表《关于无穷线性点集论》,标志着点集论体系的建立。集合论是现代数学中非常重要的基础理论,它的概念和方法已经渗透到代数、拓扑和分析等许多数学分支,以及物理学等自然科学,为这些学科提供了奠定性的基础理论方法,塑造了这些学科的新面貌。

1908 年,闵科夫斯基在德国科学家和医学协会上,以"时间和空间"为题报告了他在电动力学方面研究的新结果,他放弃了 H. A. 洛伦兹和爱因斯坦在相对论原理中作为分离的实体而使用的时间和空间的概念,提出四维的时空结构。这种结构被称为"闵科夫斯基世界"。诺贝尔物理学奖获得者玻恩曾说,他在闵科夫斯基的工作中找到了"相对论数学的整个武器库"。也正是由于闵科夫斯基的工作,爱因斯坦才能奠定广义相对论的基础。

为量子力学建立做出根本性突破的是德国青年物理学家海森堡。他以原子内部存在巴尔末—里兹频率梯级这一实验事实为根据,把对应原理加以扩充,在 1925 年发表的《对于一些运动学和力学关系的量子论的重新解释》论文中,创造了一种数学方法。海森堡和玻恩密切合作,把这种方法发展成为系统的矩阵力学。

数理统计和概率论理论不断完善,并在物理学、统计物理、量子力学等更多学科中得到大量的运用,为自然科学的发展提供了重要的新方法。数学相对科学的超前发展,表明数学新成果为科学认识提供了有力的分析工具与精确的计量手段。数学的发展为更多的基础科学提供强有力的支撑,为德国成为科学活动中心做出巨大贡献。

(二) 物理学领域

19 世纪 30 年代,由于机械能守恒思想实际上已经确认,热的运动也有了判决性实验的支持,各种能量形式相互转化的实验事实大量出现,表明建立普遍能量守恒定律的内部物理条件已完全成熟,加之工业的发展要求提高热机做功能力的这一社会外部因素的刺激,从 19 世纪 30 年代到 19 世纪 50 年代的 20 多年中,有十几个不同国籍的科学家,包括物理学家、化学家、生物学家、医生和工程师等,从自己所在领域的不同角度独立提出了普遍能量守恒定律。

能量守恒定律被恩格斯称为 19 世纪自然科学三大发现之一。从此人们开始认识到机械能、化学能、电能、热能等能量的形式是可以转换的,而且在一个孤立的体系中，总的能量是守恒的。于是，能量守恒与质量守恒定律成为人们认识事物的一个总的原则。德国著名的物理化学家奥斯特瓦尔德十分认同这个原理，以至于将它作为一种"世界观"。

在光的波动说确立以后，物理光学中最突出的成就就是对光谱的研究。1814 年，德国物理学家夫琅和费在测试新制造出的棱镜时，发现太阳光谱中有许多暗线。1859 年，德国物理学家基尔霍夫解释了太阳光谱中暗线的含义。由基尔霍夫开创的光谱分析方法，对鉴别化学物质有着巨大的意义。许多化学元素如铯（1860 年）、铷（1861 年）、铟（1863 年）、镓（1875 年），都是利用该方法分析发现的。当光谱分析法被应用于天文学探测恒星宇宙时，马上就证明了宇宙中物质构成的统一性。光谱分析不仅开辟了天体物理学的广阔前景，而且也为深入原子世界开辟了道路，近代原子物理学也正是从原子光谱的研究中开始的。

1865 年，克劳修斯总结出著名的"熵增原理"，从本质上对热力学第二定律作出了更深刻的描述：①熵增原理给出了过程可能进行的方向，例如，在任何系统中，自发过程只能从熵较小的状态到熵比较大的状态，反之不行；②熵增原理给出了自发过程可能发生的限度，自发过程到熵值最大时停止；③熵增原理表明了体系在不可逆过程中，熵增加，做功能力就减小。1906 年，能斯特创立了热力学第三定律，即能斯特定理。

正如劳厄所说，热辐射学说自始至终形成于德国。在短短 60 年的时间里，热辐射学说在德国实现了前所未有的发展与完善。1859 年，基尔霍夫和本生通过实验发现，不管物体种类如何，它的辐射能和吸收能之比都是相同的，而且仅仅是温度的函数。1879 年，斯特藩比较了许多实验结果后发现，热辐射的总能量与绝对温度的四次方成正比。1884 年，玻尔兹曼对此做了严格的理论证明，这就是所谓的斯特藩-玻尔兹曼定律。1893 年，维恩把热力学考察与多普勒原理结合起来得到位移定律，这是经典物理学的一项重大进展。1895 年，卢梅尔和维恩制造了一个带有小孔的空腔，它相当于一个黑体，从此开启了人们对黑体辐射的定量研究。1896 年，维恩尝试把热辐射理论向前推进一步，提出了一个分布公式。在 1900 年库尔鲍姆和鲁本斯的测量结果表明，在长波领域，维恩分布律的理论计算值与实验值显著不同。尽管维恩的重要结果并不完整，但却是通向量子论的最后阶梯。1900 年，天才物理学家普朗克得出了一个与经典理论相矛盾而与实验完全符合的计算公式，提出了划时代的量子概念，从而开创了现代物理学的新纪元。这一概念揭示出原子过程中的整体性特点，它是一个完全超出经典物理学的概念，一举打破了"自然无飞跃"的古老格言。普朗克于

1918 年获得诺贝尔物理学奖。

1888 年，赫兹发表《论动电效应的传播速度》，发现并证实电磁波的传播速度与光速有相同的量级，且电磁波和光具有相同特性，即折射、反射、干涉、衍射和偏振等现象。赫兹验证了麦克斯韦的预言，为人类利用无线电波开辟了道路。1895 年，德国维尔茨堡大学物理学家伦琴发现射线，从而打开原子大门，展现了从未见过的物质运动形式。

1905 年，爱因斯坦创立狭义相对论，建立起一套崭新的时空观；同年提出光的量子理论，完满解释了光电效应。1915 年他又创立了广义相对论，开创了现代宇宙学。1916 年他提出受激辐射理论，为 60 年代激光的出现准备了理论基础。他后期积极探索统一场论，虽然未获成功，但为物理学未来的发展提供了希望。

德国在物理学领域的成就超过在此之前的任何一个科学活动中心国，并且这些科学成就获得了更高的接受度，获国际物理学奖的德国科学家不在少数。德国物理学的成就为物理学多次开辟新领域，为现代科学技术的发展打下良好的基础。

（三）化学领域

19 世纪，德国科学家对化学表现出极大的研究兴趣，在各种化学新元素的发现方面也有出色的成绩（表 1.6）。

表 1.6　化学新元素发现

年份	科学家	新发现
1817	斯特罗迈厄	镉
1860	本生、基尔霍夫	铷和铯
1863	赖希、里希特	铟
1848—1849	沃尔茨、霍夫曼	氨的最简化学式是 NH_3
1886	文克勒	锗

1824 年，年仅 23 岁的德国化学家维勒用氯化铵和氰酸银合成有机物尿素，这是有机化学发展的一个重大转折。它打破了无机界和有机界的绝对界限，动摇了生命力论的基础，开辟了有机合成的新领域，为有机化学理论的形成奠定了基础。1832 年，德国化学家李比希和维勒一起对苦杏仁油（苯醛）进行研究，发现了苦杏仁油可以转变为一系列含有 C_7H_6O 基的化合物。当时的许多化学家认为这是一项"划时代的研究工作。它开辟了一条

通往有机化学黑暗森林中去的道路"。[①] 1837 年，李比希和杜马合作发表《有机化学的现状》一文，提出基团学说，促进了早期化学有机理论的建立。

1858 年，凯库勒发表《碳化合物的组成和变化以及碳的化学本质》，阐述了碳原子形成化合物的特征，提出了碳原子自相成链的观点。1866 年，凯库勒指出了苯的环状结构，这是经典结构理论的最高成就。1864 年，德国人肖莱马比较完满地解决了布特列洛夫遗留下来的问题，他肯定了碳原子的四个化合价是相同的。由于肖莱马的工作，才有了建立合理的结构式和命名法的可能。

第一个将元素按原子量大小进行比较排列而取得成绩的是德国化学家德贝莱纳，1829 年他在对当时已知的 54 个元素研究的过程中，发现几个相似的元素组，每组包括 3 个元素。1864 年德国化学家迈尔在他的《现代化学理论》一书中顺着原子量的次序，详细探讨了各元素的性质，列出的"六元素表"已经有了元素周期表的雏形。元素周期律的发现是继原子价理论后对庞杂的化学实验资料的又一次大规模的综合，把有关化学的知识纳入一个比较严整的自然体系，形成了一门系统的科学，有力地推动了化学和其他学科的发展。

奥斯特瓦尔德在 1885—1887 年间撰写了《普通化学教程》，这项工作的意义在于把物理化学确立为一门独立的分支学科。他因研究反应平衡和反应性的基本原理而赢得声誉，由此，他与范托夫、阿伦尼乌斯一起被誉为物理化学的"三剑客"。奥斯特瓦尔德由于在物理化学方面的工作，特别是对催化作用的研究，于 1909 年荣获诺贝尔化学奖。

1.4.3　德国在战争中失去科学活动中心地位

战争是德国丧失世界科学活动中心地位的重要原因，战败国的身份使德国在国际上的地位一落千丈。第一次世界大战战败加速了德国让出科学活动中心舞台的进程。由于战争的需要，德国将更多的财政收入投入军事武器方面，因而基础科学的研究被搁置。军事目的使德国科学研究领域趋向单一化，不服务于战争的许多研究也不被肯定。最为严重的问题在于，伴随着法西斯主义政权的上台，对犹太民族的迫害格外严重，德国当时许多优秀的犹太民族科学家迫于威胁纷纷在战争期间逃离德国，在外国寻求

[①] 柏廷顿：《化学简史》，商务印书馆，1979 年版，第 242 页。

庇护，彼时德国还尚未意识到科学家队伍的日渐空虚。接受了大量科学家移民的美国，借此机会实现了超越。

战争对一国的危害是巨大的，同时，德国作为挑起事端的战败国，在战后各个方面实力都大大减弱。战争需要投入巨大人力，各个岗位上的年轻人都要投入战争中。同盟国在"一战"中阵亡的士兵超过330万，死伤平民不计其数。科学事业中最为重要的就是人，教育事业与科研事业失去了最为珍贵的沃土，大学与研究所也受到战争的波及，加之战败国的身份，德国在"一战"后很长一段时间内都难以恢复科研实力。

德国丧失科学活动中心地位的外部原因是大洋彼岸美国的崛起。美国作为一个新兴资本主义国家，在战争中保持中立，而赢得战争的英、法等国实力大大削弱。美国虽在武器装备上不敌欧洲老牌工业国家，但在战时接纳了大量的科学家移民，以及受工业革命的影响，使它的实力逐渐显现出来。

德国因战败而丧失科学活动中心地位是必然的结果，没有和平的支撑，就难以实现发展，德国的惨痛教训值得后世深刻反思。

1.5　第五个科学活动中心——美国

20世纪的人类进入新时代，科学活动中心的发展也迎来了新阶段。世界第五个科学活动中心——美国登上历史舞台。美国以其超级大国的身份和绝对实力，使得科学活动从欧洲转移到了美国。美国的科学事业发展自20世纪至今都遥遥领先于世界其他国家，美国的迅速崛起和实力的稳定积攒，让20世纪成为"美国的世纪"。经历了20世纪初的战争时期，美国蓄势而发一跃成为世界上首屈一指的超级大国，国家绝对实力的保障使科学在美国实现了前所未有的突出进展，各个学科、领域争相融合、分化，诞生新的科学与知识领域，科学在20世纪实现了繁荣发展，美国成为有史以来实力最强的科学活动中心国家。在强大的经济、开放民主的政治以及思想的支持下，美国的科学、技术、人才力量无比强大，以分子生物学、物理学等为代表的基础科学的发展及作用也十分巨大，共同推动了以美国为科学活动中心时代的到来。直至今日，世界科学活动中心的地位仍然属于美国。

1.5.1 美国在战争中获得科学活动中心优势

从第一个世界科学活动中心的意大利到英国、法国、德国,世界科学活动中心的脉络一直环绕在欧洲大陆。但是由于两次世界大战,德国政治动荡、大学解体,像爱因斯坦等这样伟大的科学家流离失所,德国世界科学活动中心的地位渐渐丧失,世界科学活动中心又一次转移,这次转移到了美洲大陆,转向了日益崛起的美国。美国作为一个高度发达的资本主义国家,也是目前世界上的唯一超级大国,它的科学技术水平在其发展历史程逐渐展现出来。

随着德国法西斯主义的对外扩张,世界大战爆发,而德国也在战争中失去了科学活动中心的地位,位于大西洋彼岸的美国却在战争中崛起。经历两次世界大战,世界格局发生了翻天覆地的变化,科学活动中心从欧洲转移至美洲大陆也是变化之一。

"一战"初期,美国凭借其在战争中的中立地位,向交战双方提供军需物资,这极大地刺激了美国的军事工业和重工业,时至今日,美国仍是世界上最强大的军火提供国。战争不仅为美国的工业发展提供了良机,而且大量的外汇与资金输入使美国的经济实力大增。在物资紧缺的战争年代,美国不仅把持着主要的军需物资提供、先进工业的发展方向,同时利用外汇收入以及借助自身优势发展农业,成功地从一个资本输入国转变为一个资本输出国。与此同时,被战争拖累的英国、法国等老牌资本主义国家纷纷向美国贷款,美国因此由债务国转变为主要的债权国,甚至到1924年,美国的黄金储备达到了世界的二分之一,资本主义世界的金融中心从英国转移到了美国。美国毫无疑问地成为当时经济实力最强大的国家。

世界大战对于美国科学事业的贡献,不仅在于为美国科学事业打下了雄厚的经济基础,同时还为美国带来了许多优秀的科学人才,战时的科学家移民对美国发展科学做出了重要且影响深远的贡献。

20世纪初,欧洲依然是科学活动中心,随着"一战"的爆发,欧洲科学人才的流失导致在20世纪20年代美国开始出现了零星的移民。法西斯主义对犹太人的迫害,迫使许多犹太裔科学家离开欧洲转而向美国寻求庇护。第一个这样做的人就是爱因斯坦,他于1933年到达美国后,许多德国物理学界的科学家在他的支持下也开始前往美国。

科学移民使欧洲丧失了大量的科学人才,使原本因战争而发展滞缓的科学事业雪上加霜。与此同时的美国把握住了科学家移民的机会,其科学事业实现了前所未有的大发展。美国也为这些移民而来的科学家提供了相对宽松的移民政策，寻找自由创造环境的科学家们得以在美国大展拳脚。比如爱因斯坦和莱奥·斯齐纳德说服美国富兰克林·罗斯福总统开启了曼哈顿计划，该项目的许多物理学家都是移民而来的，而领导第一个核反应堆研究工作的同样是移民美国的意大利科学家费米。这些来自异国的科学家在美国实现了非比寻常的科学贡献，帮助美国成为"二战"期间的科学巨人。

战后的美国处于绝对的科学领导地位，成为为数不多的没有受战争蹂躏的工业化国家之一。美国在全国范围进行了大量的"大科学"投资和国家政府资助项目。国家的资助给知识界带来了吸引人的职位，进一步巩固了美国的科学优势。美国政府第一次成为基础研究和应用科学研究的最大支持者。到20世纪50年代中期，美国的研究机构众多，科学家被吸引至美国。在整个"冷战"期间，美国的"脑力增益"一直在持续，因为东欧集团的紧张局势持续升级，叛逃者、难民和移民不断涌入。德国的分裂也促使3500万东德人在1961年之前进入西柏林，这其中不乏年轻且受过教育的专业人员，其中许多人后来移民到美国，这都为美国科学家队伍的壮大做出了贡献。

"冷战"末期的美国，教育领域的许多方面被德国、日本等国赶超。为保持在教育上的领先地位以及解决教育质量下降的问题，美国政府签发了关于加强基础教育的法案，弥补政府在基础教育上的投入不足，更为重视基础教育。历届政府对教育改革的重视使教育的投入也在不断加大，随着全民教育和终身教育观念的提倡、高等教育对外开放程度的提高以及大学的普及，美国人的受教育水平显著提高。美国对科技人才的吸纳也没有丝毫松懈，通过移民与教育这两种途径为美国服务的外国人有明显增长趋势。

科学的社会应用促进了应用科学的快速发展。美国对于科学发展的要求是将大学、研究室与企业结合，将产业研发与科学技术实现创新结合，一方面提高了美国的科学竞争实力，另一方面对科学自身是一种极佳的支持，保证了科学发展的稳定性与持久生命力。美国这种"产学研合作"体制是创新体系的重要特征，反映了美国超强的创新实力。通过加速对于科学成果的转化和专利的保护，科学在美国的发展得到前所未有的稳固。政府在保证大学成为基础研究中心的同时，为企业与大学科学研究的对接提供大力支持，对于科研经费的投入逐年加大。

借助世界大战的发展契机，得益于"科学家移民"的外在因素，以及自身强大的创新能力，美国在逐步实现"大科学"时代中真正实现了科学事业的大发展。

1.5.2 学科交叉融合的美国"大科学"时代

基础科学的发展在美国实现了新的突破，越来越多的科学成果在研究中诞生于学科边缘。在"二战"后形成的"大科学"科研模式使学科的交叉融合发展成为美国作为世界科学活动中心时期科学发展的重要特征，也成为科学在20世纪的发展趋势。因不同学科之间相互交叉、融合、渗透而出现的新兴学科为科学带来新理论、新发明，新的工程技术也经常在学科的边缘或交叉点上出现，学科之间联系的增强推动着科学向自身更深层次和更高水平发展，这同时也是科学发展的客观规律。

美国的科学发展从20世纪以来，并没有显示出落后或者退步的迹象，即便是超过了汤浅光朝所预测的80年科学兴隆期，美国如今的国际科学地位也难以被轻易撼动。

进入20世纪的科学迎来了新的发展方向，在理论科学上迎来一系列的革命。在每次科学活动中心转移中都表现活跃的物理学领域最先行动起来，在世纪之交由众多物理学家一同建立的量子力学为物理学开拓了新天地，爱因斯坦提出的相对论也随着科学的发展被普世接受。量子力学与相对论构成了现代物理学的两大支柱，成为第三次科学革命的标志，自此20世纪的科学与技术得以实现迅猛发展。20世纪物理学的活力也带动其他领域的发展，天文学、生物学和地质学都迎来了自学科确立以来的大发展。天文学提出的大爆炸理论标志着新的宇宙学说的诞生，使人类对微观世界与宏观世界有了崭新而全面的认识，这也为20世纪中期各国争相探索空间技术提供了理论和基础研究支持。沃森与克里克提出的DNA双螺旋模型让人类对自身有了更全面的了解，不仅使分子生物学前进了一大步，也为医学的进步做出了巨大贡献。板块模型的建立是人类地质领域上的一大发现，自此人们展开了对地球更为深入和全面的探索。

20世纪诞生的四项理论科学成果，为更多的领域开辟了发展道路。美国作为一个注重创新与开放的国家，并且自"二战"之后日益形成了合作的"大科学"科学研究模式，在任何一个领域其发展都有突破。

美国的科学成就，已不再局限于某个学科或是只专注于本国人员的研究。得益于移民文化，以及受到实用思想的鼓舞，美国的科学事业真正实现大发展。

在基础研究领域，美国的成就突出。诺贝尔奖是如今科学最高成就的象征，在1901—2021年之间，在化学、物理学和生理学/医学三个领域，美国有285人获得了诺贝尔奖，从1964年开始每年至少有一名美国人获奖，战后的美国成为诺贝尔奖的最大赢家。时至今日，美国不论是在各大奖项的获得还是在各个领域的论文产出方面都保持着领先。在六大基础学科领域，美国的论文产出都保持在第一位。追求成果与应用的美国并没有松懈对基础科学的研究。

在新领域的突破上，美国也是一马当先。得益于美国创新体系的完善与国家对于创新的重视，学科交叉融合发展在美国实现得最为突出。"三论"（系统论、信息论与控制论）是现代科学的新型理论学科，这三门学科的创立都有美国科学家的名字。美籍奥地利生物学家贝塔朗菲于"二战"后系统阐述了一般系统论的思想，美国数学家申农奠定了信息论的学科基础，控制论的创始人维纳同样是来自美国的数学家。这三大理论相对抽象，但是其思想却在现实生活中得到运用，"三论"为学科的明确以及学科之间的交叉融合建立了相对准确的关系，用相对一致的语言与思想促进更多学科的共同发展；同时"三论"被应用在许多社会领域，包括经济、技术、社会学等多学科领域，为更多的研究提供新的方法。

在原子能科学技术、计算机科学技术，以及空间科学与技术领域这三大现代科学技术上，一直致力于前沿研究的美国依然保持领先优势。因反对纳粹而发动的"曼哈顿计划"几乎集结了所有领域的科学技术人才。前所未有的研究规模使得美国不仅在战争中节节胜利，也使美国的科学技术事业保持惊人的领先。1946年，第一台名叫"埃尼阿克"（ENIAC）的电子计算机就诞生在美国。于1961年开始实行的"阿波罗工程"美国首次将两名航天员送上太空，实现了人类历史上的一大进步。在"冷战"时期开始的"星球大战计划"也使得美国在诸多领域，例如航空航天、重工业、武器工业等都走在了前沿。

美国科学的发展是全方位的。不像之前四个国家以成就突出的学科为主，美国几乎在每个领域都实现了发展。除了在历史进展中活跃程度颇高的物理学、数学、化学、天文学，在生物学、医学、能源科学，甚至是在考古学等领域，美国都做出了巨大贡献。美国科学的发展不仅体现在自然科学上，在社会科学也凭借"三论"得到了突出发展，而得益于"大科学"与实用精神的应用科学也成为美国科学发展的一大亮点。

美国诸多大工程与计划的实施都促成了美国"大科学"时代的到来，更多领域与学科的相互接触产生了更多的可能性，更大范围的科学人员流动与信息的交换，以及更大强度的科技投入和美国自主开放的科学研究环境，使得科学进展的势头保持强劲。

"大科学"时代使各领域科学前所未有地产生联系与彼此影响，时代对于成果和效率的要求也使得科学有意识地推动各个学科自身的发展。学科融合、分化、交叉发展，成为20世纪美国科学发展重大特征。

1.5.3 美国科学活动中心地位的生命力

美国科学活动中心的命运并没有像汤浅光朝预言的那样在21世纪让位于他国，反观美国的科学发展历程一直都在进步之中。美国仍具备很多有利因素让其继续维持科学活动中心的地位。作为当今世界的超级大国，美国的各方面实力不容小觑，在各个领域的科学产出和技术成就仍排在首位。倡导创新发展并且走在科技前沿的美国对科学怀有更高的热情，科学从业人员拥有稳定的工作环境、得到社会的尊重，科学家队伍的壮大提供支持。在稳固基础研究发展的同时，美国在多个领域的科技创新上也一直走在前列。进入21世纪的美国有着足够的实力维持它在科学界的地位。

在经济全球化和文化多元化的当今时代，各个国家对于科学的重视和热情空前高涨，不论是欧洲老牌科学大国，还是以中国为代表的新兴科技国家，都对美国维持科学活动中心地位造成了一定程度的威胁。

科学活动中心会在美国得到一定时间的维持，但转移的方向也许不再是单一的，单独转移到另一个国家的机会比以前更低。紧密联系的欧洲各国个体能力虽不足以与美国抗衡，但是欧洲的整体实力，特别是欧盟国家总的世界科学产出份额与科学地位，对美国造成一定的威胁。21世纪的科学活动中心的走向会日趋分散。将来很可能形成的多中心格局，欧盟、中国、日本、俄罗斯等科学大国或集团都可能成为中心之一。

美国真正实力不在于它维持科学活动中心时间超过了之前的任何一个国家，而是在于科学活动中心进展到今日的任何预测，都不能忽略来自美国的影响，美国作为必定要被考虑到的国家，它对科学活动中心未来的转移走向有着不容忽视的影响。

科学活动中心从欧洲大陆转移至美国，在一定程度上表明当今科学发展形势不同以往，正如贝尔纳所言，我们正处于"科学技术变革时代"，一切不能同日而语。科学教导我们用创新且理性的眼光看待事物，辩证地看待科学在历史上中的发展轨迹。

1.6 科学活动中心国家代表性基础研究情况

从 16 世纪中期开始兴起的以天文学贡献最为突出的意大利，到如今学科交融大发展的美国，科学活动中心经历了五个时期的发展，在不同时期每个国家凭着突出的基础研究来引领科学的发展（图 1.2）。

图 1.2　科学活动中心国及代表基础研究情况

启蒙于古希腊、古罗马的天文学首先实现了科学与思想的突破，虽然天文学的科学成就在当时的意大利并不是最多的，但却是成就最突出、对后世影响最大的，它关乎着人们社会生活、科学教育等多方面的发展，成为沉重打击黑暗教会的有力武器。数学与物理的发展与人们的生活息息相关，从人类诞生之初就与社会产生深刻联系，在各个科学活动中心国家的发展中起着举足轻重的作用。在意大利科学活动中心时期，数学与物理的领域被开拓得更为宽广，数学家更多地致力于计算与发现，他们的研究也为天文学领域打下了良好基础。

数学与物理的发展一直活跃至科学大发展的当代社会。数学与物理对于自然科学事业贡献出巨大的力量，两次令人瞩目的工业革命成就与经典物理学的完善，使数学与物理的发展贯穿五个科学活动中心的科学研究脉络。在逐渐兴起的实验科学、计算机科学、空间技术等领域，使得数学与物理的领域拓展得越来越广阔，科学已离不开数学与物理的发展。

化学的兴起很大程度上得益于工业的发展，化工产业为资本主义国家带来新的获利机会。化学作为起步相对较晚的学科，在摆脱炼金术的桎梏之后成为一项成就突出的基础学科。化学在工业上的运用倾向于实用性，成果产出相对容易，这助推了化学的快速发展。从英国开始，接受过工业革命洗礼的国家，包括法国、德国，能够成为科学活动中心都离不开化学的推动。

20 世纪是不平凡的世纪，不仅在于资本主义国家的发展壮大对科学产生了重要影响，两次世界大战也对人类进程起到不同的催化作用。在如此不同以往的世纪中壮大起来的美国，在科学领域的发展实现了大融合。其原因一方面在于自然基础学科在经历数百年之后走向了成熟；另一方面在于美国综合实力的强劲为学科交融、分化创造了新的可能，有利于交叉学科与新学科诞生新的动力与成就。学科的大发展，包括学科融合、分化以及新学科的出现等，都是科学加速发展的体现。基础研究在 20 世纪得到新的发展路径。

关于基础研究在新世纪的发展，依然有众多猜测。基础研究与新的科学活动中心国家以及科学活动中心的未来命运等有着密切的联系。

2 科学发展规律的理论探索

一般认为，科学的诞生与发展，归根到底源于人们的社会实践。一方面，社会实践是科学发展的根本动力，是科学实现理论与实验相统一的唯一途径；另一方面，科学的发展自然受知识的个体属性、实践主体、传播途径等因素的影响，并由此反作用于社会实践。因此，在社会实践与科学知识内部各要素的相互作用下，科学的发展呈现出明显的规律性。

由此，人们开始从学术层面上探索科学发展的规律。从基于观察的定性思辨到简单的数理统计，再到利用科学知识图谱、引文网络等工具实现精细化的计量分析，人们对科学发展规律的探索取得了丰富的理论成果。人类真正实现了从承认科学的社会作用，到认识其发展规律并以此指导实践质的飞跃。

2.1 世界科学活动中心及其转移规律

自科学诞生以来，科学发展史向人们展现了一条科学的时空转移规律：当一个国家的科学成果达到或者超过同时期世界科学成果的 25% 时，该国家就成为这一时期的世界科学活动中心，这也证明了该国家在这一时期的科学实力。1929 年，W. C. 丹皮尔首次提出了"世界科学活动中心"近百年来，人们对于科学活动中心的探索与研究不曾停止。

2.1.1 早期对科学活动中心的探索

对于科学活动中心在科学史上的记录，最早可追溯至 1929 年，英国科学史家 W. C. 丹皮尔在《科学史及其哲学和宗教的关系》中提到了"世界科学活动中心"一词，但对于概念的界定和对有关科学活动中心的规律探索，丹皮尔并没有给出更为详细的解释。

直至 1954 年，英国著名物理学家贝尔纳，亦是科学学的创始人，在《历史上的科学》一书中首次对科学活动中心作出了定性的描述。贝尔纳描绘了科学活动中心在世界范围内随时间转移的概貌，初次形成了我们如今熟知的科学活动中心的概念。在《历史上的科学》一书的附表中,贝尔纳列出了自人类发展起源到 20 世纪 50 年代的技术和科学活动中心,对于科学活动中心在时空范围内的流动形成了初步的概念。从最早开始兴起文明的古代科学活跃的埃及、巴比伦等,到为近代自然科学提供支撑的古希腊、古罗马文明,以及辉煌一时的东方科学文明,在经历了黑暗中世纪的沉寂后,从文艺复兴开始重获新生的西方文明也都在贝尔纳的统计之中。贝尔纳以分期的形式阐释了科学在历史上的进展,结果与后来汤浅光朝和赵红州的发现有着惊人的相似之处,形成了后来人们熟知的科学活动中心的雏形。

贝尔纳认为,科学的发展是不平衡的,在迅速发展一段时期之后,可能有更长的停顿期或者衰退期。这一点,在之后汤浅光朝和赵红州对于科学活动中心的研究中得到了印证:每个国家成为世界科学活动中心产生的交替并非是连贯的,转移往往伴随着停顿或者重合。科学发展的不平衡是科学活动中心发生转移的一个重要原因,不同时代背景下不同要素对科学活动发展有不同的重要程度,这都影响着科学活动中心的转移。虽然贝尔纳并未对科学活动中心转移的规律做出解释或者归纳,但是他为日后人们对于科学活动中心的研究做出了巨大的贡献。

贝尔纳对于科学活动中心的贡献不仅仅在于他为后人的进一步研究奠定了坚实的基础,更重要的是,他为科学贡献了新的命题、新的思考。"贝尔纳之问",比"李约瑟难题"提出早十多年,对近代科学和技术革命为什么没有发生在中国展开了思考。"贝尔纳之问"对科学活动中心转移的解释或许为人们提供了一种新的思路,而在各方面都面临着大国博弈的当今时代,"贝尔纳之问"更包含了我国科学研究的前景,对中国科学研究有着深刻的影响。

2.1.2 科学活动中心转移的定量分析

继 1929 年皮尔丹和 1954 年贝尔纳之后,汤浅光朝于 1962 年得出了关于世界科学活动中心最具影响力的研究成果,同时提出科学兴隆期的概念。由于汤浅光朝对科学活动中心转移现象的突出贡献,后人将世界科学活动中心转移现象称为"汤浅现象"。

日本著名的科学史家汤浅光朝受到贝尔纳的启发,使用统计调查的方法,利用日本平凡社 1956 年出版的《科学与技术编年表》和 1951 年出版的《韦伯斯特人物传记辞典》,将收集到的 1501—1950 年的 2064 项条目,每一项条目记为一项重要科学成果,每十年为一个记录区间,共分45个阶段,对科学史上的科学活动中心转移现象做出定量分析。以此定义若一个国家的科学成果占同时代全世界科学成果的25%及以上则该国家为世界科学活动中心,持续的时间为科学兴隆期,汤浅光朝计算的科学兴隆期平均为80年。

汤浅明确得出先后成为世界科学活动中心的国家,在前人的基础上实现了突破。它们分别是意大利(1540—1610年)、英国(1660—1730年)、法国(1770—1830年)、德国(1810—1920年)和美国(1920年至今)。得出结论时,美国还未结束汤浅预测的科学兴隆期,但是按照80年的科学兴隆周期,美国将在21世纪初退出科学活动中心。目前看来事实并非如此,这也引来人们对于"汤浅现象"的更多猜测与研究。

"汤浅现象"是汤浅光朝的一项科学发现,它为科学与社会带来更多的思考。他所提出的明确的科学活动中心概念,是对贝尔纳在《科学的社会功能》中科学的时空变迁的概述的发展。他对前人关于科学活动中心的研究做出了系统的总结,并在此基础上完善了科学活动中心理论,形成了最为人们所熟知而又影响力最大的关于科学活动中心的研究课题。

值得说明的是,科学活动中心成为经典课题不仅是汤浅的突出贡献,我国赵红洲也曾于1974年独立地发现了科学活动中心转移现象,由此科学活动中心的转移规律再一次被证实。

1974年,我国赵红州在河南罗干山校劳动期间,独立发现了科学活动中心转移现象。赵红州根据《自然科学大事记》(复旦大学学报),经过统计调查发现:不仅五个科学活动中心国家与汤浅所描述的现象一致,而且他计算得到的科学兴隆期同样也是80年。但是五个国家的科学兴隆期的起止时间略有不同:意大利(1540—1620年)、英国(1660—1750年)、法国(1760—1840年)、德国(1840—1910年)和美国(1920年至今)。

赵红州经过计算,还得到了各个中心的峰值转移:意大利(1620年)、英国(1710年)、法国(1790年)、德国(1870年)、美国(1950年)。各个中心的峰值是各个国家在科学兴隆期内取得的最大的成果数(比值),由此可以推断出一个国家的科学活动中心地位的未来走向。

对于科学活动中心转移的研究一直在进行着,其转移规律在前人探索的基础上,特别是在贝尔纳、汤浅光朝和赵红州的研究之后,成为一项重要的课题研究,为科学和社会的发展带来重要的意义。

2.1.3 科学活动中心转移的研究拓展

由前人研究可知,科学存在于时空中的状态是不平衡的,这使得科学活动中心的转移成为可能。科学自身发展的过程同外部因素一起,产生促使科学活动中心出现的动力。究其转移的原因,可以看到科学活动中心的转移几乎和大的历史事件或者社会革命重合,这并非偶然,但也难以用简单的关系论述阐明。

科学活动中心的转移和社会的相互作用关系,或者是说科学本身,在其诞生之初就与社会密不可分,虽然无法简单将其成因归纳为一方对另一方的直接作用,但是两者在历史上的轨迹表现出惊人的一致。一方面,两者自身相关的因素宏大而复杂;另一方面,在实现科学活动中心转移上,两者共同作用并且相互影响。相关因素也在彼此的影响下产生着对科学活动中心转移的现实意义。

只有文明的建立才有"科学"可言,所以科学诞生之初受思维方式的局限,与观察经验等方式难以分辨。初始的进展是缓慢并且艰难的,诞生的成果寥寥无几,受科学自身限制与社会局限的原因,成果的记录同样困难,所以社会早期也就不存在所谓的科学活动中心,不仅没有实现的条件,也不存在实现的必要。

在社会生活的早期,先于科学发展的是技术,其中包含了不少观察经验、熟练技巧等,这些为人所用的知识不足以称为科学,因为它们远远脱离理论,也没有形成理论的概念。技术较科学更早发展是因为大多数技术进展是响应经济的,而科学对于经济的反哺作用要在 20 世纪才开始出现。因此,科学早期进展近乎停滞,原因在于阶级区分使科学的自生力格外低下,技术缺少科学的沃土也发展缓慢。由于两者本是相互作用和促进的关系,在彼此力量薄弱的前提下,两者进展得都不尽如人意。

科学实现真正的进展,要真正地能够成为科学活动中心转移的动力,在 20 世纪之前,都要依靠社会力量。这也是科学十大的成就与事件,特别是科学活动中心每次转移都与社会的进程如此一致的原因。社会力量同经济力量决定了科学进展的方向、规模和速度等,但科学在受到影响后所呈现的力量和任何方面的内容进展,都远远超出造成它的动机或者手段。也就是说,科学受到社会的物质资助或其他有益方面的影响,抑或是其他可以经过科学自我消化的社会因素影响。科学也会诞生相对于社会的物质变化。

科学的初生是经济和社会发展的结果，即便科学的发展不以这两者为目的，但是这两者的作用也存在于科学进展之中，同时社会和经济也受到科学相应的积极影响。这样的协同并非偶然，而是与科学的发展历程以及社会向前推进的状态相一致。

科学在早期文明时因受到当时社会的限制而发展滞缓。贝尔纳将科学的爆发分为五期，从早期文明的科学创造活动，到当今时代前所未有的科技变革，科学创造的爆发时期与历史上的社会、经济、政治运动是分不开的。

在科学创造突出的第一期——早期文明期和第二期——希腊时期，科学爆发的偶然性是格外突出的。就现在来看，科学活动可以看作是一项投资，因为科学所需物质资源相对庞大，收获效益的机缘偶然性也很大，但是回报却十分惊人，科学的受益者不仅仅是科学进展本身，还有社会，毕竟现在社会中没有一处是不需要科学的。早期的科学突破受困于阶级和自给自足的自然经济，这种状态下的经济和社会对于科学的需求很少，自然也谈不上对于科学有所鼓励。

第三期，即文艺复兴时期，是对科学进展相对重要的时期。一方面贝尔纳归纳的这一期，同后来汤浅光朝的结论有所呼应；另一方面它对科学活动中心转移的开始提供了解释。在文艺复兴时期，资本主义经济对封建经济构成了实质的威胁，使整个人类社会进程前进了一大步。在文艺复兴时期科学发展渠道狭窄的特征还是有所保留，相对突出的表现在于文艺复兴时期的许多成就是承袭了早期文明的蒙昧思想或者伪理论。然而许多以彻底荒谬目的为依据的理论和学说，却也为文艺复兴实现突破的领域做出了不可磨灭的贡献。从一定意义上理解，不能完全否认早期文明中的伪科学、伪理论对真理的启蒙或者开化的作用，它引导出了真理和伟大的科学成就，是第一次科学活动中心出现的契机。

文艺复兴时期科学突破的领域相对狭窄，早期文明的亚里士多德的宇宙论与托勒密天文学发展也已成熟，成为人们普遍认同的宇宙认知。在此基础上的突破达成文艺复兴最突出的天文学成就，在一定意义上解释了科学活动中心科学成就占世界科学成就的25%是如何实现的，也再次印证了科学的不平衡现象。科学活动中心的每次转移是有所侧重的，带有各自的时代和社会印记。早期科学活动中心的转移不同于科技变革的现代，科学活动中心的转移还是局限的，科学突出在不同时空经历的不平衡是多层次、多方面的，同各自的社会运动经历产生着协同。

文艺复兴时期科学得到一定的运用，以天文学应用于航海为突出表现，到了第四期——不列颠工业革命时期，科学重新与技术实现融合作用，科学被运用在技术领域。如果说意大利成为第一个科学活动中心的科学成就主要得益于突出的天文学，那么不列颠工业革命时期则是牛顿力学为工业带去了前所未有的发展先机。一方面文艺复兴的作用在欧洲社会进程中成为关键一环，其原因在于文艺复兴使科学的地位得到重新解读，实现了对于封建的突破；另一方面，突出的科学成就使得科学的观念初步形成，人类开始用一种新的眼光审视社会和自身的发展。这种科学的观念迅速被首个建立君主立宪制度的英国吸收，科学首次实现与工业的结合，为社会带来先进的生产力，在推动社会进程方面起到了突出的作用。科学的渗透领域愈发广阔，科学变得充满创造性，对于技术的作用也更为显著。

在工业革命时期科学对于社会的作用已十分显著，但是科学只起到了加速作用，工业革命本质是靠着劳动力的解放和城市的扩张实现突破。工业革命的伟大进展在历史上一定会发生，这是因为社会自身要求这样的爆发，科学则是这一切发生的助推器，社会发展的协同更加肯定了科学的作用。

后来的启蒙运动肯定了英国工业革命的成果。深受英国工业革命的影响，法国也实现了自身的突破。法国大革命推翻了封建王朝，建立起法兰西第一共和国，这对于法国而言是巨大的历史突破。共和国将启蒙运动所宣扬的理念和思想真正运用到国家治理中，使得经历着动荡历史的法国在科学的探索中产生了自己的轨迹。法国对历史潮流的迫切响应催生了思想上的重大突破，进一步肯定了科学精神，乃至对于美国独立也带来了不可磨灭的贡献。而到了第五期——第二次工业革命的电力时代，科学同工业已经不能分割，它们彼此紧密结合向着前进的方向发展。前人已经在意识形态领域为科学逐渐扫清障碍，封建神学的衰落和近代科学基础的建立，让科学在这一时期开始向着广泛应用的方向大踏步前进。德国在欧洲大陆上的统一相对落后，但却在科学方面实现了惊人的进展。在物质需求日益扩张的时代，科学同工业的结合找到了出路。以至于在后来的大战中，也得以看出科学曾发挥过惊人的作用。

科学活动中心的转移是由多方面因素促成的。简单来看，科学活动中心的转移是一种时空的转化，是某一段时间段内，科学活动中心在不同国家之间的流动，这种动态的特征要求人们研究的重点结合社会现实因素。因为科学活动中心和科学兴隆期在一定意义上体现了一个国家的科学实力，一方面要求研究者从更为宏观的角度剖析科学活动中心的流动，另一方面科学活动中心的转移还受到自身的推动，也就是科学因素本身的发展对科学活动中心起着影响。

世界科学活动中心在不同国家之间转移，依次经历了意、英、法、德、美五个国家，多种因素促成了科学活动中心在不同国家转换，在宏观角度上主要归因于社会环境因素。从最开始被认为是科学活动中心的意大利，到当前的美国，每一次的转换过程和科学兴隆期的保持都必定和相应的历史事件紧密联系。这种联系伴随社会形势或是意识形态变换的相互影响，最后导致科学活动中心的出现，并不断经历着与现实相对应的发展。

社会环境因素是学者探讨的影响科学活动中心流动的主要因素，而对于科学活动中心本身存在的意义的探究则关乎科学本身。汤浅光朝在当初通过统计得出结论时，并没有仔细区分科学成果与技术成果，这使得汤浅光朝对于科学活动中心的定义随着时代的发展受到越来越多的质疑。

科学自身对于科学活动中心产生影响的因素，是所有国家在发展科学过程中都有所涉及的。科学系统包括科学家人数、图书情报资源、先进的科研设备、科研经费等。对于科学发展的自身因素，科学系统要素是一方面，另一方面则是科学活动中心在现代面临的问题以及对其更为深入的探索。科学正与更多的领域和要素产生着联系，学术界也力图通过多层次和多方面的方式来探究科学活动中心这一经典课题，以期对其有一个新的认识并将其开发至一个新的高度。

2.1.4 科学活动中心转移的原因解释

科学活动中心这一科学历史上的重大研究课题，其转移的原因不能仅依赖于科学本身进行解释。对于科学活动中心的时空转移，把它作为社会的一部分进行研究不仅是为了论述的目的。科学现象存在于社会中并受其影响，科学在社会中得到发展和成就，不能否认其受益于社会因素。关于科学活动中心的转移同在论述中处于相同地位的其他社会因素，一方面是对于科学活动中心本身的研究，另一方面是关于科学活动中心产生的辐射效应的研究。

科学活动中心的发展历程不可避免地与社会革命有着惊人的一致性，社会因素毋庸置疑对科学产生着影响，在科学活动中心概念完善之后的研究中，研究者围绕着社会因素对科学活动中心展开新的探索。科学活动中心历经五个国家，受到当时社会诸多因素的影响，包括政治、经济、文化等，以及对科学内部组织和规模有着更为直接影响的教育。包括贝尔纳所关注的哲学问题，在科学活动中心研究相对深入的今天，也诞生了新的角度和思路。运用汤浅光朝对科学活动中心研究的定量统计和历史分析的方法，对哲学高潮同科学活动中心的关系进行研究，可以得出哲学高潮比科学活动中心超前60年和峰值间隔30年的结论。王晓文与王树恩将世界经济中心、世界教育中心同世界科学活动中心进行对比，总结得出科学活动中心转移意味着大国博弈时代开启的结论。[①] 冯烨与梁立明研究了世界科学活动中心的时空序列特征，以及文化中心同科学活动中心的相关性。[②]

自科学活动中心课题研究进入21世纪，特别是美国在21世纪初应该退出科学活动中心的舞台的预测没有实现以来，科学活动中心的研究转入到新的方向，人们对于"汤浅现象"有了再测度与解读，即对"汤浅现象"再次检验并解读其在如今发展的必要意义。

对于下一个科学活动中心"花落谁家"的预测成了各国科学活动中心研究关注的重点。就现在的状况来看，美国的科学兴隆期长于汤浅预测的80年，且美国科学地位的衰落在短时间内也不会实现。美国的经济实力和对科学的重视程度，是随着时代发展一直在提升的。在科技产出、发文量、被引次数等方面，美国都位居第一。美国对于科研投入和人才的培养也极其重视，不论是在科技创新还是基础研究领域，美国都没有任何落后的表现，强大的国家和科学实力保证了美国的科学地位。

关于科学活动中心的预测还有一种观点认为，随着国际化程度的加深和各个国家对科学的重视程度的不断提高，将不存在一个国家可以单独成为世界科学活动中心，也就是说在未来可能不会有任何一个国家的科学成果多于世界科学成果总数的25%，或者说不止一个国家的科学成果多于世界科学成果总数的25%。这样的预测意味着，未来世界面临着有多个科学活动中心的可能。

毋庸置疑的是，任何一个国家都希望成为科学活动中心，这是对国家科学实力的肯定。对于成为世界科学活动中心，我国有足够的实力。尽管我国科学研究起步较晚、基础也相对较弱，但是我国科学发展迅速，近年来取得的成就也让国际刮目相看。到2017年，我国科技论文被引量位于世界第二，首次超过德国和英国；全社会R&D支出预计达到1.76亿元，占GDP比重2.15%，同2012年相比增长70%，位居世界第二；发明专

---

① 王晓文，王树恩：《"三大中心"转移与"汤浅现象"的终结》，科学管理研究，2007年第4期，第36 – 38页。

② 冯烨，梁立明：《世界科学活动中心转移与文化中心分布的相关性分析》，科技管理研究，2006年第2期，第192 – 195页。

利申请量和授权量位于世界第一,有效的发明专利保有量位居世界第三;等等。作为科技大国,越来越多的科技产出证明着我国的实力。在科技政策上,国家大力支持基础研究,发挥创新驱动的作用,科技投入也前所未有地大幅度提高,更多元开放的科研氛围和平台为科技工作者们提供了更多的机会。越来越多强有力的证据表明中国有足够实力成为下一个科学活动中心。

面对本世纪下一个科学活动中心的预测的研究结果,远远超出了汤浅当初的估计,也催生了对于科学活动中心的质疑。一方面美国科学地位的巩固打破了汤浅的预测,另一方面更为多元的国际环境使"汤浅现象"面临着前所未有的质疑,旧有的科学活动中心的定义是否还适合新时代的科学研究形势成为一个巨大的问题。科学活动中心在未来该何去何从,会面临着怎样的转变,或者该以如何的形式退出历史舞台都是相关研究者要考虑的问题。

2.2 科学加速发展规律的定量测度

上节提到了科学活动中心的转移现象,为什么科学活动中心会在各国之间转移?又为什么会转移到特定国家?其原因可追溯到科学的加速发展,正是科学活动中心国家在某个和某些领域的发展较其他国家迅速并在全世界占据领先地位,才会成为世界的科学活动中心。

对于科学文献的增长规律以及其特征,人们进行了长期的探索。早在20世纪初期,人们就开始对科学文献进行数量统计。20世纪40年代后期,由于图书馆管理的需要,科学文献的增长规律作为重要的理论问题备受研究者们的关注,研究者们深度探索并取得了一系列研究成果,用数学模型形象地描述科学文献如何增长并提出相关理论解释。普赖斯(Price)于1950年首次发表指数增长相关论文,1961年在其名著《巴比伦以来的科学》中发表著名的普赖斯曲线。尔后,多位研究者注意到科学文献指数增长模型的局限性,总结出"逻辑增长模型""线性模型""分级滑动模型"等增长模型和与之相对应的理论解释,被视为对科学文献指数增长模型的多次修正。

2.2.1 普赖斯的指数增长模型

在科学文献增长规律模型的研究中，最突出的为"指数增长型"和"逻辑增长型"。早在1944年，美国韦莱斯大学图书馆馆员弗里蒙特·赖德（Fremont Ryder）就对美国一些有代表性的大学图书馆藏书量增长进行了研究。他通过大量的统计发现，美国主要大学图书馆的藏书量平均每16年递增1倍。后来，普赖斯基于赖德的结论进行一系列更深层次的研究。1949年，普赖斯发现："一沓沓的（十年一沓）《哲学汇刊》靠墙竟堆成一条完美的指数曲线。"他指出，如果以文献量为纵轴，以历史年代为横轴，把各个年份的文献量逐点描绘出来，然后用一条光滑曲线将各点连接，则可十分近似地表征文献随时间增长的规律。而这条光滑的曲线便是引言中所提及的普赖斯曲线。

普赖斯提出科学文献是按照指数函数增长，即

$$F(t) = ae^{bt}$$

其中，a 与 b 为大于零的参数，e 为自然对数的底数（e = 2.7138），此公式被称为普赖斯文献增长公式。自变量 t 代表时间，以年为单位，因变量 $F(t)$ 则表示随着年份的变化科学文献数量的变化，a 为当 $t=0$ 时的文献量即初始文献量，而 b 则是文献增长速度与文献总量的比值，称为"持续增长率"或"产率"。

与此同时，人们通常也用文献增加1倍所需的时间 d 作为评价文献增长速度的定量指标。根据上式我们可以很容易地求得计算文献量翻倍的时间的公式为

$$d = \ln2/b$$

研究结果表明，科技期刊数量和期文献数量均呈现出"按指数增长的规律"。但不同学科的文献增长速度是不同的，有些学科文献量每几年就翻一番，而有些学科的文献量则需要十几年才能翻一番。

在利用晋赖斯曲线研究问题时，需要注意到统计数据的处理方法及其应用方面的问题。第一，科学文献按指数增长的规律是相对于每一年的文献累积数而言的，即该年可以利用的文献总量。第二，普赖斯指数方程与所统计的文献的学科范围与起始时间（年）有关。大量研究证明，所统计的学科范围越广泛，符合指数规律的时间就越长。另外，统计的起始时间越晚，统计所得理论增长率就越大于实际增长率，因为在某一指定年开始统计的文限量往往不能包括该年之前的文献累积量。第三，普赖斯指数函

数未考虑到文献的停刊、老化问题。

从数学分析和统计实例来看，指数函数正是科学文献量随时间而增长的数学表示，符合过去历史年代的科学文献统计结果。正如普赖斯所指出："指数曲线的存在，显然具有普遍性和长期性。"科学文献的指数增长定律具有较大程度的正确性，并获得了人们的认可。但是指数函数也具有一定的局限性，科学文献并不总是按照指数函数关系增长，它与所研究文献的学科和时间有关。而且根据指数函数图像可知，随着时间的推移，科学文献会趋向于无穷大即发散。显然，人类对科学研究的投入很难满足科学文献无限增长的要求。因此，这是不现实的。

为了克服普赖斯提出的科学文献指数函数模型的局限性，许多学者坚持探索更为精确的数学模型和更为完善的理论解释。而较为著名的"逻辑增长模型"即为对科学文献指数增长模型一种有力的修正。普赖斯指出，考虑物质、经济、智力及时间的影响和限制，文献信息的增长更趋近于生物的生长曲线（logistic curve），即最初生长繁殖很快，随着时间的推移，其生长速度越来越慢，以致后来几乎不增加了，将其所描绘出来便是逻辑增长曲线。

2.2.2 逻辑曲线增长模型

在科技文献指数增长规律研究的基础上，苏联科学家格·弗莱杜茨和弗·纳里莫夫等人通过具体的文献统计研究基础，提出了科技文献按逻辑曲线增长的理论和模型。其曲线方程式为

$$F(t) = \frac{k}{1+ab^{-kbt}} \quad (b>0)$$

其中，a 与 b 为参数；k 为 $t \to \infty$ 时科技文献的累积量，即科技文献累积量的最大值；自变量 t 为时间，以年为单位；因变量 $F(t)$ 为随着自变量 t 变化而变化的文献累积量。

由其函数图像可知，科技文献逻辑增长曲线呈"S"形。该曲线表明，在科技文献增长的初始阶段，即 $t \leq \frac{\ln a}{b}$ 时，文献增长速度不断变快，是符合指数增长规律的，但它不能始终保持指数增长的趋势；当文献量增至最大值的一半，即 $t = \frac{\ln a}{b}$ 时，文献增长速度达到其最大值 $\frac{kb}{4}$，其文献量为 $\frac{k}{2}$；当 $t > \frac{\ln a}{b}$ 时，其增长率开始逐渐减小，最后逆向缓慢增长，并以 b 为极限。

在表征科技文献增长规律方面，逻辑曲线比普赖斯曲线更符合客观实际。它揭示了科学随着时间的延续而经历"前期缓慢发展，中前期加速度发展，中后期减速度发展，直至后期饱和发展"的过程。这种所谓"饱和发展"并不意味着科学发展的终结，而是指科学发展达到了一种系统的动态平衡[①]。显然，科学发展的这一过程与科学文献的逻辑增长过程是契合的。逻辑曲线也完美地描述了某一具体学科领域内科学文献的增长规律，因为目前整个科学领域中的任一学科分别处于诞生、发展、相对成熟等不同的历史阶段。一般来说，对不同的领域，描述其文献增长的生长曲线中各个常数（a、b 和 k）是不同的。在不同的阶段科学文献增长的态势也是不同的：当学科处于诞生和发展阶段，文献量指数增长，文献的寿命较短；当学科进入相对成熟阶段，文献增长就不能总保持原有的指数速率，增长率变小，曲线变得平缓，文献寿命相对变长。某一知识领域的研究取得重大进展后进入相对成熟的阶段，内容上更新的文献又将进入一个新的急剧增长时期（如指数增长），而后又进入一个稳定的时期。文献的增长往往会出现几个急剧增长时期和几个相对稳定时期，呈现出错综复杂的格局。

普赖斯曲线的主要问题，在于随着 t 值的不断增大，因变量 $F(t) \to \infty$ 是不现实的。而逻辑增长曲线的问题，在于当科学发展到一定阶段时，科技文献的增长率趋于零，科技文献总量达到了它不可逾越的最大值，这也是与实际情况不相符合的。问题的出现便是推动科学研究的动力，后来研究学者们基于普赖斯曲线以及逻辑增长曲线的正确性与局限性，进行大量数据统计与研究，提出了"线性增长模型""分级滑动模型"等其他增长模型以及相应的理论解释。

2.2.3 其他科技文献增长模型

在指数模型和逻辑增长曲线的基础上，普赖斯首先提出某些知识领域的科技文献增长呈直线，即线性增长模型；雷歇从科学文献的增长与出版物质量有关的角度提出分级滑动模型；吉利亚列夫斯基和希莱德尔从等级区域的角度提出超越函数模型；斯和勒希尔等人从相对增长率的角度提出舍－布增长模型。不同的研究学者针对不同的局限性问题，从不同的研究角度对科学文献的增长规律进行探索。

---

① 邱均平：《信息计量学（二）第二讲文献信息增长规律与应用》，情报理论与实践，2000 年第 2 期，第 153－157 页。

（一）线性增长模型

1963 年，普赖斯在《小科学，大科学》一书中指出，指数规律有可能被破坏，文献的指数增长不可能永远继续下去。实际上有些知识领域内的文献既不遵循指数曲线增长模式，也不符合逻辑增长模式，而是呈现出直线增长模式，即线性增长模式。

米哈依洛夫指出，在东欧经互会员国范围内有关科学图书、期刊和专利说明书的数量均是呈直线规律增长的。有关统计表明：1960—1972 年全世界出版的图书和小册子数量呈直线规律增长。其数学表达式为

$$F(t) = bt + a$$

式中，自变量 t 为时间，以年为单位；因变量 $F(t)$ 为 t 年的文献累积量，a 为当 $t=0$ 时的文献数量；b 为文献的年增长率。

科学文献线性增长模型不仅适用于描述某些知识领域或某些类型的文献增长，部分研究者认为科学文献未来的增长将更多地倾向于直线模型。

（二）分级滑动模型

美国科学史和情报学家雷歇（Resher）在其所著《科学的进步》一书中指出，出版物的数量增长是与其质量有关的，不同质量的出版物的增长速度是不同的。雷歇提出了描述科学文献的增长规律的分级滑动模型。雷歇引入 λ（$0 \leq \lambda \leq 1$），用来表示文献的质量级别，每一级的出版物有不同的特点，不同级别的文献量为 $[F(t)]^\lambda$，具体 λ 值如下：

$\lambda = 1$，常规出版物（即全部出版物），则文献量为

$$F(t)_{\lambda=1} = ae^{bt}$$

$\lambda = \dfrac{3}{4}$，一般重要的出版物，则文献量为

$$F(t)_{\lambda=\frac{3}{4}} = [ae^{bt}]^{\frac{3}{4}}$$

$\lambda = \dfrac{1}{2}$，很重要的出版物，则文献量为

$$F(t)_{\lambda=\frac{1}{2}} = [ae^{bt}]^{\frac{1}{2}}$$

$\lambda = \dfrac{1}{4}$，最重要的出版物，则文献量为

$$F(t)_{\lambda=\frac{1}{4}} = [ae^{bt}]^{\frac{1}{4}}$$

$\lambda = 0$，第一重要的出版物，则文献量为

$$F(t)_{\lambda=0} = \ln a + bt$$

显见，当 $0 \leq \lambda \leq 1$ 时，各级出版物仍按指数规律增长，只是随着出版物重要程度的增大，其增长速度逐渐减慢；当 $\lambda = 0$ 时，指数规律完全破坏，而变成了直线增长。在不同质量级别上，文献的数量和增长速度是不相同的，越是重要的文献增长的速度越慢；数量较少的高质量论文总是伴随大量的一般性论文而同时出现。

（三）超越函数模型

苏联情报学家吉利亚列夫斯基和希莱德尔认为，科学期刊论文数量的增长应考虑期刊论文分散这一因素。若将某一学科或知识领域的期刊按布拉德福分布进行等级排列，则不同等级区域内期刊论文数量的增长是不同的。于是，他们提出一种揭示不同分布状态的文献数量增长的新模型，即超越函数模型，其公式为

$$F(t) = \alpha \sqrt{At + Be}$$

其中，α 为参数，A 与 B 为赋予的特定值。

超越函数模型与分级滑动模型同样试图深入到文献的内部结构中去揭示不同质量的文献对增长所起的作用，从而将著名的布拉德福定律与普赖斯增长模型有机结合。但是超越科学期刊论文数量模型很少被具体的统计数据所验证，不便于应用，而且在理论上和实践上都没有解决普赖斯模型所存在的问题[①]。

（四）舍-布增长模型

斯和勒希尔等人早就认为，文献的增加应是"减少的增加"，即相对增长率是随着时间 t 的增加或文献的总量增大而减少的。1978 年，苏联情报学家舍斯托帕尔和布尔罗在研究文献情报流增长的定量评价时，根据上述观点提出了一种新的增长模型，他们称之为文献情报流增长的"总模型"。其文献增长方程式为

$$\frac{dF(t)}{dt} = q(t) \cdot F(t)$$

其中，$F(t)$ 为文献的累积量，$q(t)$ 为文献的相对增长率函数。

从 $q(t)$ 这一变量出发研究文献增长规律，这是对以往研究的重要修正。舍-布增长模型作为文献情报流的总模型，既包括指数增长模型又包括线

---

① 匡华：《描述科技文献增长规律的六种数学模型》，情报学刊，1998 年第 3 期，第 3605-3608 页。

性增长模型和滑动增长模型,因此这一模型的提出无疑是科学文献增长规律研究的重大进展。但是其没有包括逻辑增长曲线模型,因此,舍-布增长模型作为总模型也有一定的局限性,有待进一步完善。

"线性增长模型""分级滑动模型""超越函数模型""舍-布增长模型"以及其他增长模型都是从不同的角度对指数增长模型与逻辑增长模型进行的修正。而不同的增长模型均说明:科学文献数量随时间而增长,只是增长的过程与速度不同而已。

2.2.4　科学加速发展规律的原因探索

科学文献作为科学交流这一复杂系统中的子系统,其数量增长受许多因素的影响和制约。其中科研经费的加大投入和科技人员数量的激增是最主要的原因。科学发展的基本指标是科研经费、科技人员和科技文献的数量,后者的增加在很大程度上是前两者增长的结果。1966年,普赖斯还发现了它们之间的内在联系,即科学研究的成本与从事科学研究的科学家数量的平方成比例增加,而科学产品的产量则仅仅与科学家数量的平方根成比例增加。这个结论大致说明科学文献与科研经费和科学人员之间的数量关系。

影响科学文献的发展的原因还有很多。专业范围的扩大和细分化,使得相关的知识领域变得更加具体全面,进而导致了科学文献数量加倍增加;学科之间相互渗透,使得各学科之间知识相互融合,有利于发现更多可探索的科学奥秘;科学技术的国际化、各国之间相互学习、组织化和国际化程度不断加强,大大促进了科学生产率的提高和文献的迅速增长;科研周期缩短,产生成果和文献的转化速度加快;研究的合作化和集体化以及通信、出版、发行的技术手段的改进和情报工作的加强均是影响科学文献数量增长的原因。但归根结底,科学文献的增长是由社会的需求和一个国家发展科学文化事业的方针政策决定的。正是因为这些本质上的因素决定了科研投资和科研人员等要素组成的科学技术的发展规律和速度,从而对科学文献的增长起着决定性的作用。

科学文献数量的变化是科学本身发展的重要标志。所以,研究者可以根据科学发展的模式来分析解释科学文献增长的规律。随着学科的发展和科学家兴趣的转移,载文分布决不会只呈现指数增长状态,而是受诸多因素制约,具有多种状态。首先,文献数量的增长呈现出不同的增长模式。其次,科学所处的政治、经济、文化、教育等社会环境条件对科学文献数量增长规律也有明显的影响。最后，载体技术、出版技术、电子计算机和现代信息技术以及网络发展等也会影响科学文献的增长，因而科学文献数量增长更多地表现为一个随机过程，使文献增长规律呈现出多种模式。

科技文献的增长规律模型表征着某个知识领域的文献增长规律以及特征，与此同时，也蕴含着科学活动中心转移的奥秘。随着科技的发展，各国奠定"知识基础"后加速发展，又相互竞争，发展的"加速度"成为是否能够成为科学活动中心的首要原因，其次能否成为科学活动中心的评判指标还包括社会环境因素、各个领域的基础研究文献总量等。

2.3 科学发展模式的哲学阐释

2.3.1 库恩与科学革命的结构

库恩在《科学革命的结构》中将科学发展分为四个阶段，依次是前科学、常规科学、科学危机、科学革命。前科学阶段，是指科学没有形成一定的范式或者规范（范式是某一科学共同体在某一专业或学科中所具有的共同信念）并且正在开始形成范式阶段。常规科学阶段，是指严格根据一种或多种已有科学成就所进行的科学研究，让研究领域的科学知识稳步扩大和精确化阶段。科学危机阶段，一方面是反常和科学涌现的发现，当科学研究者发觉事实不知怎么违反了由规范引起并支配着常规科学的预期，并且在一段时期内事实重复发现或者不断发现一些新的事实，形成发现的涌现；另一方面就是危机和科学理论的涌现，大量新的事实对范式进行冲击，现有范式无法解释新的事实，造成科学危机，需要理论发明对发现加以解释，对新事实给予说明，形成理论的涌现与竞争，引起范式变革。科学革命阶段，是指那些非累积的发展事件，使得一套较陈旧的范式全部或局部被一套新的不相容的范式所替代。

这对于研究者研究基础科学研究中心的转移具有很大的借鉴意义。在科学发展的前科学阶段，范式正在逐渐形成的过程中没有固定的范式与规范，科学领域的研究是无序的、混杂的。正如基础科学研究中心形成前的准备阶段，思想观念的转变和经济实力的增长开始为基础科学研究中心的形成奠定基础，科学家们研究自然界某些存在的事实或现象，然后形成一定的规律与方法，即用了什么方法研究了什么问题，逐渐地形成了一定的范式。当某个领域或者学科形成和完善科学共同体公认与遵循的统一的具有优先地位的范式,即标志着常规科学的形成。随着一些新事实的发现,新理论形成并对范式构成冲击,引起范式变革,陈旧的范式被新的范式替代,科学革命完成。进入新常规科学阶段,在某一国家或地区成为当时的科学活动中心后,随着其他国家或地区新的研究成果被发现以及人才的转移和流动,新的优势学科兴起,新的科学活动中心形成,不同国家或地区优势学科的转换导致基础科学活动中心的转移。

2.3.2　波普尔与拉卡托斯的科学发展模式

波普尔认为,科学是通过猜测和反驳发展的,理论不能够被证实,只能被证伪。科学发展包括四个阶段:科学开始于问题、针对问题出现各种相互竞争的理论、通过批判和检验来筛选出逼真度较高的新理论、新理论被进一步发展的科学技术证伪后出现新的问题。科学活动中心的形成和转移过程如同科学研究,也会在各国科学发展之间展开激烈的竞争和批判,其结果接受观察和实验的检验,最终选择出科学活动中心国家。随着科学技术的发展,人们发现现有科学活动中心国家的不足之处,又会产生新的问题,再一次选择出最合理的国家的时候,科学活动中心的转移就完成了。

拉卡托斯批判地继承和发展了波普尔的初级朴素的证伪主义。他认为,科学的发展是一个由量变引起质变、研究纲领更替的过程,研究纲领是一个理论体系,新纲领包容旧纲领的合理内容,进化的研究纲领取代退化的研究纲领。同样,科学活动中心的转移就是一个新的、优势学科的科学活动中心取代另一个科学活动中心。

2.3.3　施耐德的科学发展四阶段模式

施耐德的科学发展的四个阶段分别是:新的研究现象或者研究对象被建立;发展研究方法,改进研究工具;对以前现象或对象的深入研究产生许多结果,而且加深了对现象或对象的理解,也有可能导致新的研究出现或诞生;对所研究领域得到的知识进行综合并传达。

在研究基础科学活动中心的转移时,可以参照科学发展的四个阶段:新的研究对象或现象被建立的第一阶段;历经研究方法的发展和研究工具的改进的第二阶段;对现象和对象的深入研究得到更多的结论和知识的第三阶段;对知识进行传播的第四阶段。在这四个阶段完成后科学活动中心正式形成。

2.4 科学知识扩散及其测度

布拉德福认为,按照科学统一性原则,每个学科或多或少、或近或远地与其他学科相关联。从引文网络的角度来看,论文之间的引用关系,形成了科学知识的扩散;跨学科的引用则导致了跨学科的知识扩散,该扩散的过程将会导致知识的继承与创新,促进学科的发展甚至新兴学科领域的拓展。利用基础科学领域微观上的知识扩散情况从而进一步探究基础科学领域宏观上的研究中心转移情况,把握转移的大致规律和进行合理的科学预测,对于未来基础科学的发展将具有重要的意义。

2.4.1 科学知识扩散的释义

随着知识经济的不断发展,关于知识传播的过程国内外的学者进行了各种视角的研究,在研究过程中,涌现了各种相关的概念。对于这些概念,不加以区分便进行使用的情况很多,例如知识传播、知识溢出、知识流动、知识扩散、知识转移、知识共享等一系列概念,它们的含义往往类似,但由于范围的大小和适用对象的不同因而具有细微的差别。概念的区分将有助于之后的深入研究。

(一) 知识传播的概念

知识传播的概念较为宽泛,在不同的视角之下具有不同的理解和应用。例如,在传播学的视角下一般认为,知识传播是一部分社会成员在特定的社会环境中,借助特定的知识传播媒介,向另一部分社会成员传播特定的知识信息,并期待收到预期传播效果的社会活动过程[①];在组织(企业知识管理)视角之下认为,知识传播是通过口头和非口头的方式相互传递和共同构建见解、评价、经验或技能的活动。综合来看,知识传播这一概念是一个更为科学化、学术化的"知识流动"雏形。

(二) 知识流动的概念

1995年,博伊索特(Max H. Boisot)从企业技术战略发展的角度探讨了

---

① 倪延年:《知识传播学》,南京师范大学出版社,1999年版,第11-14页。

知识流动的概念。他认为，知识流动包含知识扩散、知识吸收、知识扫描和问题解决四个阶段①。从创新的角度来看，知识流动是指知识在参与创新活动的不同主体之间的扩散和转移②。从产学研角度看，知识流动是指知识在企业、大学、科研院所等系统内部以及部门之间的流动③。总的来看，知识流动可以定义为，在特定环境中，知识在有一定需求的主体之间（包括个人、组织和区域），从知识存量高者流向知识存量低者的过程。发送的知识是知识接受者现有知识能匹配和需要的知识④。

（三）知识扩散的概念

1924年，卡耐基基金会的威廉·塞契（William Setchel Learned）在《美国公共图书馆与知识扩散》一书中首次对知识扩散进行了研究⑤。他认为，知识扩散的定义，经历了从认为是在特定的网络条件下组织内部的一种知识流动机制⑥，到认为知识扩散是知识在个体与组织间传播的过程，是知识转移过程和知识吸收过程的有机统一的演变⑦。

之后随着知识管理的发展，各个科学领域都开始对知识扩散进行研究，其中从引文分析的视角看，知识扩散（knowledge diffusion）是指知识在科学文献与专利中的传承⑧。这种传承通过引用得以实现，因此，这种知识扩散的视角被称为"基于引文的知识扩散"（knowledge diffusion through citations）。

知识扩散是个人、群体或组织间有用信息的流动，是创新知识在有效

---

① BOISOT M H：Is Your firm a creative destroyer competitive learning and knowledge flows in the technological strategies of firm. Research Policy，1995（24）：489 – 506.

② 顾新，李久平，王维成：《知识流动、知识链与知识链管理》，软科学，2006年第2期，第10 – 12页。

③ 马旭军：《区域创新系统中知识流动的重要性分析》，经济问题，2007年第5期，第19 – 20页。

④ 华连连，张悟移：《知识流动及相关概念辨析》，情报杂志，2010年第10期，第112 – 117页。

⑤ LEARNED W S：The American public library and the diffusion of knowledge [M]. Harcourt：Brace，1924：3.

⑥ ANDREW C I, ADVA D：Knowledge management processes and international joint ventures. Organization Science, 1998, 4：454 – 468.

⑦ DAVENPORT T H, PHILIP K：Managing customer support knowledge [J]. California Management Review, 1998, 3：195 – 208.

⑧ CHEN C M, HICKS D：Tracing knowledge diffusion [J]. Scientometrics, 2004, 2：199 – 211.

机制控制下的传递过程①。其本质是通过交流信息和知识，实现单个体向多个体传播，逐步实现知识的共享和利用②。

（四）相关概念的辨析

1977 年，蒂斯（Teece）在探讨跨国公司技术转移的过程中，首次提出知识转移的概念③。从提出到现在，知识转移都更多地被运用在技术方面，它和知识扩散一样更强调转移的结果。

根据前段的定义可知，知识传播可以看做是知识流动一个更为宽泛的说法。一系列后续的研究发现，知识流动具有矢量特性，总是从知识资源应用水平高的系统流向知识资源利用水平低的系统④。因此，适度的知识"势差"是知识高效转移和传播的关键，"势差"过小会造成可以转移的知识流量过少，难以满足知识受体的需要；而"势差"过大，落后一方则无法真正掌握和学习外部知识，导致知识流动的过程无法顺利实现。同时，知识流动的矢量特性也是区别知识扩散的一个特性。

知识流动应包括知识吸收和知识扩散两部分。知识吸收是某一学科知识创新的动力来源，而知识扩散是学科知识影响力的标识。知识吸收可以看做是知识的流入，知识扩散可以看做是知识的流出，二者结合不但能反映流动的整个过程，还能够展现一个学科发展的来龙去脉。

单就知识扩散而言，此时的知识扩散更多的是以某一主体为中心向四周扩散，是一种主动的扩散，指知识主体之间在互动合作过程中发生的知识拥有者对知识的有意的传播⑤。而知识拥有者在无意的情况之下，会产生溢出效应，此时可以称之为知识溢出。

知识共享可以看做是知识流动的最终目的，通过知识的交流，扩大知

---

① 巴志超，李纲，朱世伟：《科研合作网络的知识扩散机理研究》，中国图书馆学报，2016 年第 5 期，第 68 – 84 页。
② 华连连，张悟移：《知识流动及相关概念辨析》，情报杂志，2010 年第 10 期，第 112 – 117 页。
③ TEECE D: technology transfer by multinational firms: the resource cost of transferring technological know-how [J]. The Economic Journal, 1977, 87: 242 – 2611.
④ 李顺才，邹珊刚，常荔：《知识存量与流量：内涵、特征及其相关性分析》，自然辩证法研究，2001 年第 4 期，第 42 – 45 页。
⑤ 徐占忱，何明升：《知识转移障碍纾解与集群企业学习能力构成研究》，情报科学，2005 年第 5 期，第 659 – 663 页。

识的利用价值并产生知识的效应①。当然,不同的学者对于这些相似概念的鉴别有不同的理解,而且都有一定的道理,但只要把握了它们的适用范围和发生条件,就可以对其进行区分,便于进行下一步的深入研究。

图2.1 知识流动与知识扩散过程

2.4.2 科学知识扩散的理论基础

(一) 知识扩散的条件

知识扩散的本质是通过交流信息和知识,实现单个体向多个体传播,逐步实现知识的共享和利用。由于知识扩散是主动的知识流动,是知识流动过程中的后半部分,故知识扩散也应该满足知识流动发生所需要的条件。

知识流动具有矢量特性,总是从知识资源应用水平高的系统流向知识资源利用水平低的系统②。既然知识扩散是主动的知识流动过程,故知识扩散对知识源的要求较高,这类知识源不仅要有足够的知识量、处于知识的高势位,而且要具备主动扩散知识的动机③。与知识流动不同的是,知识扩散的主体可以是以有核心知识的中心点为主体也可以是以非核心为主体,其扩散的方向并不确定,可以向四周扩散。

---

① 林东清,李东:《知识管理理论与实践》,电子工业出版社,2005年版。
② 李顺才,邹珊刚,常荔:《知识存量与流量:内涵、特征及其相关性分析》,自然辩证法研究,2001年第4期,第42-45页。
③ 华连连,张悟移:《知识流动及相关概念辨析》,情报杂志,2010年第10期,第112-117页。

（二）知识扩散的过程与特点

完整的知识扩散过程应该包括扩散的内容、扩散的主体、扩散的途径。科学知识以人、文献、声音等介质为载体，通过文献阅读和发表等手段完成科学知识的扩散。而在这一过程中，呈现出以下三个特点。

（1）知识扩散具有连续创新性。知识扩散是一个不断连续的过程，旧知识的扩散，伴随着科研人员的理解与创新，给科学知识赋予了新的生命力，为科学知识下一步的扩散提供基础。

（2）知识扩散具有复杂性。由于知识扩散的传播方向为向四周传播，因此科学知识传播的路径、方式方法、方向均具有很大的随机性，加上其扩散过程的连续性，知识存在二阶、三阶，甚至更高阶的扩散情况，最终导致了知识扩散结果的复杂性。而应对这一情况，可视化成为探究其路径一个直观形象的方法。

（3）知识扩散具有实时动态性。知识扩散随时随地都在发生，通过引用的方式仅仅记录了一种相对高效的扩散，有更多的扩散由于扩散主体的原因而无法显现，但它们确实存在而且占据很大比重。

以上只是知识扩散的大致过程和共性特点，还有更多微观的规律和路径尚未被发现。要想深入探究知识扩散，可以从微观的角度着手。掌握所要探究的主体和扩散的路径将更加有利于知识扩散机理的探究。

（三）知识扩散的类型与研究方法

知识扩散从知识本身分类角度看分为显性知识（explicit knowledge）的扩散和隐性知识（tacit knowledge）的扩散。隐性知识是迈克尔·波兰尼（Michael Polanyi）在 1958 年从哲学领域提出的概念。波兰尼认为："人类的知识有两种。通常被描述为知识的，即以书面文字、图表和数学公式加以表述的，只是一种类型的知识。而未被表述的知识，像我们在做某事的行动中所拥有的知识，是另一种知识。"他把前者称为显性知识，而将后者称为隐性知识。按照波兰尼的理解，显性知识是能够被人类以一定符码系统（最典型的是语言，也包括数学公式、各类图表、盲文、手势语、旗语等诸种符号形式）加以完整表述的知识；隐性知识和显性知识相对，是指那种我们知道但难以言述的知识。如何将隐性知识的显性化，以及提高隐性知识的扩散能力一直是研究的热点难点。一旦能够实现隐性知识向显性知识的高效转化，将有利于企业、高校乃至社会的飞速发展。

由于隐性知识具有默会性、个体性、非理性、文化性等特点，难以直接表述其知识扩散，故探究显性知识扩散的方法模型更为成熟，其中基于引文网络和网络分析的知识扩散探究的方法较为普遍。

科学文献是科学思想的记录和反映，是继承和传播科学知识的主要载体之一。引用是科研人员在撰写科学文献时的一种学术行为，即每一篇科学文献中的新知识都以已经发表文献的知识为基础，是对其所引用文献中知识的继承和发展。只有当某种知识被需要时才会被其他知识选择，从而生存下来并孕育新的知识，因此引用的过程可以看作是知识一种有效的扩散。而将每一篇论文间的引用联系在一起，则构建了引文网络。因为引文网络既是信息网络，又是社会网络，故可以在引文网络的基础之上，引入复杂网络理论和社会网络理论进行深入探讨，通过引文网络能够更加直观地探究知识扩散的路径与规律。

2.4.3 科学知识扩散的测度指标

由于知识本身不可测度的性质，要想探究知识扩散的程度，需要通过一定的指标来衡量。而采取不同的衡量指标，模型建构的方式不同，知识扩散的研究结果也会不同。了解学术界广泛采用的指标和模型，对于后期的研究具有一定的指导和借鉴的作用。其中，对于知识扩散指标的探究更多在于研究知识扩散的广度、速度和强度。Liu 和 Rousseau 等人对知识扩散的广度、速度和强度构建的模型常常被引用。

（一）知识扩散的广度

基于 ESI（Essential Science Indicators）的学科分类定义了"知识扩散广度"（Field Diffusion Breadth，FDB）：对于指定的一组论文，施引的论文所属的 ESI 学科数量就是这组论文的知识扩散广度[①]。学科数量越多，知识扩散广度越大。

（二）知识扩散的速度

"速度"是从单位时间里运动距离的角度对扩散进行描述，对于指定的扩散目标，所耗时间越短，则扩散速度越快。2005 年，Rousseau 提出"平

---

① LIU Y, ROUSSEAU R. Knowledge diffusion through publications and citations: A case study using ESI-fields as unit of diffusion [J]. Journal of the American Society for Information Science and Technology, 2010, 2: 340–351.

均扩散速度"(average diffusion speed,ADS)指标,用于测度 Fairthorne 的一篇经典论文在信息计量学领域的影响力[①]。该指标定义为:一篇论文发表之后,引用该论文的(去重)期刊数量与该论文年龄的比值。而在 2010年,Liu 与 Rousseau 又将平均扩散速度定义为:一篇论文发表之后,引用该论文的(去重)ESI 学科数量与该论文年龄的比值[②]。二者的区别在于:前者的分子是施引的期刊数量,后者的分子是施引的学科数量,统计单元不同。知识扩散速度与知识扩散广度之间的关系如下:

$$ADS = \frac{FDB}{Y_{pub}}$$

其中,Y_{pub} 表示文献年龄。两者因为统计单元的不同,对于最后知识扩散速度具有不一样的结果。

(三)知识扩散的强度

"强度"是从经过指定路径频次的角度对扩散进行描述,即目标在指定路径上的扩散次数越多,则强度越大。Liu 和 Rousseau 基于 ESI 的学科分类定义了"知识扩散强度"(field diffusion intensity):对于指定的一组论文,某个 ESI 学科范围内的施引论文的数量就是这组论文在该 ESI 学科范围内的扩散强度[②]。

(四)引用延迟和聚类系数

在引用环节中所发生的时间延迟现象称为引用延时,引用延时通常没有特定的规律而且对于知识扩散的速度影响较大,目前已有学者将引用延时引入到对知识扩散速度的测算之中以提高知识扩散的测量准确度。考虑到数据的复杂性,逐一计算引用延时是一项浩大的任务,对此可以采用主路径的方式,通过找到"骨干文献"简化整体引用网络。由于文献之间是有联系的,实际上是原网络的一个子网络,因此可以把整个知识扩散过程用这个子网络来描述[③]。这样就通过很少的文献数量来描述一个复杂的知识

---

① ROUSSEAU R:Robert Fairthorne and the empirical power laws [J]. Journal of Documentation,2005,2:194-205.

② LIU Y,ROUSSEAU R:Knowledge diffusion through publications and citations:A case study using ESI-fields as unit of diffusion [J]. Journal of the American Society for Information Science and Technology,2010,2:340-351.

③ 王亮:《基于 SCI 引文网络的知识扩散研究》,博士学位论文,哈尔滨工业大学,2014 年。

扩散过程，从而更为有效地计算出知识扩散速度。

聚类系数表示网络中节点的聚集程度，是 0~1 之间的实数。Watts 和 Strogatz 定义整个网络的聚类系数为所有节点的局部聚类系数的均值。对于引文网络来说，平均聚类系数表示整个网络中节点的聚集程度。网络整体的平均聚类系数越大，说明网络中节点之间的紧密程度越大，那么知识点单位时间内所能扩散到的范围越大[①]。

当然知识扩散的测度指标还有很多，不同的学者对其有不同的理解，再加上不同模型的运用使得对于知识扩散的测度目前并没有一个明确的测度标准，但是多方面的测度方式最终都将有助于知识扩散机理的探究。

2.5 科学知识图谱与引文网络

科学知识图谱是在传统科学计量学和引文分析理论的可视化分析中出现的一种实用的分析工具和手段。它将文献之间抽象的引用和共被引关系通过图谱的形式直观的展现给研究者和分析者，进而将知识和信息中令人注目的最前沿领域或学科制高点，以可视化图像的形式直观地展现出来。在文献的引文网络分析基础上，通过计算机软件程序绘制成科学知识图谱，在探测学科（知识）领域研究主题演化和研究前沿等问题中，发挥着重要作用。

2.5.1 科学知识图谱

科学知识图谱的创生是科学学和科学计量学发展演进的必然结果，也是科学计量学顺应时代发展的必然产物。作为一个交叉研究领域，科学知识图谱方法也是计算机图形学、信息可视化、文献计量学和知识计量学等学科领域研究的重要组成部分和热点领域。这一分析方法的历史可以追溯到 20 世纪 60 年代。从其创生和发展的背景来看，有三个重要方面奠定了科学知识图谱创生的基础：第一，以数理统计分析和图论为代表的技术手段基础；第二，以引文分析特别是共被引分析为代表的文献计量学的学科理论基础；第三，也是最重要的，以加菲尔德创立的科学引文索引数据库为

---

① 贵淑婷，彭爱东：《基于专利引文网络的技术扩散速度研究》，情报理论与实践，2016 年第 5 期，第 40 – 45 页。

代表的大规模文献数据库的建立和不断发展。三者共同为科学知识图谱方法的创生奠定了重要的研究基础和提供了分析工具。

关于科学知识图谱概念的界定,国内相关研究者尚未给出统一的定义。大连理工大学的陈悦与刘则渊等认为,科学知识图谱是以科学知识为对象,显示科学知识的发展进程与结构关系的一种图形。它以科学知识为计量研究对象,当属科学计量学的范畴[①]。科学知识图谱与引文网络分析可视化二者相辅相成,不可分割。科学知识图谱是引文网络分析可视化的重要研究结果和表征形式,而引文网络分析可视化是科学知识图谱的重要研究技术和实现手段。科学知识图谱的研究是以科学学为基础与研究范式,以引文分析方法和信息可视化技术为手段,涉及数学、信息科学、认知科学和计算机科学等学科交叉的领域,是科学计量学和信息计量学的新发展。它把复杂的科学知识领域通过数据挖掘、信息处理、知识计量和图形绘制而显示出来,进而实现对科学领域中"隐性"知识的显性化。

早期科学计量学家主要通过数学统计的方法以及由数学方程式表示的函数曲线来展现科学发展和演进的规律,这种由函数曲线和二维图示表现科学发展规律的形式可以被认为最初的科学知识图谱形式。因此,从这个角度看,最早通过定量统计的方法研究科学知识发展的指数规律的科学计量学家普赖斯是科学知识图谱研究的早期开拓者。信息科学与技术、计算机软件技术的不断发展,特别是以美国科学信息研究所(Institute for Scientific Information,ISI)的 SCI 和 SSCI 等为代表的大型文献数据库的建立和完善,为基于文献信息可视化技术的科学知识图谱的开发和应用研究奠定了坚实的基础。20 世纪 90 年代以来,科学知识图谱的研究方法在国内外得到了快速的发展和广泛的应用。

近年来,科学知识图谱方法在国内外得到了越来越广泛的应用和传播,从社会科学到自然科学各学科领域,再到工程技术领域,相关研究者通过对科学文献和专利文本的引文网络分析,实现对学科(技术)领域的信息可视化分析。通过科学知识图谱方法,对学科(技术)领域研究的演进、研究前沿主题、合作网络等进行分析,已经成为科学计量学等相关领域的前沿研究手段。对基础科学各分支领域研究中心转移的研究,主要通过对学科领域逐年研究主题的抽取、绘制研究中心主题转移的知识图谱来进行。在此基础上,通过对研究中心主题文献产出区域和研究机构的抽取,绘制

---

① 陈悦,刘则渊,陈劲,等:《科学知识图谱的发展历程》,科学学研究,2008 年第 3 期,第 449 – 460 页。

研究中心区域转移的知识图谱，进而实现对基础科学研究中心转移的探测和可视化展现。

2.5.2 引文网络及其可视化

引文分析属于科学计量学的研究范畴，也是文献计量学研究内容的一个重要组成部分，创生于 20 世纪 20 年代。邱均平在《文献计量学》一书中详细介绍了引文分析的概念和理论，认为引文分析是利用各种数学及统计学的方法和比较、归纳、抽象、概括等逻辑方法，对科学期刊、论文、著者等各种分析对象的引用和被引用现象进行分析，以便揭示其数量特征和内在规律的一种文献计量分析方法[①]。文献的被引情况在一定程度上反映了文献的影响程度和质量的高低，通过引文分析，结合信息可视化技术，找出高被引文献，即学科领域发展的关键节点文献，可以探测学科演进的关键路径、揭示学科发展的背景、挖掘学科演进的动力。引文分析就是通过对文献之间的引用网络结构及其特征的分析实现的。

图论中研究的网络可以以各种不同的方式随时改变，能够通过增加新的节点和新的连线，或是去掉原有的节点和连线来改变拓扑结构，网络也可以改变它本身固有的节点和连线。在共被引网络中，文献的引用随时间增加而逐渐增加。大部分的网络可视化演进有两种显示方式，即部分显示和整体显示。部分显示的目标在于强调在一系列时间图谱内，单一时间段的网络结构的变化。整体显示的目标是在一个整合的网络内综合展示过渡性结构。部分显示有一些优点，包括操作方便灵活——这种方法常常提供附加的图示帮助观测者辨识两副相邻网络间的变化。整体的网络图谱的目标在于刻画时间和空间上的变化，用这种方法观测者可以通过研究一个单独的图谱来探测网络演化趋势或者结构，可以将观察者主观干扰减至最小。

知识领域可视化主要基于知识计量学理论与引文分析理论，通过将文献信息可视化技术作为基本的分析方法来实现。其中，CiteSpace 软件系统是近年来发展较快的用于文献数据处理，并进行信息可视化分析的实用软件工具。该软件操作简单、处理数据信息能力强，是专门用于探测科学学科知识领域前沿演化与时态模式变化的应用软件，也是分析科学知识领域的前沿演进与探寻学科演进关键路经的专门化应用软件。

引文网络的可视化技术的核心在于网络随时间变化演进的可视化知识

---

① 邱均平：《文献计量学》，科学出版社，2019 年版。

图谱的绘制。其中，绘制可视化图谱的三个关键问题：如何提高网络的清晰度，如何强调相邻网络的过渡结构，如何辨识关键节点。

第一个问题是提高网络的清晰度，即要尽可能避免线的交叉。通常使用关键路径法和最小生成树修剪网络中的各种连线，进而减少交叉线的数量。共引网络通常有大量的连线，不加区别的显示这些连线是使网络凌乱的最主要原因。有两种常用的方法能够减少显示的图谱中的连线数量，即基于阈值的方法和基于拓扑的方法。在基于阈值的方法中，是否去除一条连线仅仅取决于连线的权重是否超过了阈值。而在基于拓扑的方法中，减少一条连线由更宽泛的固有的拓扑内部特性来决定。因此，后者对于保护确定的拓扑内部结构特性更可靠，但是其计算具有较高的复杂性。

第二个问题与两个相邻网络的渐次合并有关系。它要求算法能够辨识原网络中的哪一部分在新网络中是保持原状的，哪一部分在新网络中不再保持原状，在哪一部分新网络中完全是新形成的。根据学科领域的性质，按照节点和连线的内部拓扑结构和外在的属性，合并的网络可能是各种各样的，也可能是同种类型的。例如，一个学科领域的知识结构在某个重大的概念革命前后很可能从根本上是不同的，因为新的理论和证据将成为主导优势。一个学科领域的经典引文的共引网络很可能不同于新近发表文章的共引网络。

第三个问题与简化寻找关键节点的突出特征有关系。视觉上应该突出的点包括突现点、关键点和中心点。为确认共被引网络中潜在的重要文献，共被引网络中某节点的重要性可以通过节点的局部拓扑结构和外部属性来快速确认。标志点有特殊的属性值。例如，高被引文献具有重要标记，不管它和其他文章怎样共被引，标志点能够被特殊的可视化属性确认。中心点有相对大的中心度，高中心度的关键节点在可视化网络中也容易被辨识。由于关键节点是连接各个不同聚类的网络节点，它在引文网络和信息可视化分析中有重要的作用。

知识领域的可视化是指通过信息可视化技术和计算机程序，将大量的文献数据信息通过科学知识图谱的形式形象地展现出来，从而揭示科学知识领域发展演进的背景、动力和概貌，探测学科知识领域研究的前沿问题、热点问题及其发展的趋势。对基础科学各学科领域的研究中心主题转移的可视化探测，即通过各学科领域的文献共被引网络分析、绘制文献共被引网络知识图谱，进而揭示基础科学研究中心主题的转移规律。

2.5.3 信息可视化技术分析工具

随着计算机和网络技术的飞速发展，人们需要处理的信息日益增加。为了探索繁杂、抽象的信息之间的复杂关系，经常需要对大量的信息进行分析、归纳，并从大量杂乱无序的信息集中发现隐藏在其中的本质的特征和规律。在计算机科学与技术、人机交互技术、数据挖掘技术、图像技术、图形学和认知科学等多学科理论和方法基础上产生的信息可视化技术，可以在计量研究的基础上直观地展现科学、信息和知识等的发展规律，探测科学知识研究的前沿领域。研究者采用现代计算机信息技术处理复杂的科学技术信息，通过直观动态的图像信息处理方式，显示专业领域中出现的交叉学科的复杂现象，从而获得详尽的前沿科学信息分析结果。这些信息分析的结果有助于科学家在最短的时间里了解和预测前沿科学技术研究动态；有助于在复杂的科学研究信息中开辟新的未知领域，提供快速独立的科学判断的客观依据；有助于人们掌握学科领域前沿演进的模式和动力机制。相关研究对本学科及相关学科领域的专家和科学家有着十分重要的理论和现实意义。

当前，国际上信息可视化技术发展迅速。其中，基于引文分析原理的文献信息可视化技术已经成为科学计量学和信息科学与技术等相关领域关注的前沿研究手段。研究者开发的文献信息可视化技术软件系统日益增多，数据处理和分析功能日益强大，包括引文分析软件工具、社会网络分析软件工具和词频统计分析软件工具等。文献信息可视化技术代表性的软件系统主要有美国德雷塞尔大学的华人学者陈超美教授开发的 CiteSpace 信息可视化软件系统，由荷兰莱顿大学科学与技术研究中心（CWTS）的 Nees Jan van Eck 与 Ludo Waltman 开发的 VOSviewer，以及其他国际上使用较多的主流社会网络分析软件工具，如 Pajek、Ucinet、Netdraw 和 NetMiner 等。

对基础科学研究各分支学科的研究中心主题转移的可视化分析，本书主要选择当前国际上应用最广泛、运行效率高、分析功能都较为先进的 CiteSpace 信息可视化软件系统。该软件系统是应用 Java 程序语言编写的应用程序，可在陈超美教授的个人网站上免费获得使用。CiteSpace 输入的数据文件格式就是下载数据的输出格式，即从 Web of Science 下载的文献保存格式。与其他同类信息可视化软件不同的是，CiteSpace 软件可以将从网络上下载的数据格式直接进行转换，不需要将下载的原始文献数据进行相关矩阵的转换①，避免了进行相关矩阵转换的复杂步骤和处理过程，这也是 CiteSpace 软件的优越性之一。

  CiteSpace 绘制的可视化科学知识图谱是由不同颜色的节点和连线组成的共引网络。其中，不同的颜色是 CiteSpace 软件本身根据所输入数据的时间范围以及使用者设定的时间间隔而自动生成的不同年份的代表。节点采用引文年轮的表示法，节点向外延伸的圆圈描述了其引文的时间序列。圆圈的厚度与相应年份的引文数成正比。节点的大小是和最近的时间间隔的标准引文数成正比的，节点上标示的数字是文献被引用次数，因此节点越大的就表示其被引次数越多。节点相应的颜色的宽度代表了相应年份节点文献被引次数的多少。连线的长度、宽度和其相应的共引系数成正比，连线的颜色代表共引值首次达到所设定的阈值的时间年份。CiteSpace 具有以下基本特点：①原始数据不需要转化为矩阵的格式，可以将 Web of Science 及 PubMed 等数据库的原始数据格式直接导入 CiteSpace 进行运算及作图；②对于同一数据样本，可以进行多种图谱的绘制，从不同角度展现数据演化特征；③软件通过为节点和连线标记不同颜色，清晰地展现出文献数据随时间变化的脉络；④节点的彩色年轮表示法清晰展现了不同时间段的引证情况；⑤连线的颜色代表该连线两端节点的共引频次最早达到所选择阈值的时间。CiteSpace 具有以下基本功能：①通过引文网络分析，找出学科领域演进的关键路径；②找出学科领域演进的关键节点文献（知识拐点）；③分析学科演化的潜在动力机制；④预测学科或知识领域的研究前沿。

  CiteSpace 是一种使网络数据可视化的实用软件，它可以探测科学学科突现趋势和时态模式的变化。CiteSpace 基于两个基本的概念，一个是"研究前沿"，定义为基于研究问题突现的概念群组。研究前沿的概念和科学知识如何增长有关系。研究前沿由某一科学领域中最近最多被引文献形成的过渡性聚类组成②。研究前沿代表一个学科领域的每个发展阶段最先进的水平，并随着科学领域潜在的新文献代替旧文献而变化。另一个是"知识基础"，定义为科学学科研究前沿的引文形成的共被引网络。研究者可以使用 CiteSpace 信息可视化软件系统对基础科学研究领域的文献逐年进行共被引分析，通过软件的聚类分析功能逐年抽取的研究主题，进而确定研

---

① CHEN C. Searching for intellectual turning points: Progressive knowledge domain visualization [J]. Proceedings of the National Academy of Sciences of the United States of America (PNAS), 2004: 5303 – 5310.

② PRICE D. Networks of scientific papers [J]. Science, 1965, 149: 510 – 515.

究中心主题，并在此基础上探测基础科学研究中心主题的转移规律。

对基础科学研究中心区域转移的可视化分析，主要通过 Google Fusion Tables 软件系统完成。Google Fusion Tables 是由 Google 公司提供的在线数据管理和可视化应用平台，它可以便捷地在线存储、管理、合作编辑、可视化和公开数据表格，对大数据的区域分布进行可视化展现是该软件的一项重要功能（https://www.google.comfusiontables/data? dsrcid = implicit）。首先利用 Citespace 对研究中心主题的施引文献的机构和国家信息进行逐年抽取，再使用 Google Fusion Tables 平台对逐年数据的地理位置信息进行可视化展示与分析。

2.6　本章小结

本章对科学发展规律的理论进行了探索。首先是科学活动中心的转移，本章从历史角度和社会因素上探讨了科学转移存在着时空转换的规律，科学与国家发展密不可分，并最终与技术再次走向结合；通过对基本概念的认识和进行定量研究的分析，了解到科学发展存在有规律可循，并在不同国家进行成果累积的同时，发展速度和数量的问题也得到了总结和研究。基于科学自身发展可以看到科学发展的不平衡问题。人们在科学时空概念转换以及发展速度的基础上，对于科学的研究更加深入，对于科学发展的探讨涉及到更多思考与探讨。库恩首次提出科学革命的概念，同时也对科学活动中心的转移提出一种新的哲学解释。在对科学进行宏观分析的基础上，探讨的声音越来越多，研究的角度也越来越多。从科学发展的现象进行到科学内部知识的研究，定量化的研究趋势更加突出。通过本章的介绍阐述，读者可以对科学的发展概貌进行一个较为全面的了解，从最早对于科学时空转移的研究，到关于知识扩散的定量研究都可以导向科学发展存在规律的认识。

3 基础数学研究中心转移的知识图谱

基础数学也叫纯粹数学，是数学的主要类别之一，专门研究数学本身的内部规律。中小学课本里介绍的代数、几何、微积分、概率论知识，都属于纯粹数学。纯粹数学的一个显著特点，就是暂时撇开具体内容，以纯粹形式研究事物的数量关系和空间形式。它按照数学内部的需要，或未来可能的应用，对数学结构本身的内在规律进行研究，而并不要求同解决其他学科的实际问题有直接的联系。它的研究领域宽泛，理论性强。基础数学大致可分为代数（含数论）、几何、分析（基于微积分的数学）三部分，另外还有很多分支学科，如偏微分方程、泛函分析等。数学本来就是基础学科，基础数学更是基础中的基础，对科学家们研究中心转移的研究意义重大。

3.1 数据来源与分析

3.1.1 数据检索与处理

通过 JCR 数据库检索数学领域的学术期刊，根据特征因子、影响因子、五年影响因子、即年指数、载文量、引文半衰期、总被引频次等指标选取出的 10 本期刊（表 3.1），进而在 Web of Science 平台的核心合集中检索这些期刊收录的文献数据，时间跨度为 1999—2020 年（截至 2020 年 7 月），对检索的结果以文件类型中的 Article、Review 和 Meeting Abstract 为条件进行精炼，共得到 67401 篇文献。

表 3.1 基础数学领域的 10 本期刊及其指标

序号	期刊名	特征因子	影响因子	5 年影响因子	即年指数	载文量	引文半衰期	总被引频次
1	Advances in Mathematics	0.04566	1.494	1.694	0.293	393	>10.0	10705
2	Journal of Mathematical Analysis and Applications	0.04232	1.220	1.264	0.350	899	>10.0	24068

续上表

序号	期刊名	特征因子	影响因子	5年影响因子	即年指数	载文量	引文半衰期	总被引频次
3	Journal of Differential Equations	0.03987	2.192	2.478	0.526	500	>10.0	16055
4	Transactions of the American Mathematical Society	0.03027	1.363	1.482	0.453	579	>10.0	16293
5	Journal of Functional Analysis	0.02734	1.496	1.684	0.372	231	>10.0	10915
6	International Mathematics Research Notices	0.02695	1.291	1.244	0.987	237	>10.0	4436
7	Proceedings of the American Mathematical Society	0.02341	0.927	0.829	0.267	498	>10.0	13219
8	Inventiones Mathematicae	0.02310	2.986	3.537	0.608	74	>10.0	9771
9	Journal of Algebra	0.02093	0.745	0.762	0.180	410	>10.0	9609
10	Calculus of Variations and Partial Differential Equations	0.02022	1.526	2.084	0.306	216	>10.0	3588

3.1.2 文献数量的整体分析

（一）文献量的逐年分布分析

对检索到的文献进行统计，得到1999—2020年文献分布图（图3.1）。从中可以看出：在约20年的基础数学的研究中，由于研究学者对于基础数学的思考以及前辈的经验，逐年文献的数量虽然偶有下降，但在总体上呈现平稳增长趋势。从1999年的2118篇发文量至2020年的2567篇，笔者将这约20年的数据大致分为三个阶段。第一阶段为1999—2005年，在这一阶段记录数均在2000～3000篇范围内，笔者将其定义为发展初期，在发展初期并未有大幅度下降趋势，总体来说呈上升趋势。第二阶段为2006—2014年，在这一阶段记录数均为3000～3500篇。这一范围内，笔者将其定义为发展中期，从表中可以看出这一时期的记录数略有波动，并不是稳定上升的趋势，笔者认为这一时期的研究学者对于基础数学的研究可能陷入瓶颈状态。第三阶段为2015—2019年，这一阶段的每年文献记录数均在3500篇以上。笔者将其定义为发展中后期，可能是随着现代技术的飞速进步和其他学科如物理学科的推动，产生了很多亟待解决的问题，对新的数学工具、数学方法的需求日益增大，基础数学研究有了一定的突破。现今基础数学研究还有大量的问题等待学者们深入探究。

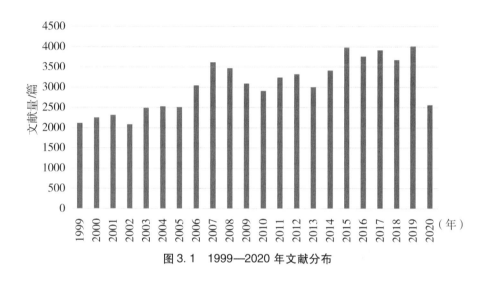

图3.1　1999—2020年文献分布

（二）国家文献量分布分析

由图3.2（主要国家文献分布）可以直接看出：美国的文献数量占整体的31%，也是唯一一个发文量达20000篇的国家，是位居第二名中国（11476篇）的近两倍。美国对于数学领域的研究遥遥领先，这离不开国家的教育体系。美国的基础教育体系被称为K-12，每个州都有自己独立教育的部门，而各地方学区甚至任课教师对于教什么、怎么教都有一定的自主权，这使学校在州政府的教育框架下根据当地的具体情况建立起各自的教育特色，而这一特色也成为学生们的兴趣基点。发达的经济、具有特色的教育在内外两方面均为研究领域的发展提供了基础。

基础数学研究发文量前十名的国家遍布亚洲、欧洲、美洲，其中中国

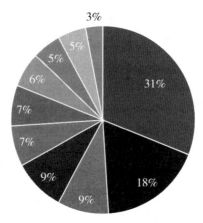

图 3.2　主要国家文献分布

注：比例从大到小，依次为美国、中国、法国、德国、意大利、西班牙、日本、加拿大、英国、巴西。

虽然不是亚洲国家中唯一一个发文量为前十名的国家，但是发文量排名和文献量远高于另外一个排名第七的亚洲国家——日本，可见中国在基础数学研究方面处于亚洲的前列。而且中国的发文量排在第二名，是位居第三名的法国、第四名德国文献量所占百分比的两倍，说明在世界范围里，中国同样具有较大的影响力。美洲地区则以美国称霸，辅之以加拿大、巴西助推基础数学研究的发展。排名较后的意大利、西班牙、日本、加拿大、英国，以及以色列等国家的文献量虽然均在前十名中，但相差并不大；其中有五个均为欧洲国家，在地理位置上较为集中。

（三）机构文献量分布分析

由图 3.3 可以分析出：美国、法国在国家文献量排名中稳居前三名的原因，主要是在这十所主要机构中，加州大学系统、伊利诺伊大学系统、佛罗里达州立大学系统、威斯康星大学系统四所机构为美国机构，国家科学研究中心、国家数学科学研究所、索邦大学、巴黎大学、巴黎萨克莱大学五所机构在法国，且其中法国国家科学研究中心位居主要机构中第一位。而国家文献量为法国近两倍的中国仅有一所机构在前十位主要机构中。同时在机构文献前十名中并没有加拿大、德国、日本、意大利、西班牙、英国、巴西等国家。笔者认为，在这些国家里可能会有多所虽然总体并不突出但却一直为国家文献量做出贡献的机构，这些国家应该学习美国、法国领先的战略布局，取其精华，去其糟粕，如设立国家研究中心、国家研究所等。

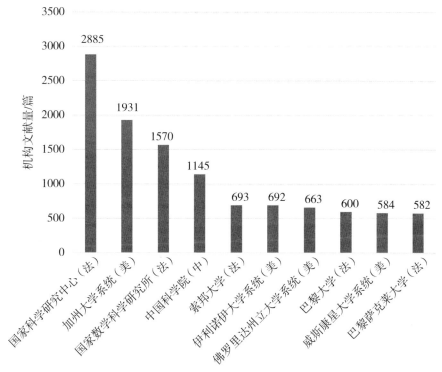

图 3.3 主要机构文献数量统计

3.1.3 文献质量的整体分析

要说明某研究领域的发展状况,光从文献数量上来看还不充分,还需要对文献质量进行分析。表 3.2 中统计的 H 指数、被引频次总计等指标在一定程度上均可反映文献影响力。

表 3.2 文献质量分析表

年份	出版物总数/项	H 指数	被引频次总计/次	施引文献/篇
1999	2118	74	37878	34934
2000	2258	81	41988	38246
2001	2323	80	40663	37187
2002	2086	79	39737	36130
2003	2495	82	44938	40520

续上表

年份	出版物总数/项	H 指数	被引频次总计/次	施引文献/篇
2004	2532	80	45144	40808
2005	2512	79	43903	40214
2006	3050	82	51338	44923
2007	3621	86	59266	51257
2008	3478	76	52064	45642
2009	3094	71	41951	37117
2010	2917	65	39628	34847
2011	3241	62	37882	33288
2012	3325	59	37082	31629
2013	3002	50	27436	24211
2014	3417	50	27968	23748
2015	3982	47	27388	22585
2016	3764	37	20999	17746
2017	3921	30	15688	13306
2018	3682	22	9471	8033
2019	4016	15	4561	3948
2020	2567	5	587	535

图 3.4 描述了近 20 年来 H 指数的变化趋势和总被引频次的变化趋势。由图 3.4 可知近 20 年来 H 指数的变化趋势和总被引频次的变化趋势大致类似。在 2007 年以前，大致呈波动上升的趋势，2007 年以后则呈现出下降的趋势，而且 2007 年为二者的最高点，H 指数达到了 86，总被引频次达到了 59266 次，说明 2007 年基础数学研究的影响力较大，也反映出该年文献质量也比较高。在前十年中，1999—2007 年的 H 指数均超过 70，且基本保持稳定，总被引频次也均在 37000 次以上。虽然后十年出版物逐年增加，但文献被引频次总计以及 H 指数逐年下降，施引文献总体上也呈下降趋势。1999 年 H 指数为 74，而 2019 年 H 指数为 15，下降了近 80%；1999 年被引频次总计为 37878 次，而到 2019 年被引频次总计下降至 4561 次，到八分之一，这可能是由于后 10 年新发表的文献还没有充足的时间被引用。但是 H 指数和总被引频次存在个别年份不降反升的情况，例如 2014 年，H 指数均为 50，总被引频次从 27436 次上升到了 27968 次，可以预见，未来随着年份的增长以及被引频次的不断增加，2014 年的 H 指数将有可能成为一个新的高点。

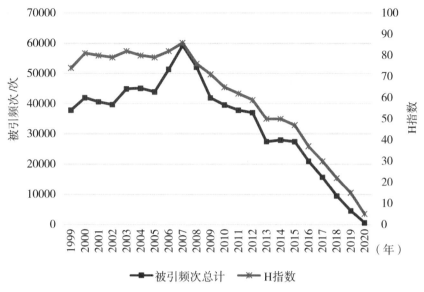

图 3.4　基础数学近 20 年 H 指数、总被引频次折线图

3.2　基础数学研究主题与知识基础的迁移

3.2.1　研究知识基础的迁移

一个学科的发展往往依赖其他学科的推动，这一现象对于学科交融性强的基础数学来说尤为明显，对于其他领域发展的依赖则体现在不断地引用别的领域的文献作为自己的知识基础，不断呈现出知识的交融发展。利用 CiteSpace 中 "JCR Journal Maps" 功能可以分析一个研究领域的期刊引证关系，逐年绘制出 1999—2019 年间基础数学研究领域学术期刊叠加图谱，展现出近 20 年发表论文的参考文献的所属领域，利用所属领域的变化来描述基础数学知识基础的迁移。

选取四张期刊叠加图谱，每张子图的左侧区域表示施引期刊，右侧区域表示被引期刊。根据双重叠加图谱中所引用的参考文献的所属领域，再比较引用线条的粗细、颜色的深浅来判断当年主要的知识基础的变化（图 3.5）。由图 3.5 可知，就整体趋势而言，图中最粗颜色最深的线条一直来源于 #6，即运算学、数学、力学领域，说明这些领域一直是基础数学研究有关文献最主要的参考文献来源，即最主要的知识基础。

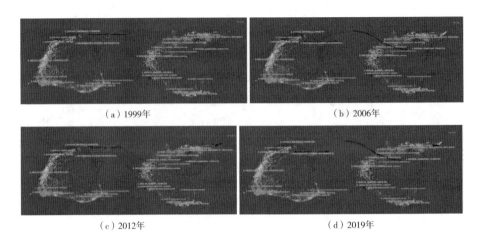

图 3.5 基础数学期刊叠加图谱

另外，可看出 1999—2019 年间基础数学研究的知识基础除了以 Mathematical，Mathematiics，Mechanics 为主，还大量涉及其他不同领域，且每年均有一些变化。根据线条的粗细、颜色的深浅，将其他领域的知识基础分为了二类（表3.3），Ⅰ类为最主要的其他领域的知识基础，Ⅱ类为次要的其他领域的知识基础。

由表3.3可知，在1999—2019 年间，化学、材料、物理（#4. Chemistry，Materials，Physics）领域，系统、计算、计算机（#1. Systems，Computing，Computer）领域，分子学、生物学、遗传学（#8. Molecular，Biology，Genetics）领域，经济学、经济、政治学（#12. Economics，Economic，Political）领域一直是基础数学的Ⅰ类相关知识基础。基础数学的Ⅱ类知识基础涉及的领域包括环境学、毒理学、营养学（#2. Environmental，Toxicology，Nutrition）领域，健康学、护理学、医学（#5. Health，Nursing，Medicine）领域，心理学、教育学、社会学（#7. Psychology，Education，Social）领域，植物学、生态学、动物学（#10. Plant，Ecology，Zoology）领域，兽医、动物学、寄生虫学（#11. Veterinary，Animal，Parasitology）领域。

表3.3 基础数学研究Ⅰ类、Ⅱ类知识基础

年份	Ⅰ类知识基础	Ⅱ类知识基础
1999	#4 #1	#7 #8 #12
2000	#4 #8 #12	#2 #11 #5 #7
2001	#4 #8 #12	#10 #2 #5 #7
2002	#4 #8 #12	#2 #11 #5 #7

续上表

年份	Ⅰ类知识基础	Ⅱ类知识基础
2003	#4 #1 #8 #12	#11 #5 #7
2004	#4 #1 #8 #12	#11 #5
2005	#4 #1 #8 #12	#11 #5
2006	#4 #1 #8 #12	#2 #5 #10 #11
2007	#4 #1 #12	#11 #2 #5 #10
2008	#4 #1 #8 #12	#11 #7 #5
2009	#4 #1 #8 #12	#11 #2
2010	#4 #1 #8 #12	#11 #10 #2
2011	#4 #1 #8 #12	#11 #2 #5 #10
2012	#4 #1 #12	#7 #11
2013	#4 #1 #8 #12	#10 #2
2014	#4 #1 #12	#11 #2 #5 #10
2015	#4 #1 #8 #12	#11 #2 #5 #10
2016	#4 #1 #8 #12	#11 #2 #7 #10
2017	#4 #1 #8 #12	#2 #7 #10
2018	#4 #1 #8 #12	#10 #2
2019	#4 #1 #8 #12	#10 #2

总的来看，有越来越多的领域在成为基础数学的知识基础，而且作为Ⅰ类知识基础的领域范围也在不断的扩大，充分展现了基础数学的学科交融性。未来各个领域对于基础数学的影响还将进一步扩大，任何学科的发展都会带动其他学科的发展。

3.2.2 研究前沿的演化

通过对这些基础数学研究论文的引文的分析，不但可以发现其领域发展的研究基础，还可以进一步地探究该领域的前沿主题。通过 CiteSpace 软件进行文献共被引分析，形成引文网络结构，并且找出该引文网络下被引频次突然变化的"Burst"文献。这些"Burst"文献形象地表现了这个时间段内基础数学研究一些细小研究方向的转变。对这些"Burst"文献进行主题词的抽取，把这些主题词作为基础数学研究的研究前沿。

通过 CiteSpace 软件提取在 1999—2019 年间发表的全部文献的"Burst"文献数据信息后，在 Web of Science 网站进行检索，并将文献文本信息保存，在 CiteSpace 中进行数据分析以获得不同时间段的"Burst"文献主题词演化，如表 3.4 所示。

表 3.4　基础数学研究"Burst"文献主题词

突现起始年份	主题词
1999	Virasoro 代数　Virasoro Algebra 顶点算子代数　Vertex Operator-Algebra
2000—2002	关键指数　Critical Exponent 爆炸定理　Blow-Up Theorem
2003	泛族　Universal Families 超循环算子　Hypercyclic Operator
2006	泛族　Universal Families 超循环算子　Hypercyclic Operator
2007	Ω　omega 巴拿赫空间　Banach Space 正则性结果　Regularity Result 非标准增长　Non-Standard Growth
2008—2009	锐化整体适定性　Sharp Global Well-Posedness
2010	无定向拉普拉斯　Unoriented Laplacian 谱论　Spectral Theory 无符号拉普拉斯　Signless Laplacian
2011	族范畴　Cluster Categories 三角范畴　Triangulated Categories 刚性　Cohen-Macaulay 模　Rigid Cohen-Macaulay Module
2012	簇代数　Cluster Algebra 簇合物　Cluster Complex
2013	非线性薛定谔方程　Nonlinear Schrodinger Equation 簇代数　Cluster Algebra 渐进波动方程　Asymptotic Wave Equations
2014	基尔霍夫方程　Kirchhoff Laws

续上表

突现起始年份	主题词
2015	Keller-Segel 系统　Keller-Segel System 流形　Manifold N-S 方程　Navier-Stokes Equation
2016	Keller-Segel 系统　Keller-Segel System N-S 方程　Navier-Stokes Equation 非线性 Choquard 方程　Nonlinear Choquard Equation

"Burst"文献开始突现的年份不一致，且突现的时间长度也不一致。表 3.4 以突现的起始年份为基准，划分时间阶段进行主题词统计，部分年份"Burst"文献较少时合并为一个阶段，统计的过程主要参考聚类较大的主题词。

1999 年突现的主题词是 Virasoro 代数、顶点算子代数，推测当年的研究前沿都是代数相关研究，这与 1999—2003 年基础数学研究的中心主题为代数相关研究相对应。2003—2007 年的研究前沿推断为与突现主题词超循环算子、Omega、空间有关的泛函分析的研究。2008—2010 年研究中心主题谱论、无定向拉普拉斯和无符号拉普拉斯正是泛函分析和微分方程的研究内容。2011 年、2012 年和 2013 年突现的主题词是三角范畴、簇代数、非线性薛定谔方程、渐进波动方程等，合理推测这两年基础数学的研究前沿是代数和应用微分方程相关内容。我们由 2014 年、2015 年的突现主题词认为基尔霍夫方程、N-S 方程、Keller-Segel 系统等是这期间基础数学的研究前沿，这也对应了 2017—2019 年的研究中心主题。

每年的突现主题词都不尽相同，研究前沿也有变化，但是由上面分析得知每年的研究前沿很有可能成为后续研究的中心主题。因此，我们通过 2014—2016 年的研究前沿预测，未来几年基础数学的研究中心主题仍会围绕应用微分方程这个大的研究方向。

3.2.3　研究中心主题转移的整体趋势

将 1999—2020 年近 20 年基础数学研究的文献利用软件 CiteSpace 中的文献共被引分析功能，形成一定的引文网络后再对文献的标题实施聚类，聚类的结果即当年各个研究的方向，而当某个聚类的大小占据了前 25% 的比重时，该聚类即为当年的中心主题（其中 2020 年仅涉及上半年），选择该聚类下的关键词，即为当年的中心主题的主题词，如表 3.5 所示。通过对每一年主题词的分类研究，可以大致的判断基础数学研究的发展状况。

表 3.5　基础数学研究中心主题

年份	主题词	研究阶段
1999	生物反应器模型　Bio-Reactor Model	缓慢发展阶段
2000	量子群　Quantum Groupoid	
	有限量子群　Finite Quantum Group	
2001	同调恒等式　Homological Identities	
	理想试验　Test Ideal	
2002	主导扩散　Dominant Diffusion	
	半线性诺伊曼边值问题　Semilinear Neumann Boundary Value Problem	
2003	孤子解　Soliton Solution	
	戈伦斯坦方案　Gorenstein Scheme	
	紧量子群　Compact Quantum Group	
	非自治食物链系统　Non-Autonomous Food Chain System	
2004	正解　Positive Solution	分支学科快速发展阶段
	哈代不等式　Hardy Inequalities	
2005	赋范空间　Normed Space	
	Yamabe 问题　Yamabe Problem	
	簇合物　Cluster Complex	
	形式定理　Formality Theorem	
2006	查找变号解　Finding Sign-Changing Solution	
	N-S 方程　Navier-Stokes Equation	
2007	非线性薛定谔方程　Nonlinear Schrodinger Equation	
	可变指数　Variable Exponent	
2008	拉普拉斯方程　Laplacian Equation	
	巴拿赫空间　Banach Space	
	临界频率　Critical Frequency	
	典范代数　Canonical Algebra	

续上表

年份	主题词	研究阶段
2009	基尔霍夫型方程 Kirchhoff-Type Equation	
	椭圆问题 Elliptic Problem	
2010	沃瑟斯坦控制 Wasserstein Control	
	传播速度 Spreading Speed	
	奥尔里奇-闵可夫斯基问题 Orlicz-Minkowski Problem	
2011	簇代数 Cluster Algebra	
2012	闵可夫斯基赋值 Minkowski Valuation	应用阶段
	Nehari 流形 Nehari Manifold	
2013	诺维科夫方程 Novikov Equation	
2014	薛定谔-泊松系统 Schrodinger-Poisson System	
2015	分数式拉普拉斯 Fractional Laplacian	
	闵可夫斯基问题 Minkowski Problem	
	逻辑流 Logistic Source	
2016	非局部 Allen-Cahn	
	方程 Non-Local Allen-Cahn	
	张量积敏感性 Involving Tensor-Valued Sensitivity	
2017	N-S 系统 Navier-Stokes System	
2018	N-S 系统 Navier-Stokes System	
2019	Keller-Segel 系统 Keller-Segel System	
2020	整体存在性 Global Existence	
	热半群 Heat Semigroup	

基础数学主干学科主要包括几何、代数（包括数论）、拓扑、分析（基于微积分的数学）、方程学，在以上学科基础上发展起来的还有众多数学分支学科。基础数学的分支繁多，具体的分支方向有：泛函分析、射影微分几何、黎曼几何、整体微分几何、调和分析及其应用、小波分析、偏微分方程、代数学、应用微分方程等。我们将表 3.5 中每年研究中心主题的演化大致分为 3 个阶段：第一阶段（1999—2003 年）为缓慢发展阶段；第二阶段（2004—2011 年）为分支学科的快速交叉融合阶段，各种数学工具得以发展；第三阶段（2012—2019 年）为基础数学各种数学工具（主要是微分方程）的应用阶段。

第一阶段，基础数学的发展较为缓慢，其中心主题更多的是有关代数的研究，如 2000 年的中心主题量子群——Hopf 代数研究、2001 年的中心主题同调恒等式——李代数研究、2003 年的中心主题戈伦斯坦方案和紧量子群——抽象代数的研究。但是这阶段中 2002 年、2003 年的部分中心主题显现出了后面阶段微分方程可能占据中心地位的趋势，如 2002 年的半线性诺伊曼边值问题、2003 年的孤子解等。在后两个阶段基础数学的研究中，微积分及发展起来的分析数学成为学者最关注的数学工具，同时促进了很多分支的产生，如微分方程、泛函分析、微分几何、代数几何、应用微分方程等。第二阶段，中心主题的多元化体现出各分支学科的快速融合，如微积分、几何与微分方程交叉融合形成几何分析，代数、几何、拓扑的交叉融合形成代数几何；在这期间各种数学工具也应时而生。N-S 方程、薛定谔方程、拉普拉斯方程、基尔霍夫型方程是微分方程研究的成果；而哈代不等式、赋范空间、巴拿赫空间、奥尔里奇-闵可夫斯基问题等涉及泛函分析。代数几何方面的研究中心主题有簇代数、典范代数等。第三阶段，中心主题主要是有关微分方程的应用，更多地体现了基础数学工具在其他学科如物理、生物中的应用。例如利用微积分与几何拓扑研究 Nehari 流形，利用微分方程来描述流体力学中的 N-S 系统以及分子动力学、量子力学的薛定谔-泊松系统，还有利用微分几何解决涉及电磁理论和引力场的闵可夫斯基问题；Keller-Segel 方程作为生物数学中的经典模型之一，可利用微分方程这一数学工具描述微生物体的趋化性运动。其实，基础数学早期也有在物理、生物学科方面的应用研究，如 1999 年的中心主题生物反应器模型、2003 年的中心主题非自治食物链系统，中心主题基尔霍夫型方程、拉普拉斯方程、扩散方程也是用来解决物理问题的。其实，物理一直是给数学发展带来强大推动力量的学科，它为数学提供无穷无尽的实际问题，以解决问题的强大需求推动数学的发展。科学家把利用特定数学方法研究某些物理问题称为数学物理，是数学和物理学的交叉领域。

纵观基础数学研究近 20 年中心主题的发展，在基础数学领域主要是关于交叉学科以及众多分支学科的研究占据中心地位，其各部分间的融合与交叉日趋深入，但始终围绕对基本问题和基本对象的探索认识。基础数学的发展很多时候是靠其他学科（主要是物理）来推动的，新的数学问题、物理问题对基础数学研究的中心主题有着巨大的影响。1999—2019 年有些研究主题非常活跃，如代数几何、数学物理、偏微分方程、泛函分析、微分几何、拓扑等。近几年微分方程、泛函分析、代数与拓扑、微分几何等研究主题一直保持着较高的研究热度，并很可能在未来一段时间仍然是该领域的研究中心主题。另外，其他学科对基础数学研究的推动作用是毋庸置疑的。随着现代社会技术以及物理、生物等学科的发展，会有更多实际问题产生，现阶段的数学工具可能无法满足解决实际问题的需求，基础数学的发展自然也会从中得益，研究中心主题也会随之变化。

3.3　基础数学研究的中心区域转移

基础数学研究发展的内容不仅仅局限于自身主题，其研究区域也在不断变化。本节将从研究的热点区域、中心国家、中心机构三个维度来探究研究中心区域的变化。

3.3.1　研究中心的热点区域

抓住一个领域发展的中心，可以证明该国家在这个领域的影响力，中心主题下发文量排名靠前的国家可认为是研究中心的热点区域。以 3.2 小节的中心主题为基础，对这些中心主题的国家进行探究，统计出每年中心主题下发文量前五的国家，如图 3.6 所示。

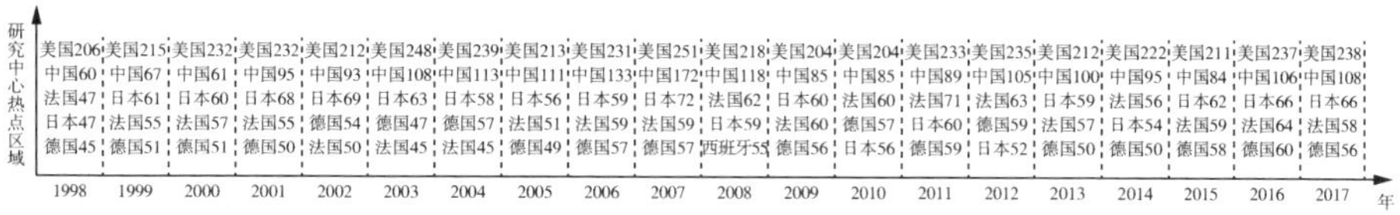

研究中心热点区域	1998	1999	2000	2001	2002	2003	2004	2005	2006	2007	2008	2009	2010	2011	2012	2013	2014	2015	2016	2017
	美国206	美国215	美国232	美国232	美国212	美国248	美国239	美国231	美国218	美国204	美国233	美国235	美国212	美国222	美国211	美国237	美国238
	中国60	中国67	中国61	中国95	中国93	中国108	中国113	中国111	中国133	中国172	中国118	中国85	中国89	中国105	中国100	中国95	中国84	中国106	中国108
	日本58	日本68	日本68	日本63	日本69	日本63	日本60	日本59	法国62	法国60	日本71	日本63	日本65	日本60	日本60	法国56	日本56	日本66
	法国47	法国61	法国55	法国57	法国55	德国54	法国47	德国57	日本51	日本59	日本59	日本60	日本60	日本59	法国57	日本54	法国59	法国64	法国58
	德国45	德国51	德国50	法国45	法国45	德国49	法国57	日本57	西班牙55	德国56	日本56	日本59	日本52	德国50	德国58	德国60	德国56

图 3.6　热点区域分布

从图 3.6 中可以看出，2013 年之前热点区域中发文量排名第一的为美国，在这期间发文量排名第二的则是中国。其余几个中心主题下发文量前五的国家大部分为一些欧洲发达国家，如法国、德国、意大利、西班牙等，它们每年的排名略有波动，但发展都比较稳定，一直保持在热点区域。中国是热点区域中发文量第二多的国家，且远高于其之后的其他国家，牢牢占据着领先地位，并且预测其仍然可以保持一段时间。近 20 年里中国是唯一一个进入热点区域的发展中国家，亚洲国家中除了中国只有日本进入中心主题下发文量前五国家行列。日本近两年频繁进入这个行列并且排名一直在前三位，但短时间内不会超过中国，要成为热点区域中发文量第一的国家还需要持续的研究和保持快速的发展。2018 年以前的热点区域中亚洲国家只有中国和日本，其余四个国家均为欧美的发达国家。

总体而言，在基础数学研究领域热点区域中，各国之间的竞争比较激烈，在 20 年间各国的基础数学研究都实现了不同程度的发展，但在不同时间段内也存在着相对落后和相对领先的状况，各国都要保持有质量的、迅速的发展才能维持自身在基础数学在研究热点区域中的领先。

3.3.2 研究中心国家（地区）的转移

笔者继续采用"科学活动中心"的数量定义，将研究主题占前 25% 的主题定义为中心主题，将研究中心主题下发文量前 25% 的国家/地区定义为研究中心国家。基础数学研究中心主题下国家（地区）分布状况如表 3.6 所示。

表 3.6　基础数学研究中心主题下国家（地区）分布状况表

年份	国家（地区）	发文数量/篇	占比/%	年份	国家（地区）	发文数量/篇	占比/%
1999	加拿大	3	27.273	2010	美国	33	31.731
	中国	3	27.273		中国	21	20.192
	美国	3	27.273		法国	17	16.346
	德国	2	18.182		西班牙	16	15.385
	法国	1	9.091		意大利	13	12.500
2000	美国	29	38.667	2011	美国	15	27.778
	日本	9	12.000		法国	8	14.815
	法国	8	10.667		日本	8	14.815
	澳大利亚	6	8.000		德国	6	14.286
	加拿大	6	8.000		挪威	6	11.111
2001	美国	57	58.763	2012	美国	31	34.444
	德国	12	12.371		中国	27	30.000
	日本	9	9.278		法国	11	12.222
	加拿大	7	7.216		意大利	8	8.889
	中国	7	7.216		德国	7	7.778

续上表

年份	国家（地区）	发文数量/篇	占比/%	年份	国家（地区）	发文数量/篇	占比/%
2002	美国	17	26.154	2013	中国	17	80.952
	中国	14	21.538		美国	6	28.571
	意大利	13	20.000		奥地利	2	9.524
	法国	6	9.231		法国	2	9.524
	西班牙	5	7.692		澳大利亚	1	4.762
2003	美国	71	33.178	2014	中国	26	66.667
	中国	29	13.551		巴西	4	10.256
	意大利	26	12.150		意大利	4	10.256
	德国	23	10.748		中国台湾	2	5.128
	法国	22	10.28		美国	2	5.128
2004	中国	26	28.571	2015	中国	46	31.724
	美国	23	25.275		美国	35	24.138
	希腊	9	9.890		意大利	22	15.172
	日本	7	7.692		德国	21	14.483
	法国	6	6.593		法国	10	6.897
2005	美国	63	39.375	2016	中国	46	38.655
	法国	21	13.125		美国	25	21.008
	意大利	17	10.625		意大利	19	15.966
	中国	15	9.375		法国	14	11.765
	德国	13	8.125		西班牙	10	8.403
2006	美国	40	32.520	2017	中国	30	31.250
	中国	25	20.325		美国	22	22.917
	德国	13	10.569		意大利	13	13.542
	法国	11	8.943		法国	9	9.375
	西班牙	9	7.317		西班牙	7	7.292
2007	中国	26	32.099	2018	中国	16	57.143
	意大利	14	17.284		日本	5	17.857
	美国	14	17.284		德国	4	14.286
	法国	7	8.642		美国	2	7.143
	中国台湾	6	7.407		西班牙	2	7.143

续上表

年份	国家（地区）	发文数量/篇	占比/%	年份	国家（地区）	发文数量/篇	占比/%
2008	美国	52	22.128	2019	中国	24	63.158
	中国	43	18.298		德国	5	13.158
	意大利	25	10.638		日本	5	13.158
	德国	24	10.213		西班牙	2	5.263
	西班牙	21	8.936		美国	1	2.632
2009	美国	21	19.811	2020	中国	20	40.000
	意大利	19	17.925		美国	8	16.000
	中国	18	16.981		德国	6	12.000
	法国	11	10.377		芬兰	5	10.000
	西班牙	11	10.377		澳大利亚	4	8.000

由表3.6可知，在1999—2019年，除了1999年、2008年、2009年中心国家为多个国家共同构成外，美国和中国是成为中心国家次数最多的国家，其中美国有11年为中心国家、中国有10年为中心国家，而且结合表3.7，这两个国家也是在这近20年里几乎一直是基础数学研究中心主题发文量前五的国家。可见在基础数学研究中心主题的相关研究中，美国和中国不仅发展起步早而且有至关重要的带领作用。在这近20年，美国为中心国家的时期主要是在前十年（2000—2012年），而在2019年被德国和日本超越，从发文量排名前三的国家跌落。虽然中国在2004年、2007年、2008年成过中心国家，但其成为中心国家的时期主要集中在近10年，从2013—2019年一直是唯一的中心国家且占比较高，在2013年占比甚至高达80%以上。这说明近些年来中国对基础数学的研究取得了很大的进步，在该领域逐渐由跟跑者向着领跑者转变。

在欧洲国家中，法国有14次成为基础数学中心主题下发文量前五的国家，意大利、德国、西班牙分别有11次、10次、9次。这几个国家对基础数学的研究起步比较早且历史悠久，在1999—2019年间的各个时期均多次成为发文量前五的国家，对该领域的研究有重要的推动作用。另外，希腊在2004年、挪威在2011年、奥地利在2013年成为当年基础数学中心主题发文量前五的国家。可见欧洲各国的基础数学研究起步早、发展稳定，且呈现以法国、意大利、德国、西班牙为主要的研究中心，多个国家研究共同发展的态势。

加拿大是除美国外第二个进入过基础数学研究中心主题下发文量前五的北美国家，一共有三次，分别在 1999 年、2000 年、2001 年，之后再也没有进入前五国家的行列，它在基础数学研究领域已经被其他国家赶超。澳大利亚是唯一进入过基础数学研究中心主题下发文量前五国家行列的大洋洲国家，分别在 2000 年、2013 年成为发文量排名前五的国家。2020 年上半年的数据显示，澳大利亚有再次进入前五国家的趋势，近几年澳大利亚的基础数学研究取得了不小成就。在 2014 年，巴西代表南美国家唯一一次成为当年基础数学研究中心主题下发文量前五的国家。亚洲国家除中国外只有日本成为过基础数学研究中心主题下发文量前五国家，时间分别在 2000 年、2001 年、2004 年、2011 年、2018 年和 2019 年共六次。日本的基础数学研究虽然起步也比较早，但是之后逐渐被中国和其他国家超越，不过近几年取得了很大进步，重新进入到前五国家行列，只是和中国相比仍有较大差距。

　　综合来看，成为基础数学研究中心主题发文量前五的国家每年的情况都不一样，各国的竞争十分激烈，有前十年是发文量前五位的国家，但是后来就再也没能进入前五行列的，也有之前从未出现但后续多次成为发文量前五位的国家。就整体趋势来说，基础数学研究影响力较大的国家主要有美国、中国和法国，除此之外德国、意大利、日本、西班牙也有一定的影响力。前十年主要是美国、中国和一些欧洲国家为主导国家，且美国占据绝对中心地位。从 2013 年开始，中国取代美国开始持续成为基础数学研究中心国家，该领域主导国家转变为中国、美国、德国、西班牙、意大利。这标志着基础数学研究领域不再是西方一些发达国家占据主导地位，以中国为代表的东方国家较西方的发达国家，如德国、意大利、美国、西班牙等在这一领域占中心地位，特别是近些年来日本的重新崛起，使得以中国为代表的亚洲国家在这一领域更具有竞争力。

3.3.3　研究中心机构的转移

　　与中心国家的定义类似，将研究基础数学中心主题的机构发文量达到前 25% 的机构称为中心机构，但是中心机构不仅局限于一所，多所机构发文量相加后达到前 25% 也可以共称为中心机构。经过统计得到了表 3.7（2003 年、2008 年构成中心机构的数量太多，大于 10 个，且各机构间无明显差异，故选取了发文量相对较多的前四个机构），由表可知，在这约 20

年间，每年中心主题下发文前25%的机构都较多，表现为多中心机构。而且大部分年份各个机构间发文量差异不大，有些年份即使是中心机构相比非中心机构来说也未体现出很大的差异。

由表3.7可知，1999—2019年中心机构的变化比较大、数量比较多，而且来自的国家也比较多。其中，中国、美国和法国是出现中心机构次数最多的国家，同时也是中心主题下发文量最高的机构所在国家出现频率最高的三个国家。1999—2019年，中国、美国、法国和德国分别有19所、11所、6所、5所机构曾成为中心机构，其中中国是拥有最多中心机构的国家，而且在这约20年里大部分年份的中心机构占比都不小，对基础数学研究的影响力很大。总之，以上几个国家基础数学研究的实力都非常强劲，对于该领域中心主题的研究有至关重要的推动作用。

虽然法国的中心机构数量较中美两国少，但法国国家科学研究中心（CNRS）在1999—2019年有16次成为基础数学研究的中心机构，成为中心机构的频率最高，并且有7年均是中心主题下发文量最高的机构。法国国家科学研究中心成立于1939年，是一所覆盖所有知识领域且是法国规模最大的多学科研究机构，同时也是欧洲最大的基础研究机构。仅次于法国国家科学研究中心，较高频次成为中心机构的是美国的加州大学系统和中国的中国科学院，这两所机构都有8次成为中心机构。另外，中国和美国还有很多其他机构也曾进入中心机构行列，如美国的麻省理工学院、中国的兰州大学等。在基础数学研究领域，中、美两国与法国相比，主要优势是成为中心机构的机构数量比较多。

总体上，在1999—2019年前期，美国和欧洲一些发达国家所占中心机构的比例较大，而后十年以中国为代表的亚洲国家所占中心机构比例逐渐超过美国和一些欧洲国家，其中在2013年和2014年尤为明显，这两年的中心机构均为中国机构。近两年（2018年和2019年）中心主题下发文量最高的也是亚洲机构，且这两年中心机构中亚洲机构的比例也高达50%。这与中心国家逐渐由以美国、中国、欧洲一些国家为主导转变为以中国和德国、意大利、西班牙等欧洲一些国家为主导相对应。

表 3.7 基础数学研究中心主题下的中心机构分布状况表

年份	中心机构	发文量	占比/%	年份	中心机构	发文量	占比/%
1999	亚利桑那州立大学	2	18.182		法国国家科学研究中心	10	9.615
	亚利桑那州立大学（坦佩校区）	2	18.182		CNRS 国家数学科学研究所	7	6.731
	达尔豪西大学	2	18.182		马德里自治大学	4	3.846
	中国科学院	1	9.091	2010	纽约大学	4	3.846
					纽约大学坦登工程学院	4	3.846
					加州大学系统	4	3.846
					格拉纳达大学	4	3.846
2000	加州大学系统	8	10.667		奥胡斯大学	6	11.111
	麻省理工学院	4	5.333	2011	法国国家科学研究中心	6	11.111
	布加勒斯特大学	4	5.333		名古屋大学	5	9.259
	加州大学伯克利分校	4	5.333		加州大学系统	5	9.259
2001	加州大学系统	10	10.309		德克萨斯农工大学学院站	5	5.556
	麻省理工学院	5	5.155	2012	德克萨斯农工大学系统	5	5.556
	密歇根大学	5	5.155		凯斯西储大学	4	4.444
	密歇根大学系统	5	5.155		维也纳科技大学	4	4.444
					清华大学	4	4.444
2002	华中师范大学	3	4.615	2013	重庆大学	4	19.048
	法国国家科学研究中心	3	4.615		长江师范大学	4	19.048

续上表

年份	中心机构	发文量	占比/%	年份	中心机构	发文量	占比/%
2002	中国科学院	3	4.615	2013	宁波大学	3	14.286
	香港城市大学	3	4.615		德克萨斯大学阿灵顿分校	3	14.286
	耶路撒冷希伯来大学	3	4.615		德克萨斯大学系统	3	14.286
	意大利国际高等研究院	3	4.615	2014	中南大学	5	12.821
	伦纳德·德芬奇大学	3	4.615		中国科学院	4	10.256
	威廉·玛丽学院	3	4.615		中国科学院数学系统科学研究院	3	7.692
2003	加州大学系统	8	3.738	2015	法国国家科学研究中心	6	4.138
	法国国家科学研究中心	7	3.271		CNRS 国家数学科学研究所	5	3.448
	中国科学院	5	2.336		纽约大学	4	2.759
	帕德伯恩大学	5	2.336		巴黎理工学院	4	2.759
2004	约阿尼纳大学	5	5.495		加泰罗尼亚理工大学	4	2.759
	江苏师范大学	4	4.396		米兰大学	4	2.759
	佐治亚大学系统	4	4.396		维尔斯特拉斯应用分析和随机研究所	4	2.759
	贝勒大学	3	3.297		重庆大学	3	2.609
	北京理工大学	3	3.297				
	夸美纽斯大学布拉迪斯拉发校区	3	3.297				
	中国西北师范大学	3	3.297				

续上表

年份	中心机构	发文量	占比/%	年份	中心机构	发文量	占比/%
2004	法国国家科学研究中心	8	5.000	2015	法兰克福歌德大学	3	2.609
	加州大学系统	8	5.000		法国国家科学研究中心	9	7.563
	麻省理工学院	5	3.125		哈尔滨工业大学	5	4.202
2005	罗格斯州立大学新不伦瑞克分校	5	3.125		艾克斯马赛大学	4	3.361
	索邦大学	5	3.125	2016	马德里自治大学	4	3.361
	华东师范大学	4	2.500		大连理工大学	4	3.361
					中国人民大学	4	3.361
	基森大学	6	4.878		德克萨斯大学系统	4	3.361
	巴黎萨克莱大学	6	4.878		德克萨斯大学系统	6	6.250
	加州大学系统	6	4.878	2017	西北工业大学	5	5.208
2006	中国科学院	5	4.065		不列颠哥伦比亚大学	5	5.208
	兰州大学	5	4.065		法国国家科学研究中心	4	4.167
	柏林洪堡大学	4	3.252	2018	CNRS 国家数学科学研究所	4	4.167
	中医科学院	7	8.642		东京科技大学	4	14.286
2007	香港中文大学	6	7.407		帕德伯恩大学	3	10.714
	中国科学院数学与系统科学研究院	5	6.173		重庆大学	2	7.143
	兰州大学	4	4.938		重庆邮电大学	2	7.143

续上表

年份	中心机构	发文量	占比/%	年份	中心机构	发文量	占比/%
2008	中国科学院	7	2.979	2019	中国电子科技大学	5	13.158
	法国国家科学研究中心	6	2.553		帕德伯恩大学	5	13.158
	兰州大学	6	2.553		东京科技大学	4	10.526
	加州大学系统	6	2.553		鲁东大学	3	7.895
2009	法国国家科学研究中心	6	5.660	2020	麦格理大学	4	8.000
	CNRS 国家数学科学研究所	5	4.717		于韦斯屈莱大学	4	8.000
	米兰大学	5	4.717		巴塞罗那自治大学	3	6.000
	兰州大学	4	3.774		奥本大学	2	4.000
	坎皮纳斯州立大学	4	3.774		奥本大学系统	2	4.000
	马德里自治大学	3	2.830		法国国家科学研究中心	2	4.000

3.3.4 研究中心区域转移的整体趋势

将研究的热点区域、中心国家与中心机构的变化对比，发现若一个国家成为中心国家，其研究机构也一定在中心机构行列，并且中心机构表现十分活跃，即在中心机构行列中该国家机构数量占比较大或者排名比较靠前；同时一个国家的研究机构在中心机构行列，这个国家不一定成为中心国家但极有可能进入中心主题下发文量前五国家行列，即进入研究热点区域。例如 2004 年、2007 年、2008 年中心国家突然从美国变为中国，同时这几年的中心机构里中国机构的占比超过美国机构，甚至在 2007 年中心机构全部为中国机构。从 2013 年起至今中国取代美国持续成为中心国家，且占据了绝对的中心地位，主要是中国机构在中心机构中的占比和排名维持了稳定优势，预测中国在基础数学研究领域还将维持较长时间的中心国家地位。2011 年、2018 年、2019 年，日本名古屋大学、东京科技大学进入中心机构行列，日本自然就成为基础数学研究中心主题下发文量前五的国家，成为该领域的研究热点区域。此外，中心国家具有持续高热度的特征，如美国和中国，一直是热点区域内的国家。因此，进入基础数学研究中心国家的特征首先是要成为研究的热点区域。近年来，德国和日本两个国家频繁成为热点区域内的国家，而且在每年的研究热点区域中地位逐渐上升，其研究机构也多次出现在中心机构的行列，在未来一段时间内，有可能成为基础数学研究的中心国家。

整体而言，在基础数学的研究中，美洲、欧洲的主导地位已经逐渐被亚洲、欧洲取代，热点区域有向亚洲扩散的趋势。亚洲国家中的中国作为起源最早、发展速度最迅速的国家，其实力在前期的短短十年间便超越美国，成为该领域占据绝对领导地位的研究中心国家。另外，日本近些年频繁成为热点区域也为亚洲在该领域研究中赢取了不小的竞争优势，亚洲在基础数学研究的地位仍会继续提升。欧洲一些发达国家近 20 年一直都是研究的热点区域，例如法国、德国、西班牙、意大利等，其对于基础数学的研究历史悠久且十分深入，虽然增长的幅度不大，但是一直保持着高质量的发展，在将来一段时间仍会持续作为研究热点区域。

3.4 基础数学研究中心区域的影响力分析

3.4.1 文献产出分析

根据 3.3 小节的各国中心机构数量，以及中心主题下的中心国家、中心机构，选取了有代表性的五个国家，分别从 H 指数、文献总被引频次和平均被引频次这三个指标方面分析，比较国家间在基础数学研究领域产出的学术影响力。选取的五个国家包括成为过中心国家且中心机构数量最多的美国和中国，以及进入中心主题下发文量前五国家行列次数较多且 CNRS（成为中心机构次数最多的机构——法国国家科学研究中心）所在的国家——法国，和近两年地位上升的德国、日本。

由 3.1.2 节各国文献量分布统计可知，选取的这几个代表性国家中的美国、中国、法国、德国同时也是在基础数学研究发文总量最多的四个国家，日本也在发文量前十国家行列，可见在一定程度上量的积累可以实现质的突变。

将在 WOS 的核心合集里检索到的美国、中国、法国、德国和日本五个国家于 1999—2019 年的数据分别以 H 指数、总被引和平均被引等条件进行精炼，并把精炼的结果统计后做成图表。

3.4.2 H 指数分析

从图 3.7 中 H 指数变化情况来看，1999—2011 年美国的 H 指数一直位于第一，中国次之，这期间绝大部分年份的基础数学研究中心国家也均为美国，而中国在中心主题下的研究地位略次于美国。1999—2005 年美国的 H 指数远高于其他四个国家，这段时间内除中国外四个国家的 H 指数虽然略有波动但总体上变化不大，而中国则呈现出较为明显的波动上升趋势，并逐渐缩小了与美国间的差距。2006—2010 年中国和美国的差距很小，并保持着和美国几近平行的变化趋势，同时进一步拉大了与法国、德国和日本之间的差距。中国经过前期的迅速发展，其 H 指数在 2011 年终于赶上美国，并从此之后总体上保持着第一的领先位置，而美国下降到第二，同时中国也从 2013 年起取代美国持续成为研究中心国家。中国作为研究中心国家的变化说明中国在基础数学的研究已经赶超美国处于绝对的一流水平，在这一领域的研究成果具有较高的学术影响力。

另外，在这20年里法国的H指数虽然基本维持着第三的位置，但德国和日本一直在逐渐缩小同法国的差距。从2011年起此三国的H指数不相上下，法国仅有细微的优势，尤其是在2017—2019年德国、日本几近和法国持平。近几年德国和日本在中心主题下发文量前五国家行列中的地位也逐渐上升，甚至超过了美法两国，在未来一段时间有成为研究中心国家的潜力。这也从侧面进一步说明，研究中心国家或者研究中心主题下发文量靠前的国家具有较高的学术影响力。

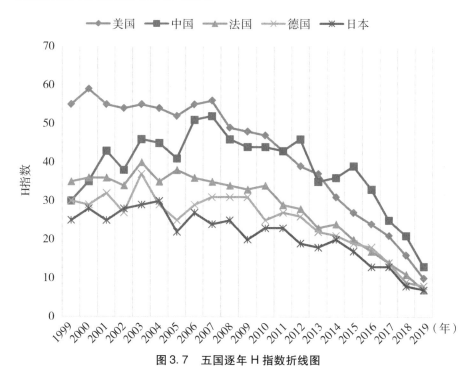

图3.7　五国逐年H指数折线图

3.4.3　文献引用分析

从图3.8可看出，1999—2019年五国总被引频次的整体变化趋势与H指数类似。大致以2007年为界，2007年以前除中国外的其他四国总被引频次总体上变化不大，每年只是略有波动。但中国在这一期间则表现出偶有波动的迅速上升趋势，经过不到10年的发展极大地缩小了与美国在基础数学研究文献总被引频次的差距。2007年之后各国基础数学研究文献的总被引频次均大致为逐年下降,这是因为后期的文献被引用的时间较短、被引次数少,时间越新,总被引频次也就越低。但是各国的情况还是有一定差别的,个别年份变化明显。

在这20年里,整体来看中美两国的总被引频次波动范围较大,其他三个国家的波动较小,但中美两国依然是总被引频次最高的两个国家,远高于其他三国,这与它们具有高发文量有着直接的关系。基础数学研究产出的学术影响力也在一定程度上高于其他三国。1999—2011年,中国和美国之间总被引频次的差距虽然较大但在逐渐缩小。2012—2019年,两国的总被引频次不相上下,同时这一时期中国的H指数也逐渐稍微高于美国,并且从2013年起研究中心国家由美国变为中国,说明中国在这一时期的学术影响力巨大,已逐渐由跟跑者转为领跑者。对比法国、德国、日本,它们在这20年里的总被引频次基本上相差不大,大致上是法国大于德国、德国大于日本,但是近两年德国的总被引频次有隐隐赶超法国的趋势,日本也进一步拉小了与法国的差距。同时这几年德日两国的H指数也与法国不相上下,在基础数学研究中心主题下发文量前五国家行列中的地位也有赶超法国、美国的趋势。以上体现,在某种程度上研究中心国家的影响力要高于非研究中心国家;而对于非研究中心国家,中心主题下发文量前五国家行列中排名靠前、地位高的国家的影响力要高于排名靠后、地位低的国家。

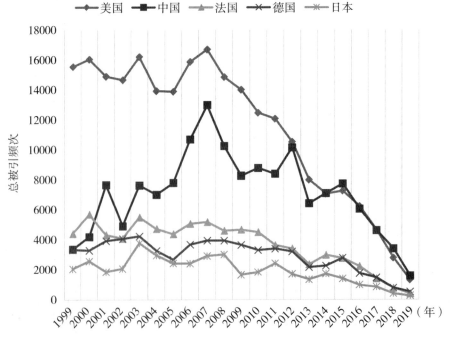

图3.8 五国逐年总被引频次折线图

从图 3.9 可以看出，与 H 指数和总被引频次两项数据的变化趋势不同，在过去 20 年里，平均被引频次总体上开始下降的年份比较早，最晚的日本也从 2003 年开始逐年下降，可大致认为五国的平均被引频次整体上表现为平稳降低，这符合文献引用的自然规律。另外一个不同是，长期成为中心国家的美国，其 H 指数和总被引频次在五国中均排名在第一或第二，而它的平均被引频次却低于中国和法国，在绝大多数年份上与非研究中心国家的德国、日本不相上下。同时中国作为近十年的中心国家，在其他四国的平均被引频次逐渐趋近相差无几的情况下，从 2001 年至今基本上一直以细微的优势位于第一。在每年的研究中心主题下发文量前五国家排名里，美国和中国经常是高于法国、德国和日本的，这在一定程度上说明基础数学研究的中心主题下国家排名与该国每年文献平均被引频次不成正比，也体现出中国在某些方面高于其他国家的学术影响力。

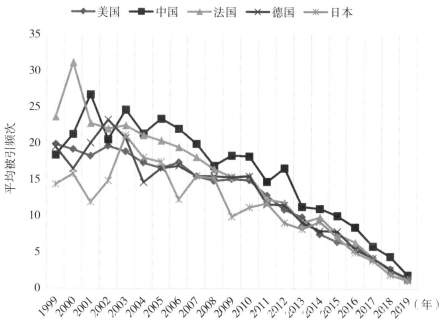

图 3.9　五国逐年平均被引频次折线图

横向对比来看，在基础数学研究近 10 年里，中国无论是在 H 指数、总被引频次还是平均被引频次上，几乎每年都处于第一的位置，影响力远远大于其他各国，并且还将在未来一段时间维持第一的领先地位。美国的 H 指数和总被引频次则是在前十年排名第一，后十年各方面影响力都略次于中国，但仍然维持着高水平的发文量。法国一直维持着比较稳定的发展，H

指数和总被引频次大部分年份都处于第三的位置。德国、日本两国的 H 指数、总被引频次和平均被引频次在五国中一直大致处于第四、第五的位置，但每年都在逐渐向第三的法国靠近，在 2002—2014 年间平均被引频次甚至多次超过了美国，尤其是近两年该两国的各项指标几乎赶上法国并有超越的趋势。预测随着时间的推移，德国、日本的影响力可能还将再度提高，但要想缩小与高水平发展的中国之间的差距，还需要较长的时间。

3.5 本章小结

本研究以前 25% 为标准，抽取逐年的基础数学研究中心主题及其研究中心机构和国家信息，重点揭示该领域研究中心的分布和转移规律。研究结果有以下五个结论。

（1）基础数学的研究主题中关于交叉学科以及众多分支学科的研究占据中心地位，该领域在始终围绕对基本问题和对象进行探索的前提下，各部分间的融合与交叉日趋深入。近几年来，微分方程、泛函分析、代数与拓扑、微分几何等研究主题一直保持着较高的研究热度，并很可能在未来一段时间仍然是该领域的研究中心主题。

（2）基础数学领域的发展很多时候是靠其他学科如物理等学科领域的推动，新的数学问题、物理问题对基础数学研究的中心主题有着巨大的影响。随着现代社会技术以及物理、生物等学科的发展，更多实际问题产生，现阶段的数学工具可能无法满足解决实际问题的需求，基础数学的发展自然也会从中得益，研究中心主题也会随之变化。

（3）就基础数学的研究热点区域而言，美洲、欧洲的主导地位已经逐渐被亚洲、欧洲取代，热点区域有向亚洲扩散的趋势，亚洲在基础数学研究的地位会持续提升。中国已经超越美国，成为该领域占据绝对领导地位的研究中心国家，且预测中国还将维持较长时间的中心国家地位。而欧洲一直是研究热点区域国家集中的地理位置，例如法国、德国、西班牙、意大利等都在研究热点区域内，这些国家对于基础数学的研究历史悠久且十分深入，一直保持着高质量的发展，在将来一段时间仍会持续作为研究热点区域。

（4）研究中心国家的研究机构一定在研究中心机构行列，并且中心机构表现十分活跃；同时一个国家的研究机构在中心机构行列，这个国家不一定成为中心国家但极有可能进入中心主题下的热点区域。要想成为基础数学研究的中心区域，首先是进入该领域研究的高热度区域。

（5）研究中心国家具有较高的学术影响力，研究中心国家与该国文献平均被引频次并不成正比，而与总被引频次、H指数呈一定的正向关系。非研究中心国家与研究中心国家、热点区域内国家与区域外国家的影响力都有显著的区别。在热点区域内，研究中心国家的影响力要高于非研究中心国家，同时研究热点区域内的国家影响力要高于非热点区域国家。

4 凝聚态物理研究中心转移的知识图谱

物理学是一门研究物质、能量的本质与性质，以及它们彼此之间交互作用的自然学科。物理学曾与化学、生物学等学科同属于自然哲学的范畴，直到17—19世纪期间，才逐渐从自然哲学中成长为独立的学科领域。20世纪以来，物理学的研究领域逐渐趋于专业化的细分，研究大方向可以分为凝聚态物理，原子、分子和光学物理，高能/粒子物理，天体物理四个研究领域。其中，凝聚态物理起源于19世纪固体物理学和低温物理学，是物理学当今最大分支之一，并且与化学、材料科学、纳米科技等领域具有较强的交叉性。所以，本章选取凝聚态物理作为基础学科物理学的代表。

4.1 数据来源与分析

4.1.1 数据检索与处理

首先，在 JCR 数据库中选取凝聚态物理领域期刊特征因子最高的前十本期刊作为研究数据源（表4.1）。接着，在 Web of Science 核心合集中检索这些期刊 1998—2017 年发表的 Review 和 Article 类型的文献，共检索出 229773 篇文献。最后，通过 Web of Science 的结果分析功能对数据检索结果进行统计分析。需要注意的是，*Nano Letters* 创刊于 2001 年，*Nature Materials* 创刊于 2002 年，*Advanced Functional Materials* 创刊于 2001 年，*Small* 创刊于 2005 年，*Advanced Energy Materials* 创刊于 2011 年，故这几本期刊的数据统计从其出版年份开始。

表 4.1 凝聚态物理领域学术期刊特征因子前十期刊

序号	期刊名	特征因子	影响因子	5年影响因子	即年指数	载文量	引文半衰期	总被引频次
1	Physical Review B	0.46345	3.836	3.711	1.024	5329	7.9	344873
2	Nano Letters	0.35429	12.712	14.298	2.211	1170	5.4	141715
3	Advanced Materials	0.32718	19.791	19.615	3.998	1152	4.6	160622
4	Nature Materials	0.20397	39.737	47.494	8.331	172	6.0	81831
5	Advanced Functional Materials	0.14777	12.124	12.362	2.258	872	4.8	67188
6	Applied Surface Science	0.09209	3.387	3.184	0.850	2,156	6.7	61457
7	Small	0.07909	8.643	8.296	1.769	649	4.7	35042
8	Advanced Energy Materials	0.07549	16.721	16.457	4.327	388	3.6	22073
9	Journal of Physics-Condensed Matter	0.05992	2.678	2.314	0.764	818	8.5	42435
10	Thin Solid Films	0.03619	1.879	1.771	0.347	798	8.4	42044

4.1.2 文献数量的整体分析

从凝聚态物理领域每年的文献产出数量分布来看，文献的整体产出呈现逐渐增长的趋势。其中，个别年份增长趋势尤为显著，2008年凝聚态物理的文献增长幅度最高为12.29%，到了2017年，凝聚态物理的文献产出达到峰值14921篇。根据文献产出趋势，将这20年划分为三个不同的阶段，1998—2002年为第一阶段，2003—2008年为第二阶段，2009—2017年为第三个阶段（各阶段上限为空心点），这三个阶段均为上升的趋势。第一阶段作为基础发展阶段，每年的文献数量均处于10000篇以下。第二阶段则跨越了年文献产出10000篇这一数量级，并且该阶段文献产出增速明显。第三阶段仍然维持较高的文献产出，每年文献数量超过12000篇，且有逐渐增长的趋势。在20年间凝聚态物理的论文产出中位数为12345篇，相比较其他基础学科，其文献产出数量依旧可观。根据折线图的趋势，未来凝聚态物理领域依然会有长远的发展（图4.1）。

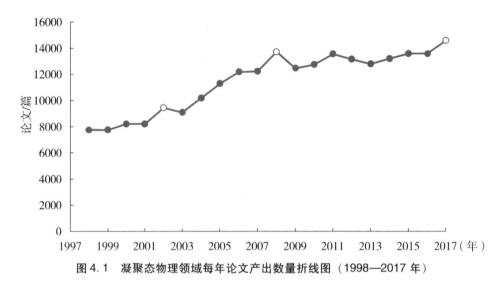

图 4.1　凝聚态物理领域每年论文产出数量折线图（1998—2017 年）

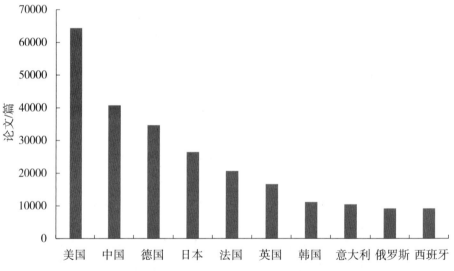

图 4.2　凝聚态物理领域发文量前十国家发文量比较（2008—2017 年）

从图 4.2 国家的发文数量上来看，美国以 64328 篇位居第一，可见美国凭借其强大的基础和雄厚的实力依然在凝聚态物理这一学科领域中具有较大的影响力，起到领头的作用。中国以 40771 篇排在第二位，总量上与美国相差 23557 篇，从差距总量上看存在较大差距。不过，考虑时间的跨度可以发现该差距主要是在前十年拉开的，前十年中国凝聚态物理领域的论文产出较低，导致差距较大；而后十年，新时代的中国凭借快速发展的经济和科技实力，在奋力追赶美国，将差距缩小为 8582 篇。相比排在第三位的发达国家——德国，20 年间凝聚态物理领域文献产出 34648 篇，中国比其高出 6123 篇。随着各国相关研究的逐渐兴起，未来凝聚态物理领域会形成中美争锋的局面，过去以美国为主导的"一枝独秀"的局面会渐渐变成以中国崛起为典型代表的"百花齐放"的局面。

从地域上来看，美国是美洲大陆上唯一一个发文量处于前十的国家，而在亚洲，有中国、日本、韩国进入前十，发文总量为 78360 篇，欧洲国家包括德国、法国、英国、意大利、西班牙、俄罗斯六个国家在内，总量达到 111946 篇。可见凝聚态物理的发展地域上的不平衡较明显，以中日韩为核心的亚洲中心和以德法英为核心的欧洲中心都具有足够的实力和以美国为核心的美洲中心相抗衡。之前我国的众多学者都竞相与美国机构、美国学者合作，在促进自身发展的同时，同样促进了美国的进一步发展。相比之下，中日韩三者相互之间的合作较少，更多的是单打独斗，若是将地域优势发挥出来，将会极大地促进亚洲国家整体科技实力的提升。

表 4.2　凝聚态物理领域中美两国论文产出前十机构列表（1998—2017 年）

机构（中国）	发文数量/篇	机构（美国）	发文数量/篇
中国科学院	9765	美国能源部	14681
中国科学院物理研究所	2411	加利福尼亚大学系统	8982
清华大学	2155	加利福尼亚大学伯克利分校	3055
南京大学	1769	福罗里达州大学系统	2916
中国科学技术大学	1658	芝加哥大学	2699
北京大学	1624	劳伦斯伯克利国家实验室	2688
中国科学院大学	1471	麻省理工学院	2660
复旦大学	1454	国立橡树岭实验室	2606
浙江大学	1344	阿贡国家实验室	2390
吉林大学	994	洛斯阿拉莫斯实验室	2377

从表 4.2 中美两国发文量前十机构的对比来看，中国和美国是凝聚态物理领域前两位的文献产出大国，论文产出的背后，依靠的是强大的机构支持。机构人员、机构资金、机构科研能力等在一定程度上都可以通过该机构的文献产出反映。在中国的机构中，中国科学院以 9765 篇的发文量远远超过其他机构，并且中国科学院的子机构——中国科学院物理研究所以 2411 篇发文量排在第二位。可见中国科学院有关凝聚态物理领域的研究在中国是最具有影响力并且是产出最高的机构。除去中国科学院，其余进入前十的发文机构均是高等院校，其中排在第十一位的台湾大学发文量为 991

篇,与第十位的吉林大学相当。

在美国凝聚态物理领域发文量前十的机构中,美国能源部以14681篇的发文量排在第一位,也是中美两国机构中唯一一个发文量超过10000篇的机构;其余进入前十的机构有四所实验室、两个大学系统、三所高校。美国机构的结构组成比中国更加多元化,并且各个机构的发文量均超2000篇,可见美国凝聚态物理领域发文量前十机构的综合实力较强。中国若想赶超美国需要各个机构提升综合实力,要从质量和数量上来提升中国凝聚态物理领域的影响力。

4.1.3 文献质量的整体分析

凝聚态物理领域作为物理基础学科的最大分支之一,在1998—2017年取得了长足的发展,但是仅从数量上探讨,不足以说明该领域的发展状况。因此,有必要从H指数、总被引频次、篇均被引频次等方面进一步探讨凝聚态物理领域的影响力变化情况(表4.3)。

表4.3 凝聚态物理领域论文产出量、H指数、总被引频次、篇均被引频次、施引文献量(1998—2017年)

年份	论文产出量	H指数	总被引频次	篇均被引频次	施引文献量
1998	7769	185	267140	34	218910
1999	7755	194	307540	40	249414
2000	8211	199	317784	39	254366
2001	8206	203	319848	39	255503
2002	9444	237	413052	44	318738
2003	9086	253	426501	47	325757
2004	10187	253	435919	43	344490
2005	11294	262	515297	46	397246
2006	12173	258	504093	41	393316
2007	12219	264	556236	46	418628
2008	13721	263	567002	41	415928
2009	12470	269	548549	44	399164
2010	12756	270	537901	42	374288
2011	13561	238	492643	36	344702
2012	13153	242	444389	34	306413
2013	12805	219	373240	29	251115

续上表

年份	论文产出量	H 指数	总被引频次	篇均被引频次	施引文献量
2014	13207	191	323804	25	210259
2015	13585	140	239957	18	154104
2016	13594	98	145209	11	91474
2017	14577	48	47734	3	32190

根据图 4.1 可知，凝聚态物理领域的文献数量整体上呈现增长的变化趋势，对比表 4.3 中 H 指数、总被引频次、篇均被引频次和施引文献量等指标发现，这些指标均没有随着文献量的增长而增加。根据 H 指数的定义，H 指数、总被引频次、篇均被引频次和施引文献量这四个指标是呈正比关系。由于新发表的文献没有充足的时间去获得被引用次数，所以呈现逐渐下降的趋势。但是从 H 指数和总被引频次的趋势来看（图 4.3），中间依然有一段较长的增长期。H 指数在 1998—2010 年，除了 2003—2004 年相同，均保持逐年增长的趋势。2010 年 H 指数达到最高，为 270。在这段时间区间内，虽然后几年的文献较新，但是 H 指数却比前几年高，从侧面上反映了凝聚态物理领域的论文质量在提高。2010 年以后，除了 2012 年 H 指数略有上升，其余年份均逐年下降，且下降幅度逐渐增大。2016 年的 H 指数为 98，2017 年的 H 指数为 48，考虑到总被引频次于同时期呈下降趋势，均为正常现象。

图 4.3　凝聚态物理领域各年 H 指数及总被引频次折线统计（1998—2017 年）

论文的总被引频次变化趋势基本与 H 指数保持一致，在 1998—2008 年，除 2006 年被引频次略有下降，其余年份均保持增长趋势。2008 年的总被引频次达到峰值，为 567002 次，峰值时间早于 H 指数峰值时间。2008 年之后，论文的总被引频次呈现逐年递减的趋势，与 H 指数的趋势相似。

4.2 凝聚态物理研究主题与知识基础的迁移

4.2.1 研究知识基础的迁移

学科的交叉发展是学科发展过程中的一种普遍现象。凝聚态物理通过与各个学科之间的交叉发展，极大地推动了自身的发展速度。在这一过程中，其依赖的基础知识也是经过不断变化的。为了揭示这一变化的过程，利用 CiteSpace 中"JCR Journal Maps"功能，分析凝聚态物理领域的期刊引证关系，通过绘制 1998—2017 年凝聚态物理领域学术期刊叠加图谱，来展现这 20 年间发表文献的知识基础领域，即利用图中所属领域的变化来描述凝聚态物理知识基础的迁移。

由图 4.4 可知，20 年间凝聚态物理领域的最核心知识基础为化学、材料、物理（#4. Chemistry, Materials, Physics）领域，即图像中为最粗、最清晰的一条线。并且随着时间的进展，该领域相关的期刊也集中显现，影响力不断变大。除了化学、材料学、物理领域在 20 年中涉及，还有运算学、数学、机械（#6. Mathematical, Mathematics, Mechanics）领域，植物学、生态学、动物学（#10. Plant, Ecology, Zoology）领域，地球学、地质学、地球物理学（#3. Earth, Geology, Geophysics）领域，环境学、毒理学、营养学（#2. Environmental, Toxicology, Nutrition）领域，系统、计算、计算机（#1. Systems, Computing, Computer）领域，分子学、生物学、遗传学（#8. Molecular, Biology, Genetics）领域，健康学、护理学、医学（#5. Health, Nursing, Medicine）领域，皮肤学、牙科、手术学（#14. Dermatology, Dentistry, Surgery）领域，体育学、康复学、运动学（#9. Sports, Rehabilitation, Sport）领域，心理学、教育学、社会学（#7. Psychology, Education, Social）领域。可见该 11 个大类领域与凝聚态物理领域一直保持着高度的联系与交叉。同时，这 11 个领域均是 1998 年凝聚态物理领域文献所涉及的研究领域，之后凝聚态物理领域逐渐新增扩大。例如，1999 年新涉及的经济学、经济、政治（#12. Economics, Economic, Political）领域，

2002 年新涉及的历史、哲学、记录学（#18. History, Philosophy, Records）领域，2004 年新涉及的兽医、动物学、寄生虫学（#11. Veterinary, Animal, Parasitology）领域，2006 年新涉及的法医科学、解剖学、医学（#19. Forensic, Anatomy, Medicine）领域。其中冶金学（#21. Tehnologije, Metalurgija, Midem-Journal）领域在 1999 年开始涉及，但是其中有六年（2001 年、2002 年、2003 年、2008 年、2009 年、2010 年）并没有涉及，说明冶金学领域与凝聚态物理领域的相关程度不大，处于一种时而结合、时而独立的状态。

从整个趋势上来看，凝聚态物理领域所牵涉的知识基础在不断地扩大，甚至涉及之前关联度较低的动物学、医学等领域。这说明凝聚态物理领域的发展离不开其他科的支持，不同领域的交融和碰撞促进了凝聚态物理领域新的发展。

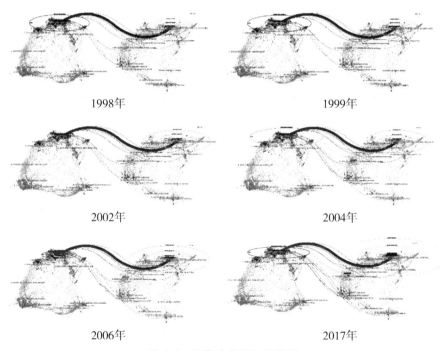

图 4.4　凝聚态物理知识基础

虽然图 4.4 中展现了凝聚态物理领域与领域之间的知识迁移的过程，但是随着时间的变化，在领域的内部同样会存在一些变化。为了揭示领域内部的变化情况，表 4.4 利用期刊共被引分析，计算出了期刊共被引频次占总被引频次前 25% 的期刊目录。

由表 4.4 可知，在 1998—2005 年的 8 年时间里，占到共被引频次前 25% 的均是《物理评论 B》(Physical Review B)、《物理评论快报》(Physical Review Letters)、《应用物理学报》(Journal of Applied Physics) 和《应用物理快报》(Applied Physics Letters) 这四本期刊，可见这四本期刊在初级阶段的影响力很大。其中《物理评论 B》和《物理评论快报》在这 20 年中的总被引频次一直处于第一或第二地位，《物理评论 B》的总被引频次从 1998 年的 4772 次逐渐增加至 2017 年的 7213 次；《物理评论快报》从 2017 年的 3967 次逐渐增加到 2017 年的 6664 次。到了 2006 年，随着总被引量基数的增加，占据前 25% 的总被引量的期刊中出现了《自然》(Nature)，这也意味着综合性期刊成为凝聚态物理领域文献的主要知识来源。2007 年新增《科学》(Science)，2014 新增《自然材料》(Nature Materials)，2016 年新增《自然通讯》(Nature Communications)，到了 2017 年又新增《纳米快报》(Nano Letters)，可以明显地看出占总被引前 25% 的期刊数量在变多，说明凝聚态物理领域高质量的文献知识来源趋向多元化发展。而《纳米快报》的新增说明凝聚态物理领域在 2017 年的论文有较大部分知识基础来源于化学领域，反映出凝聚态物理领域的知识基础在不断的加深，在主要的物理期刊中间保持高引用的前提下，还不断增加了与其他领域期刊的交叉融合。

从凝聚态物理领域期刊的总被引量上来看，从 1998 年的 47214 次，上升到 2017 年的 155449 次，总被引频次是 1998 年的 3.29 倍。说明在凝聚态物理领域的发展过程中，知识基础不断扩大，且增速明显。

表 4.4 凝聚态物理领域被引频次前 25% 期刊目录

年份	总被引频次	期刊	被引频次	年份	总被引频次	期刊	被引频次
1998	47214	物理评论 B	4772	2008	101707	物理评论 B	7699
		物理评论快报	3967			物理评论快报	7014
		应用物理学报	2200			应用物理快报	4780
		应用物理快报	1946			自然	4449
						科学	4199
1999	47993	物理评论 B	4754	2009	99987	物理评论 B	7405
		物理评论快报	3999			物理评论快报	6905
		应用物理学报	2283			应用物理快报	4565
		应用物理快报	1952			自然	4352
						科学	4167

续上表

年份	总被引频次	期刊	被引频次	年份	总被引频次	期刊	被引频次
2000	49792	物理评论 B	4863	2010	99987	物理评论 B	7405
		物理评论快报	4154			物理评论快报	6905
		应用物理学报	2479			应用物理快报	4565
		应用物理快报	2326			自然	4352
						科学	4167
2001	50635	物理评论 B	4766	2011	114141	物理评论 B	7536
		应用物理快报	2109			物理评论快报	6979
		物理评论快报	4144			应用物理快报	4952
		应用物理学报	2293			科学	4666
						自然	4658
2002	61478	物理评论 B	5711	2012	114351	物理评论 B	7372
		物理评论快报	5065			物理评论快报	6849
		应用物理学报	2700			应用物理快报	4855
		应用物理快报	2595			自然	4677
						科学	4661
						应用物理学报	3956
2003	55528	物理评论 B	4987	2013	116710	物理评论 B	6833
		物理评论快报	4402			物理评论快报	6365
		应用物理快报	2596			科学	4747
		应用物理学报	2477			应用物理快报	4745
						自然	4481
						应用物理学报	3791
2004	61759	物理评论 B	5392	2014	125778	物理评论 B	6824
		物理评论快报	4885			物理评论快报	6233
		应用物理快报	3018			科学	4890
		应用物理学报	2773			应用物理快报	4748
						自然	4623
						应用物理学报	3819
						自然材料	3358

续上表

年份	总被引频次	期刊	被引频次	年份	总被引频次	期刊	被引频次
2005	75596	物理评论 B	6319	2015	132076	物理评论 B	6619
		物理评论快报	5848			物理评论快报	6174
		应用物理快报	3605			科学	5028
		应用物理学报	3317			自然	4714
						应用物理快报	4530
						自然材料	3652
						应用物理学报	3492
2006	85861	物理评论 B	6754	2016	141968	物理评论 B	6992
		物理评论快报	6122			物理评论快报	6583
		应用物理快报	4183			科学	5430
		应用物理学报	3862			自然	4970
		自然	3623			应用物理快报	4463
						自然材料	3946
						自然通讯	3806
2007	92373	物理评论 B	7328	2017	155449	物理评论 B	7213
		物理评论快报	6772			物理评论快报	6664
		应用物理快报	4267			科学	5634
		自然	3948			自然	5209
		科学	3790			自然通讯	4535
						应用物理快报	4435
						自然材料	4287
						纳米快报	3962

4.2.2 研究前沿的演化

通过对凝聚态物理领域文献的引文分析，不仅可以发现该领域发展的研究基础，还可以进一步探究该领域的前沿主题。根据凝聚态物理领域 20 年间发文量数量的变化发展趋势，将其分为三个大的时间段：1998—2002 年为初始发展阶段、2003—2008 年为快速发展阶段、2009—2017 年为高水平发展阶段。将每个时间段的文献，通过 CiteSpace 软件进行文献共被引分析，形成共引文网络结构，并且找出该网路下共被引频次突然变化的"burst"文献，通过对这些"burst"文献进行主题词抽取来探究凝聚态物理领域的前沿。

这些共被引频次发生突变的"burst"文献主题展示了该时间区间内凝聚态物理领域研究方向的变化过程，而引用了这些共被引频次突变的"burst"文献，极有可能成为下一个时间段的"burst"文献。因此，把握好这些"burst"文献的主题词（表4.5），将有利于探究凝聚态物理领域前沿方向的变化，并且可以为之做出一定的预测。

表 4.5 凝聚态物理领域"burst"文献主题词

突现起始年份	聚类号	主题词
1998—2002	#0 #1 #5 #6 #8 #13 #16 #17	高温超导（High-Temperature Superconductivity）；氧化锰（Manganese Oxide）；掺杂浓度关系（Doping Dependence）；动态自旋相关性（Dynamical Spin Correlation）；半金属运输（Half-Metallic Transport）；赝能隙前驱体（Pseudogap Precursor）；超导能隙（Superconducting Gap）；密度矩阵配方（Density-Matrix Formulation）；量子重整化群（Quantum Renormalization-Group）；量子磁性（Quantum Magnetism）；自旋隙（Spin Gap）
2003	#0 #2 #9 #11 #17 #18 #19 #21	混合价锰氧化物（Mixed-Valence Manganite）；巡游电子铁磁性（Itinerant-Electron Ferromagnetism）；氧化锰（Manganese Oxide）；庞磁电阻（Colossal Magnetoresistance）；渗流型相分离（Percolative Phase Separation）
2004	#0 #2 #4 #6	金属绝缘体相变（Metal-Insulator Transition）
2005	#0 #2 #4	室温超导（Room Temperaturesuperconductor）；无耗散量子自旋（Dissipationless Quantum Spin）；双量子点（Double Quantum Dot）
2006	#0 #1	超导铁磁体异质结（Superconductor-Ferromagnet Heterostructure）

续上表

突现起始年份	聚类号	主题词
2009	#0 #1 #2 #4 #7	石墨烯（Graphene）；无质量Dirac费米子（Massless Dirac Fermion）；半金属石墨烯纳米带（Half-Metallic Graphene Nanoribbon）
2010	#1 #5	内量子效率（Internal Quantum Efficiency）；本体异质结构（Bulk Heterojunction）
2011	#0 #1	层状铁磷族元素化物（Ayered Iron Pnictide）
2012	#1 #2 #3 #4 #6 #7	量子自旋液体相（Quantum Spin Liquid）；硒化镉量子和（Hgte Quantum Well）；量子自旋霍尔绝缘子（Quantum Spin Hall Insulator）；量子自旋霍尔相（Quantum Spin Hall Phase）；可协调拓扑绝缘子（Tunable Topological Insulator）；拓扑绝缘体（Topological Insulator）
2013	#0 #1 #2 #3 #5 #8	铁化合物（Iron Compound）
2014	#0 #2	拓扑绝缘体（Topological Insulator）
2015	#0 #2	电子-空穴扩散长度（Electron-Hole Diffusion Length）

因为"burst"文献开始突现的年份不一致，且突现的时间长度也不一致，所以表4.5统一以开始突现的年份为基准，划分时间阶段进行主题词统计，统计的过程主要提取较大聚类内的主题词，但是考虑到研究前沿的细分和多变，部分年份选取了多个主题词。

在1998—2002年中，#0和#1的聚类最大，而抽取出的主题词均为高温超导（High-Temperature Superconductivity），所以1998—2002年间的被引频次发生突变的"burst"文献的主题多集中于高温超导。除了#0和#1聚类下的主题词，还提取出来的主题词有氧化锰（Manganese Oxide）、掺杂浓度关系（Doping Dependence）、动态自旋相关性（Dynamical Spin Correlation）、半金属运输（Half-Metallic Transport）、赝能隙前驱体（Pseudogap Precursor）、超导能隙（Superconducting Gap）、密度矩阵配方（Density-Matrix Formulation）、量子重整化群（Quantum Renormalization-Group）、量子磁性（Quantum Magnetism）和自旋隙（Spin Gap）等，对引用了这些"burst"文献的论文前沿主题的探究同样具有一定的参考意义。

2003 年开始突现的文献的主要主题词为混合价锰氧化物（Mixed-Valence Manganite），其余聚类较小的主题词还有巡游电子铁磁性（Itinerant-Electron Ferromagnetism）、氧化锰（Manganese Oxide）、庞磁电阻（Colossal Magnetoresistance）和渗流型相分离（Percolative Phase Separation）。

与之前年份相似，2004 年、2006 年、2011 年、2013 年、2014 年、2015 年的主题词每年主要集中在一个，分别为金属绝缘体相变（Metal-Insulator Transition）、超导铁磁体异质结（Superconductor-Ferromagnet Heterostructure）、层状铁磷族元素化物（Ayered Iron Pnictide）、铁化合物（Iron Compound）、拓扑绝缘体（Topological Insulator）、电子-空穴扩散长度（Electron-Hole Diffusion Length）。

由于 2005 年、2009 年、2010 年、2012 年的几个主题词中，聚类大小上无明显差异，故选取了多个主题词。其中，2005 年的主题词有室温超导（Room Temperature Superconductor）、无耗散量子自旋（Dissipationless Quantum Spin）和双量子点（Double Quantum Dot）；2009 年的主题词有石墨烯（Graphene）、无质量 Dirac 费米子（Massless Dirac Fermion）、半金属石墨烯纳米带（Half-Metallic Graphene Nanoribbon）；2010 年的主题词有内量子效率（Internal Quantum Efficiency）和本体异质结构（Bulk Heterojunction）；2012 的主题词有量子自旋液体相（Quantum Spin Liquid）、硒化镉量子和（Hgte Quantum Well）、量子自旋霍尔绝缘子（Quantum Spin Hall Insulator）、量子自旋霍尔相（Quantum Spin Hall Phase）、可协调拓扑绝缘子（Tunable Topological Insulator）和拓扑绝缘体（Topological Insulator）。

以上是根据主题词进行划分的，从主题词的含义上可以揭示凝聚态物理领域前沿发展趋势。以"burst"主题词高温超导为例，根据超导相变温度的不同，可分为高温超导体、低温超导体，以及室温超导体。高温超导即是指临界温度在 40 K（-233 ℃）以上的超导体。1968 年，物理学家麦克米兰根据传统理论计算推断，超导体的转变温度一般不能超过 40 K，这一温度也被称为麦克米兰极限。

1911 年，低温物理学家 Onnes 把 Hg（汞）放到液氦里面时，发现 Hg 的电阻变为 0。电阻开始掉到 0 的温度就叫临界温度（Tc）。Onnes 的这一发现立刻引起轰动并使其获得 1913 年诺贝尔奖。此后，人们一直不断探索超导的秘密。直到 40 年之后，1955—1957 年，John Bardeen、Leon Neil Cooper 和 John Robert Schrieffer 三人提出了著名的 BCS 理论，定性地解释了基于电声子耦合效应的超导机制。由于他们在 BCS 理论（Bardeen-Cooper-Schrieffer theory）中所做出的贡献，获得诺贝尔奖。

1986年，关于金属氧化物陶瓷材料为对象的研究，掀起了以寻找高临界温度超导体为目标的"超导热"。

1986年1月，美国国际商用机器公司的科学家柏诺兹和缪勒首先发现钡镧铜氧化物是高温超导体，将超导温度提高到30 K；紧接着，日本东京大学工学部又将超导温度提高到37 K；12月30日，美国休斯敦大学宣布，美籍华裔科学家朱经武又将超导温度提高到40.2 K。

1986年10月，柏诺兹等人提出了他们在 Ba-La-Cu-O 系统中获得了 Tc 为33 K 左右的实验结果；同年12月15日，休斯敦大学报告了从处于压力下的 Ba-La-Cu-O 化合物体系中获得40.2 K 的超导转变；12月26日，中科院物理研究所宣布，他们成功地获得转变温度48.6 K 的超导材料。1987年2月16日，朱经武的试验小组在92 K 处观察到了超导转变；同年2月24日，中科院物理研究所赵忠贤领导的研究集体宣布，液氮温区超导体起始转变温度在100 K 左右，这时期超导临界温度突破液氮沸点77 K 大关，对人类具有划时代的意义。

到了2008年，日本的 Hosono 小组发现了20多 K 的铁基超导体，随后中国科技大学合肥微尺度物质科学国家实验室和物理系陈仙辉的实验组，在相关结构的氟掺杂的钐氧铁砷化合物中发现了超导电性，该材料为第一个突破麦克米兰极限的非铜氧化物超导体。

从1911年发现超导至今已有100多年，科学家们不断地进行尝试研究，但始终未能发现超导 Tc 接近室温的材料。而主题词"室温超导"突现于2005年，可见关于超导的研究一直未断。2013年，德国马普研究所的安德里亚·卡瓦莱里（Andrea Cavalleri）与一个国际团队合作发现，当 Ba-La-Cu-O 被红外激光脉冲照亮时，在很短的一瞬间，它会暂时在室温下变成超导体；该研究的发现进一步提高了室温超导存在的可能性。而无论是对于高温超导的研究还是室温超导的研究，超导将始终会是凝聚态物理领域一个长远的研究方向。

4.2.3 研究中心主题转移的整体趋势

任何一个基础学科领域都是经过不断演化发展而逐渐成熟形成的完整的体系。在发展的过程中，不同的时间段会有多个不同的研究主题，但是多个研究主题中会有一部分受到学者格外的关注，成为该时间段内的中心主题。将近20年间凝聚态物理领域的文献放入软件 CiteSpace 中进行文献共被引分析，对形成共被引网络中的施引文献关键词进行聚类，聚类的结果即为当年各个研究主题。将得到的聚类按照聚类大小降序排列,选择聚类大小累积占整体聚类大小前25%的聚类作为当年的中心主题。抽取该聚类下的关键词作为当年中心主题的主题词。通过对每一年主题词的分类研究,可以揭示凝聚态物理领域的发展状况、发展程度等。

表4.6 凝聚态物理领域研究主题

年份	前25%聚类号	主题词	阶段
1998	#0	晶格效应 Lattice Effect	
1999	#0	锰氧化物 Manganites	
2000	#0	电荷-溶解转换 Charge-Melting Transition	
2001	#0	电荷有序温度 Charge-Ordering Temperature	基础固体物理
2002	#0	近藤效应 Kondo Effect	
2003	#0	电输运 Electrical Transport	
2003	#1	电致化学发光 Electrogenerated Chemiluminescence	
2004	#0	碳纳米管 Carbon Nanotubes	
2005	#0	自旋-轨道相互作用 Spin-Orbit Interaction	
2006	#0	自旋霍尔效应 Spin Hall Effect	
2007	#0	自旋-轨道相互作用 Spin-Orbit Interaction	
2007	#1	硅纳米线 Silicon Nanowires	纳米材料
2008	#0	石墨烯 Graphene	
2009	#0	金属掺杂砷化铁 Metal-Doped Iron Arsenide	
2010	#0	氧化石墨烯 Graphene Oxide	
2011	#2	石墨烯栅电极 Graphene Gate Electrode	
2012	#1	拓扑绝缘体 Topological Insulators	
2013	#0	拓扑绝缘体 Topological Insulators	
2014	#0	Majorana费米子 Majorana Fermion	
2015	#0	非阿贝尔编织 Non-Abelian Braiding	凝聚态拓扑相
2016	#1	拓扑大型Dirac边缘模型 Topological Massive Dirac Edge Mode	
2017	#0	断裂拓扑相 Breaking Topological Phase	

通过整理，将这20年的主题词主要划分为三大阶段，分别为基础固体物理研究阶段（1998—2003年）、纳米材料研究阶段（2004—2011年）和凝聚态拓扑相研究阶段（2012—2017年）（表4.6）。

固体物理学是凝聚态物理的最大分支，通过诸如量子力学、晶体学、电磁学和冶金学等方法研究刚性物质或固体，固体物理学又是研究固体材料的大规模特性是如何由其原子尺度特性产生的。因此，固态物理学构成了材料科学的理论基础，对于晶体管和半导体技术能更直接的运用。固体物理学创于20世纪30年代，到了1940年，固体物理学的基础内容已经建立起来，包括结构晶体学、晶格动力学和电子能带理论。

晶体学是确定结晶固体中原子排列的实验科学。晶体学的研究方法现主要依赖于利用基本颗粒的波动特性来分析各种电磁波束或粒子束的衍射模型。其中，X射线是最常用的辐射源，使用的其他光束还包括电子束和中子束。晶体学家经常直接用光束的类型命名标定方法，如X射线衍射（XRD）、中子衍射（ND）和电子衍射（ED）。结构晶体学就是基于X射线和电子衍射建立的。

晶格动力学是通过量子理论和统计物理学的应用来阐述固体热性质的研究，主要研究晶体原子在平衡点附近的振动和这些振动对晶体物理性质的影响。

电子能带理论是通过量子力学和统计物理学的应用来阐述固体电导率的研究，是讨论晶体（包括金属、绝缘体和半导体的晶体）中电子的状态及其运动的一种重要的近似理论。

在1998—2003年之间的主题词"晶格效应""电荷–溶解转换""电荷有序温度""近藤效应""电输运""电致化学发光"则均属于基础固体物理的研究范畴，当然也存在"锰氧化物"这类学科交融性较强的主题词出现。

2004年，英国曼彻斯特大学两位科学家安德烈·盖姆（Andre Geim）和康斯坦丁·诺沃消洛夫（Konstantin Novoselov）仅仅靠一块石墨，一些透明胶带，就制造出了一种神奇的新物质——石墨烯。2003年，盖姆想要得到超薄的石墨薄片来制作类似纳米碳管的材料，他想到利用透明胶带将石墨的上层剥下，重复数次，再将胶带放置溶液中融化，便得到了超薄的石墨薄片。几个星期后，他的团队利用此材料制造出了初步的晶体管。第二年，关于石墨烯的第一篇论文发表于《自然》杂志上时，震惊了物理学界。

于是从2004年开始，凝聚态物理领域的中心主题开始转向纳米材料，主题词"碳纳米管""硅纳米线""石墨烯""金属掺杂砷化铁""氧化石墨烯"和"石墨烯栅电极"均与纳米材料相关。其中，碳纳米管于1991年被日本物理学家饭岛澄男从电弧放电法生产的碳纤维中首次发现。六边形结构连接完美的一维纳米材料，具有广阔的应用前景。而在2004—2011年的中心主题词中的"自旋-轨道相互作用""自旋霍尔效应"依然与基础固体物理相关，各方面的研究在不断地发展。

到了2012—2017年，凝聚态物理领域的中心主题则开始向凝聚态拓扑相转变，拓扑绝缘体自2007年被发现以来，逐渐成为凝聚态物理领域一个新热点，并被认为是继石墨烯之后的"下一个大事件"。拓扑绝缘体的发现对于基础物理的理解以及半导体器件的应用具有很大的价值，因此三位主要的贡献者C. Kane、L. Molenkamp 和 S. C. Zhang 教授共同获得了2012年凝聚态物理领域的最高奖"Oliver Buckley"奖。到了2016年，诺贝尔物理学奖授予了大卫·索利斯（David J. Thouless）、邓肯·霍尔丹（F. Duncan M. Haldane）和迈克尔·科斯特利茨（J. Michael Kosterlitz），以表彰他们在理论上发现了物质的拓扑相变和拓扑相。在这六年的主题词中，2012年和2013年均为"拓扑绝缘体"，而2016年的主题词"拓扑大型Dirac边缘模型"和2017年的主题词"断裂拓扑相"均于拓扑相变和拓扑相相关。而2014年的主题词"Majorana费米子"也同属于拓扑系统，2015年的主题词"非阿贝尔编织"则与准粒子运行轨迹和拓扑性质相关。

从凝聚态物理领域主题词的发展演化可见，2004年石墨烯的发现和2007年拓扑绝缘体的发现极大地推动了凝聚态物理的发展。作为一个交融性和应用性较强的领域，未来还会有更多有益于人类的发现，而凝聚态物理领域也终将是未来物理领域中最为重要的支柱之一。

4.3 凝聚态物理研究的中心区域转移

凝聚态物理领域不仅仅局限于自身主题的发展。随着时间的变化，研究主体所属的地域也在不断发生变化和竞争。本小节将从研究的热点区域、研究的中心国家、研究的中心机构三个维度来探究凝聚态物理领域研究主体地域的变化。

4.3.1 研究中心的热点区域

研究主体有广泛的定义，可以是微观层面的科研人员，可以是宏观层面的国家，也可以将机构作为单位。图 4.5 把研究机构作为统计的对象，将凝聚态物理领域的研究机构数量前五位的国家统计出来。从机构的数量上可以看出，该国对凝聚态物理领域研究的重视程度，机构的数量越多，背后进行研究的科研人员、国家的科研资金投入等越多，进一步促进了凝聚态物理领域内机构之间、地域之间的发展。

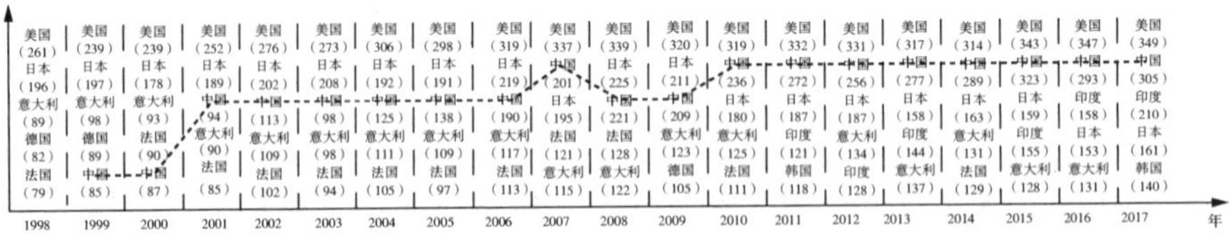

年份	1998	1999	2000	2001	2002	2003	2004	2005	2006	2007	2008	2009	2010	2011	2012	2013	2014	2015	2016	2017
第一	美国(261)	美国(239)	美国(239)	美国(252)	美国(276)	美国(273)	美国(306)	美国(298)	美国(319)	美国(337)	美国(330)	美国(320)	美国(319)	美国(332)	美国(331)	美国(317)	美国(314)	美国(347)	美国(349)	美国(349)
第二	日本(196)	日本(197)	日本(178)	日本(189)	日本(202)	日本(192)	日本(208)	日本(191)	日本(219)	日本(225)	日本(211)	日本(236)	中国(272)	中国(256)	中国(277)	中国(256)	中国(323)	中国(305)	中国	中国
第三	意大利(89)	意大利(98)	意大利(94)	中国(113)	中国(138)	中国(190)	中国(195)	中国(184)	中国(209)	中国(187)	中国(180)	日本(187)	日本	日本	日本	日本	日本(163)	日本(159)	日本(158)	印度(210)
第四	德国(82)	德国(90)	法国(90)	意大利(125)	意大利(117)	意大利(121)	意大利(128)	意大利(123)	意大利(121)	意大利(118)	意大利(123)	德国(187)	意大利	印度	印度(144)	意大利(151)	意大利	意大利	印度(161)	日本
第五	法国(79)	中国(85)	中国(87)	法国(85)	法国(102)	法国(94)	法国(105)	法国(97)	法国(113)	法国(115)	意大利(105)	法国(111)	韩国(118)	印度(128)	法国(128)	印度(129)	意大利(128)	意大利(131)	意大利(131)	韩国(140)

图 4.5 凝聚态物理领域研究机构数量前五的国家

由图 4.5 可知，美国一直是进行凝聚态物理领域研究机构数量最多的国家，20 年来稳居第一。但机构数量增幅较小，从 1999 年的 239 所增加到了 2017 年的 349 所，多年来保持稳定的发展。日本同样作为凝聚态物理领域研究的老牌国家，在 1998 年时就已有 196 所相关机构，远超欧洲发达国家。并且在 20 年间日本有 11 年的时间，其机构数量仅次于美国，平均每年机构数量有 190 所；但是在 2007 年，首次被中国超越之后，日本相关研究机构的发展步入了下滑的阶段；2009 年以后，日本机构数量一直低于中国；2016 年以后，日本相关研究机构数量甚至低于印度，下滑至第四位。

三个欧洲发达国家——意大利、法国和德国经常处于机构数量前五的位置，其中，意大利在 1998—2000 年的机构数量处于第三位，之后有 10 年数量排名为第四位；法国有 9 年处于机构数第五的位置；而德国仅在 1998 年、1999 年和 2009 年机构数量进入到了前五位。值得一提的是，欧洲这些发达国家的研究机构的数量 20 年来没有大幅增长或减少，一直保持较为稳定的发展水平。

中国凝聚态物理领域相关研究机构的数量在 1998 年和英国同处于第六的位置，未能进入前五。但在之后的 19 年中，中国一直占据着前五的席位。中国在 1999—2000 年中，机构数量处于第五位；在 2001—2006 年中，上升至第三位，并一直保持；在 2007—2009 年与日本机构数量相当，呈现上下波动的情形；从 2010 年起，相关机构数量进一步增长，一直保持第二的位置，且不断缩小与美国的差距；在 2015 年，机构数量上仅与美国相差 20 所。20 年来，中国凝聚态物理研究的相关机构数量增幅明显，极差为 249 所，在 2002 年时，增幅达到最大，为 20.21%。随着中国政治、经济、文化的快速发展，中国的机构数量有望超越美国，成为研究凝聚态物理的相关机构数量最多的国家。

亚洲的另外两个新兴国家——印度、韩国，在 2011 年凝聚态物理领域相关研究机构数量同时进入前五位，打破了前五位西方国家占多的局面，前五位国家中有四个均是亚洲国家。韩国凝聚态物理领域的相关机构数量在 2017 年位列第五。而印度凝聚态物理领域的相关机构数量包括 2011 年在内，共有六年处于前五的位置，2016 年、2017 年其数量甚至超过日本，位于第三位。

将视野放置于大洲上来看，美洲凝聚态物理领域的相关机构主要集中在美国，且美国保持着多数量的状态，处于第一的位置；欧洲研究凝聚态物理领域的相关机构则主要集中于欧洲老牌发达国家，但是随着时间的发展，机构数量的发展并不明显，相较于其他地区的发展，处于落后的境地；亚洲地区前期有日本这样的实力发达国家，后期有快速发展的中国和紧跟步伐的印度和韩国，逐渐让亚洲处于凝聚态物理领域的研究中心。从宏观上来看，研究凝聚态物理的相关机构数量依然是美国牵头，但是在微观下的格局已经发生改变，高热度的区域逐渐在亚洲国家显现，而欧洲国家的热度或许将逐渐消散。

4.3.2 研究中心国家（地区）的转移

研究凝聚态物理的相关机构数量仅仅是从"量"的角度去衡量一个国家在该领域的影响力。由于存在很多机构每年的研究成果仅为个位数的情况，要想探究凝聚态物理领域的中心是否发生变化，依然需要结合论文的数量，即从"质"的角度进行进一步衡量。以 4.2 小节的中心主题为对象，对其研究主体的国家进一步探究。

表 4.7 中心主题研究下国家（地区）分布状况表

年份	国家（地区）	发文量	占比/%	年份	中心（地区）	发文量	占比/%
1998	美国	43	35.54	2008	美国	106	32.32
	日本	24	19.84		德国	49	14.94

续上表

年份	国家（地区）	发文量	占比/%	年份	中心（地区）	发文量	占比/%
1998	法国	15	12.40	2008	日本	34	10.37
	西班牙	13	10.74		中国	32	9.76
	德国	12	9.92		西班牙	27	8.23
1999	美国	71	38.80	2009	美国	124	49.21
	日本	37	20.22		德国	53	21.03
	中国	19	10.38		中国	43	17.06
	法国	18	9.84		日本	29	11.51
	英国	17	9.29		法国	26	10.32
	德国	17	9.29				
2000	美国	47	28.31	2010	美国	210	33.44
	日本	33	19.88		中国	90	14.33
	中国	24	14.46		德国	84	13.38
	德国	21	12.65		日本	64	10.19
	法国	20	12.05		英国	41	6.53
2001	美国	73	36.32	2011	美国	203	32.58
	日本	30	14.93		德国	98	15.73
	法国	28	13.93		中国	93	14.93
	中国	18	8.96		日本	51	8.19
	西班牙	17	8.46		英国	42	6.74
2002	美国	77	37.38	2012	美国	144	40.00
	德国	41	19.90		德国	73	20.28
	日本	22	10.68		中国	49	13.61
	英国	16	7.77		日本	48	13.33
	波兰	15	7.28		西班牙	22	6.11
2003	美国	243	39.19	2013	美国	153	35.75
	德国	84	13.55		德国	83	19.39
	日本	71	11.45		中国	77	17.99
	中国	56	9.03		日本	56	13.08
	意大利	38	6.13		西班牙	35	8.18

续上表

年份	国家（地区）	发文量	占比/%	年份	中心（地区）	发文量	占比/%
2004	美国	137	42.55	2014	美国	200	43.01
	中国	43	13.35		德国	100	21.51
	日本	36	11.18		中国	78	16.77
	德国	35	10.87		日本	67	14.41
	西班牙	15	4.66		加拿大	37	7.96
2005	美国	99	34.14	2015	美国	172	38.22
	德国	63	21.72		德国	92	20.44
	中国	35	12.07		中国	75	16.67
	日本	22	7.59		日本	63	14.00
	俄罗斯	20	6.90		加拿大	32	7.11
2006	美国	117	32.87	2016	美国	81	43.78
	德国	64	17.98		中国	42	22.70
	中国	53	14.89		德国	35	18.92
	俄罗斯	29	8.15		日本	35	18.92
	日本	26	7.30		加拿大	16	8.65
2007	美国	195	30.52	2017	美国	113	37.17
	德国	110	17.21		中国	89	29.28
	中国	108	16.90		德国	58	19.08
	日本	41	6.42		日本	50	16.45
	俄罗斯	38	5.95		俄罗斯	18	5.92

根据"科学活动中心"的定义，将研究主题占前25%的主题定为中心主题，将研究中心主题前25%的国家定为中心国家，如表4.7所示。可以发现20年来，美国一直为中心国家，占比重最大的年份为2009年，达到49.21%，而占比最小的年份在2000年，仍然高于25%，达到28.31%，可见美国在凝聚态物理领域的研究地位不可撼动。需要注意的是，若只列出中心国家，则无法比较其他国家的中心主题研究状况，所以表4.7所列的为凝聚态物理领域的中心主题发文数量前五的国家，比较不同国家的占比将会更有利于对中心国家的预测。

由表4.7可知，在这20年中，除美国外，日本一直出现在中心主题发文量前五的行列，在1998—2001年，均处于发文量第二的位置；在1999年占比达到最大，为20.22%；而2002年、2003年、2004年和2008年下滑至第三位；在2006年下滑至第五位；其余年份均保持在第四的中心主题发文量。可见在这20年间，日本对于凝聚态物理领域中心主题的研究一直未断，并且走在世界的前列，但是近些年来呈现出下降的情形，在多个年份出现被中国和德国超越的情况。

在欧洲国家中德国对凝聚态物理中心主题的研究表现最好。除了2001年，德国有19年均处于前五位，并且有12年处于第二的位置。可见德国在这20年间的发展一直较为稳定，从1998—1999年的第五位逐渐稳定在第二、第三的位置。而欧洲其他国家也经常进入前五的行列：波兰于2002年处于第五；意大利于2003年处于第五；法国于1998—2001年进入前五，之后只有在2009年处于第五的位置；西班牙在20年中有六年进入到前五；英国在20年中，有四年处于前五；俄罗斯同样有四年处于前五的位置。总的来看，欧洲国家对于凝聚态物理中心主题的研究火热，有较多国家持续不断地研究，且能够进入中心主题发文量的前五位。

中国是除了日本以外的第二个中心主题发文量进入前五位的亚洲国家。除了1998年和2002年外，中国在20年间有18年进入到前五的行列，并且有4年（2004年、2010年、2016年和2017年）处于第二的行列，在凝聚态物理领域中心主题的发文数量的占比也呈现出不断增长的趋势。值得一提的是，在2017年中国在凝聚态物理中心主题的发文量占比达到29.28%，是这20年来第一次出现除美国外超过25%的国家，从某种意义上来说，在2017年，中国可以与美国并称为"中心国家"。

纵观各国在凝聚态物理中心主题发文量的趋势，按照科学活动中心定义的标准，美国将会在很长时间内保持科学活动中心的地位。但是比较其他各国的发展情况来看，由于现在已经出现了中国和美国共同成为中心国家的情况，未来凝聚态物理领域将会持续出现多中心国家的格局。

4.3.3 研究中心机构的转移

与中心国家的定义相类似，将凝聚态物理领域研究中心主题的机构发文量能够达到前25%的机构称为中心机构。由表4.8可知，在20年中仅2009年只有一个中心机构为美国能源部，其余年份均为多中心机构的现象。

表4.8 凝聚态物理研究中心主题的中心机构

年份	中心机构	发文量	占比/%	年份	中心机构	发文量	占比/%
1998	西班牙国家研究委员会	13	10.74	2008	西班牙国家研究委员会	20	6.10
	东京大学	13	10.74		法国国家科学研究中心	19	5.79
					美国能源部	15	4.57
					西班牙国家研究委员会马德里物质科学研究所	13	3.96
					中国科学院	12	3.66
					俄罗斯科学院	12	3.66
1999	美国能源部	27	14.75	2009	美国能源部	69	27.38
	东京大学	18	9.84				
	法国国家科学研究中心	12	6.56				
2000	美国能源部	12	7.23	2010	加利福尼亚大学系统	37	5.89
	名古屋大学	11	6.63		中国科学院	34	5.41
	东京大学	11	6.63		美国能源部	33	5.26
	国家先进工业科学和技术研究所	10	6.02		法国国家科学研究中心	31	4.94
					西班牙国家研究委员会	24	3.82
2001	美国能源部	35	17.41	2011	美国能源部	43	6.90
	西班牙国家研究委员会	16	7.96		加利福尼亚大学系统	33	5.30
					西班牙国家研究委员会	31	4.98
					法国国家科学研究中心	26	4.17
					中国科学院	25	4.01

续上表

年份	中心机构	发文量	占比/%	年份	中心机构	发文量	占比/%
2002	加利福尼亚大学系统	14	6.80	2012	加利福尼亚大学系统	30	8.33
	美国能源部	12	5.83		美国能源部	22	6.11
	波兰科学院	11	5.34		中国科学院	20	5.56
	德国研究中心赫姆霍兹协会	10	4.85		东京大学	18	5.00
	俄罗斯科学院	9	4.37				
2003	美国能源部	34	5.48	2013	加利福尼亚大学系统	25	5.84
	加利福尼亚大学系统	29	4.68		美国能源部	23	5.37
	马克斯普朗克协会	28	4.52		马克斯普朗克协会	20	4.67
	俄罗斯科学院	18	2.90		俄罗斯科学院	20	4.67
	法国国家科学研究中心	16	2.58		西班牙国家研究委员会	19	4.44
	意大利国家研究委员会	16	2.58				
	东京大学	14	2.26				
2004	加利福尼亚大学系统	20	6.21	2014	加利福尼亚大学系统	38	8.17
	中国科学院	14	4.35		马克斯普朗克协会	33	7.10
	美国能源部	13	4.04		美国能源部	23	4.95
	宾夕法尼亚州高等教育联合体系	12	3.73		维尔兹堡大学	21	4.52
	美国西北大学	11	3.42		东京大学	18	3.87
	宾夕法尼亚州立大学	11	3.42				

续上表

年份	中心机构	发文量	占比/%	年份	中心机构	发文量	占比/%
2005	加利福尼亚大学系统	17	5.86	2015	加利福尼亚大学系统	33	7.33
	美国能源部	16	5.52		马克斯普朗克协会	23	5.11
	中国科学院	13	4.48		美国能源部	22	4.89
	俄罗斯科学院	13	4.48		普林斯顿大学	20	4.44
	法国国家科学研究中心	12	4.14		法国国家科学研究中心	19	4.22
	德国研究中心赫姆霍兹协会	12	4.14				
2006	美国能源部	24	6.74	2016	马克斯普朗克协会	18	9.73
	中国科学院	21	5.90		美国能源部	17	9.19
	俄罗斯科学院	21	5.90		加利福尼亚大学系统	14	7.57
	法国国家科学研究中心	18	5.06				
	加利福尼亚大学系统	16	4.49				
2007	美国能源部	41	6.42	2017	马克斯普朗克协会	27	8.88
	俄罗斯科学院	31	4.85		美国能源部	26	8.55
	加利福尼亚大学系统	29	4.54		中国科学院	24	7.90
	中国科学院	27	4.23				
	法国国家科学研究中心	24	3.76				
	马克斯普朗克协会	24	3.76				

由表 4.8 可知，中心机构主要有：法国国家科学研究中心，意大利国家研究委员会，西班牙国家研究委员会、马德里物质科学研究所、西班牙国家研究委员会、德国马克斯普朗克协会、维尔兹堡大学、德国研究中心赫姆霍兹协会，波兰科学院，俄罗斯科学院，日本东京大学、名古屋大学、国家先进工业科学和技术研究所，中国科学院，美国加利福尼亚大学系统、普林斯顿大学、宾夕法尼亚州高等教育联合体系、宾夕法尼亚州立大学、美国西北大学、美国能源部。中心机构集中于法国、意大利、西班牙、德国、波兰、俄罗斯、日本、中国和美国，可见较多国家都有所属的中心机构，各中心机构的各年发展较为均衡，导致每年的中心机构数量较多。

美国能源部对物理学科研究的赞助，远超其他美国联邦机构，这也使得美国能源部在这 20 年中，除了在 1998 年没进入中心机构行列，其余年份均处于中心机构行列，而且在 2009 年成为凝聚态物理研究中心主题对应的唯一中心机构。除了美国能源部，加利福尼亚大学系统也有 13 次进入中心机构行列。2004 年，美国的中心机构还包括宾夕法尼亚州高等教育联合体系、美国西北大学和宾夕法尼亚州立大学；在这一年六所中心机构中，有五所属于美国。另外，2015 年美国普林斯顿大学成为中心机构。

法国国家科学研究中心作为欧洲最大的基础科学研究机构，在 20 年内有 9 次成为凝聚态物理领域进行中心主题研究的中心机构；创立于 1911 年的马克斯普朗克协会为现今世界上最重要的基础研究组织之一，有 7 次成为凝聚态物理领域进行中心主题研究的中心机构。俄罗斯科学院同样有 7 次成为凝聚态物理领域进行中心主题研究的中心机构。西班牙国家研究委员会有六次成为凝聚态物理领域进行中心主题研究的中心机构。其余欧洲机构在个别年份成为中心机构。

日本最负盛名的东京大学有 6 次成为凝聚态物理领域进行中心主题研究的中心机构。2000 年，除东京大学，日本的名古屋大学和国家先进工业科学和技术研究所同样也成为中心机构；而且在当年的四所中心机构中，日本就占据了三所。

中国唯一一所成为凝聚态物理领域进行中心主题研究的中心机构为中国自然科学最高学术机构——中国科学院，同法国国家科学研究中心一样，有 9 次成为凝聚态物理领域的中心机构。2013—2017 年，中国科学院仅在 2017 年进入中心机构行列，说明近年来中国科学院对于凝聚态物理领域中心主题相关研究成果较少，在凝聚态物理领域的学术领导能力相较于其他机构显出一定的劣势。

4.3.4 研究中心区域转移的整体趋势

通过比较各国凝聚态物理领域的研究机构数量、凝聚态物理领域中心主题对应的中心国家、凝聚态物理领域中心主题对应的中心机构来看，整体上都具有相同的变换趋势。其中，美国依然保持优势，处与领先的地位。在亚洲国家中，日本近些年来略显退势，但是影响力依然较大；中国发展迅速为崛起的大国，无论从机构数量上，还是从中心国家、中心机构来看都有迅猛的增长趋势；印度、韩国紧跟发展，进一步带动亚洲凝聚态物理的影响力。历史悠久的欧洲国家多年来机构数量的增长不明显，但是其研究成果一直保持稳定，走在世界的前列。未来，科学活动中心将不再局限于美国，将会逐渐向着亚欧大陆转移，并形成多中心格局。

4.4 凝聚态物理研究中心区域的影响力分析

4.4.1 文献产出分析

为了揭示凝聚态物理领域每年研究中心的影响力变化情况，选取了美国、中国、德国、日本和西班牙五个具有典型代表性的国家，统计这些国家2008—2017年10年间每年的发文数量、H指数、总被引频次、篇均被引频次和施引文献数量指标。这些指标在一定程度上可以反映该国论文产出的影响力。

表 4.9　美、中、德、日、西五国论文产出影响力比较（2008—2017 年）

国家	年份	发文数量	H 指数	总被引频次	篇均被引频次	施引文献数量
美国	2008	3741	204	238685	63.8	188120
	2009	3671	218	235999	64.29	181515
	2010	3844	214	242430	63.07	179278
	2011	4027	185	201869	50.13	150465
	2012	4054	173	178354	43.99	132217
	2013	3755	163	150047	39.96	107220
	2014	3893	135	117313	30.13	83115

续上表

国家	年份	发文数量	H指数	总被引频次	篇均被引频次	施引文献数量
美国	2015	3971	99	81991	20.65	58773
	2016	3997	70	46037	11.52	33220
	2017	4077	33	13252	3.25	10249
中国	2008	2199	128	84010	38.2	73827
	2009	1981	127	81744	41.26	72677
	2010	2135	144	102949	48.22	87945
	2011	2724	144	109243	40.1	90825
	2012	2677	157	118157	44.14	93468
	2013	2892	149	106283	36.75	82306
	2014	3240	137	102414	31.61	74435
	2015	3779	106	84223	22.29	58775
	2016	3956	80	57624	14.57	36894
	2017	4865	39	19873	4.08	12990
德国	2008	1924	113	71974	37.41	62282
	2009	1857	120	92255	49.68	80759
	2010	1989	114	78713	39.57	68446
	2011	2154	106	67341	31.26	58173
	2012	2078	91	55698	26.8	47938
	2013	1931	84	41797	21.65	35894
	2014	1944	68	34793	17.9	29816
	2015	1928	58	25844	13.4	21934
	2016	2026	45	15851	7.82	13377
	2017	1936	18	3944	2.04	3475
日本	2008	1792	91	50841	28.37	46383
	2009	1428	89	49940	34.97	46109
	2010	1381	98	49933	36.16	43906
	2011	1312	90	42713	32.56	38231
	2012	1280	88	39670	30.99	35698
	2013	1064	68	25113	23.6	22317
	2014	1155	63	20163	17.46	18127

续上表

国家	年份	发文数量	H 指数	总被引频次	篇均被引频次	施引文献数量
日本	2015	1092	52	15742	14.42	14168
	2016	1127	44	10162	9.02	8971
	2017	1267	19	3503	2.76	3158
西班牙	2008	497	65	17107	34.42	16050
	2009	532	61	17140	32.22	16040
	2010	568	64	18855	33.2	17724
	2011	571	69	19940	34.92	18450
	2012	591	58	15791	26.72	14633
	2013	511	49	11878	23.24	10933
	2014	511	45	10859	21.25	10164
	2015	490	37	7784	15.89	7287
	2016	519	29	4439	8.55	4164
	2017	520	14	1706	3.28	1605

从发文数量上看，所选取的五个国家，除了西班牙的发文数量较少，位于第十位之外，其余四个国家占发文量的前四位。可见，在凝聚态物理领域中的中心主题的地位，与发文量的基数大小之间呈现成正比的关系。

十年间美国的发文产出稳定，其发文量在这十年的中位数为 3932 篇，极差为 406 篇，起伏较小，每年的波动不明显。而中国的发文量除 2009 年和 2012 年有较小回落，呈现逐年递增的趋势，且增速较大。中国的十年论文产出中位数为 2808 篇，极差为 2884 篇。德国和西班牙的产出和美国情况基本一致，每年的产出稳定。其中，德国的凝聚态物理领域十年论文产出量的中位数为 1940 篇，极差为 297 篇；西班牙的论文产出量的中位数为 520 篇，极差为 101 篇；日本论文产出量的中位数为 1274 篇，极差为 728 篇。

比较五个国家的中位数，其排名与总排名一致。美国依然以其每年稳定的输出占据第一的位置；虽然中国后期增量大，但是前期的基础较为薄弱，综合十年的论文产出来看，中国的中位数依然远低于美国；德国则以稳定的输出保持第三；日本、西班牙处于第四、第五。比较中美日三个国家的极差，中国以 2884 篇远超美国，可见中国在这十年内的发展速度之快、成果之明显，并且在 2017 年中国凝聚态物理领域的发文总量首次超越美国凝聚态物理领域的发文总量；而另一个极差大于 500 的日本却处于相反的境地，十年间论文产出的最高峰为 2008 年的 1792 篇，之后的年份论文总数均少于 1500 篇，可见日本的论文输出总体上呈现出一个下落的趋势，影响力在逐渐变弱。

4.4.2　H 指数分析

从 H 指数来看，美国凝聚态物理领域的 H 指数在 2009 年呈现上升趋势，2009 年之后逐年递减，在 2015 年跌破 100，在 2017 年跌破 50；中国凝聚态物理领域的 H 指数在 2009—2012 年呈现上升的趋势，其余年份也是不同程度的下降，2016 年跌破 100，2017 年跌破 50；德国则与美国类似，2009 年以后 H 指数逐年下降，到 2017 年 H 指数仅为 18；日本凝聚态物理领域的 H 指数在 2010 年达到峰值为 98，其余年份也是呈现逐年下降的趋势；西班牙凝聚态物理领域的 H 指数在 2009—2011 年出现略微的上升，2011 年以后逐年下降。

H 指数的普遍规律是大致呈现下降的趋势，其中上升的年份说明该年份的论文产出影响力要高于前几年的影响力，上升的时间持续越长，说明该段时间内的影响力越大。H 指数的上下波动情况可以展现一个国家的影响力变化情况。到了 2017 年，各国的 H 指数都已低于 50。但是在这十年中，西班牙有两年上升期，日本有一年上升期，德国有一年上升期，而中国有三年上升期，并且在 2014 年中国凝聚态物理领域的 H 指数就已经超过了美国。可见中国凝聚态物理的影响力在一定意义上已经实现了对美国的超越。其中，各国论文的施引文献数量与 H 指数呈正比的关系，故规律与 H 指数也一致。

4.4.3　文献引用分析

从被引频次来看，美国的总被引频次从 2010 年起就逐年下降，除了 2010 年增长率达到 2.73%，其余年份增长率均为负值，到了 2017 年增长率为 -71.21%；而中国的增长率有三年为正，2010 年的被引增长率达到 25.94%，之后两年的增长率分别为 6.11% 和 8.16%，其余年份也均为负值，到了 2017 年增长率达到最低，为 -65.51%；德国除了 2009 年的增长率为 28.18%，其余年份也均为负值，2017 年为最低值，为 -75.12%；日本的增长率均为负值；而西班牙的增长率有三年为正，2009—2011 年的增长率分别为 0.19%、10.01%、5.75%。

由于近年的文献没有充足的时间被引用,故五个国家的被引频次的增长率均是在2017年达到最低,美国、中国、德国、西班牙的被引频次增长率在2016年为第二低,分别为 -43.85%、-31.58%、-38.67%、-42.97%,但是日本被引频次的增长率第二低的年份却在2013年,可见日本在凝聚态物理领域的文献被引量提前年轻化。

4.6 本章小节

本章通过对1998—2017年凝聚态物理领域的科研成果进行梳理,研究发现凝聚态物理领域研究中心主题和研究中心国家的时间变化趋势具有相似性。其中研究中心主题分为三个阶段,在1998—2003年主要进行基础固体物理研究,如晶格效应、电荷-溶解转换、电荷有序温度、近藤效应等;在2004—2011年主要进行纳米材料研究,如碳纳米管、自旋-轨道相互作用、石墨烯、金属掺杂砷化铁、石墨烯栅电极等;在2012—2017年主要进行凝聚态拓扑相关研究,如拓扑绝缘体、拓扑大型Dirac边缘模型、断裂拓扑相等。从研究中心国家来看,凝聚态物理领域中心国家一直以美国为主导,直到近几年才形成以美国、中国等国家为中心的多元化模式。从研究中心机构来看,每年中心机构更替交接变化,但是美国能源部一直稳居中心机构前列,中国科学院有9次进入凝聚态物理领域的中心机构行列。从研究中心国家的影响力来看,中国等国家在凝聚态物理领域的影响力逐渐增强,并且占据着越来越重要的位置。

5 无机与核化学研究中心转移的知识图谱

化学是一门研究物质的性质、组成、结构、变化、用途、制法以及物质变化规律的自然科学。无机与核化学作为化学领域的一个重要分支,在近年的发展中受到国内外学者的广泛重视,产生了一大批重大的科研成果。因此,通过对无机与核化学领域的科研成果进行梳理,找出无机与核化学领域研究中心的发展规律,对学者把握该领域知识基础的变迁和追踪该领域的研究前沿具有重要意义。因此,本章基于 Web of Science 数据库中收录的无机与核化学领域的文献为基础,根据科学活动中心转移思想,探究了无机与核化学领域在 1998—2019 年的研究中心主题转移和研究中心地域转移规律等问题,为无机与核化学领域的学者提供借鉴。

5.1 数据来源与分析

5.1.1 数据检索与处理

为了准确地获取无机与核化学领域的科学文献数据信息,首先利用 JCR 数据库中的期刊列表,结合期刊特征因子、影响因子、五年影响因子、即年指数、载文量、引文半衰期、总被引频次等指标选出了无机与核化学领域具有代表性的 10 本期刊(表 5.1)。其次,在 Web of Science 平台的核心合集中检索这些期刊在 1998—2019 年发表的 Article、Review 类型的文献数据,共得到 136229 篇文献,总被引 3548005 次(2020 年 1 月检索)。

在这十本期刊中,*Inorganic Chemistry* 的载文量最多,在 1998—2019 年累计发表 30089 篇文献,这些文献被引 1010280 次,引文半衰期为 8.1,特征因子为 0.08524。*Coordination Chemistry Reviews* 的影响因子最高为 15.367,在 1998—2019 年共发表 3651 篇文献,这些文献被引 361186 次,引文半衰期为 7,特征因子为 0.03677。*Journal of Organometallic Chemistry* 的半衰期最长为 13.7,特征因子为 0.00943,在 1998—2019 年共发表 12974 篇文献,这些文献被引 245588 次。

表5.1 10本无机与核化学的期刊及其指标

期刊名称	特征因子	影响因子	五年影响因子	即年指数	载文量	引文半衰期	总被引频次
Inorganic Chemistry	0.08524	4.825	4.501	1.181	30089	8.1	1010280
Dalton Transactions	0.08477	4.174	3.812	1.091	23501	5.5	533888
Coordination Chemistry Reviews	0.03677	15.367	14.614	7.748	3651	7	361186
Organometallics	0.02954	3.804	3.279	1.231	17501	9.2	530472
European Journal of Inorganic Chemistry	0.01728	2.529	2.284	0.612	12042	7.1	251104
Inorganic Chemistry Frontiers	0.0122	5.958	5.792	1.2	1336	2.2	17946
Journal of Solid State Chemistry	0.0103	2.726	2.31	0.986	10391	13.4	220271
Polyhedron	0.01007	2.343	1.894	0.93	11795	7.1	178450
Inorganica Chimica Acta	0.00992	2.304	1.926	0.851	12949	8.7	198820
Journal of Organometallic Chemistry	0.00943	2.304	1.963	0.684	12974	13.7	245588

5.1.2 文献数量的整体分布

将获取的无机与核化学领域的数据按照文献的发表时间进行汇总（图5.1）。研究发现，在1998—2019年，每年发表文献数量的区间为4399～7865篇。其中每年发表文献数量大于5000篇的时间节点共有17个，在这17个时间节点中，发表文献数量最高的一年是2019年，发表文献数量为7865篇；发表文献数量在5000～7000篇范围内的时间节点有九个；发表文献数量在7000～8000篇范围内的时间节点有八个；有五个时间节点的年发表文献数量低于5000篇，范围为1998—2002年，发文数量分别为4836篇、4502篇、4408篇、4512篇、4399篇。

从整体趋势上来看，无机与核化学领域每年发表文献数量呈现缓慢增长趋势。一方面，在2002—2013年文献数量增长趋势最为明显，并且出现了三个增长较快的时间点，分别是2003年、2009年和2013年；其中2003年相比于2002年的文献数量增加了25.8%；2009年相比于2008年文献数量增加了15.3%；2013年相比于2012年的文献数量增加了8.9%。另一方面，经过在2014—2016年文献发表数量的小幅度下降后，在2017—2019年文献数量再次快速增加。与2017相比，2018年发表文献增长幅度为3.9%；与2018年相比，2019年文献增长幅度为5.8%。

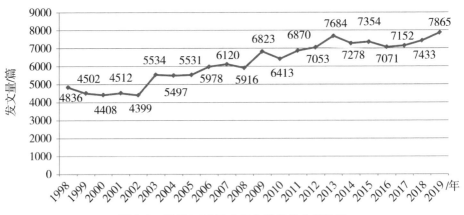

图5.1　1998—2019年每年发表的文献数量

从无机与核化学领域中国家（地区）的产出情况来看，在1998—2019年的发表文献数量最多的前十个国家（地区）分别是美国、中国、德国、法国、日本、西班牙、英国、印度、意大利、加拿大（图5.2）。在发表文献数量最多的10个国家里，有8个国家是发达国家，只有两个是发展中国家，发达国家的文献产出量远远高于发展中国家。在这两个发展中国家中，中国发表文献数量为23937篇，占文献总数的17.57%，位列第二；印度发表文献数量为9023篇，占文献总数的6.62%，位列第八。在这十个国家中，发表文献数量最多的国家是美国，发表文献数量为27534篇，占文献总数的20.21%；发表文献数量最少的国家是加拿大，发文数量为5146篇，占文献总数的3.78%。并且，美国的文献产出量是中国的1.15倍，是加拿大的5.35倍。美国和中国的文献产出量占该领域文献总产出量的37.78%。

从无机与核化学领域中不同机构的产出情况来看，在1998—2019年的发表文献数量最多的前十个机构分别是法国国家科研中心、中国科学院、俄罗斯科学院、美国能源部、美国加利福尼亚大学、印度理工学院、西班牙国家研究委员会（CSIC）、意大利国家研究理事会（CNR）、南京大学、德国亥姆霍兹波茨坦研究中心（图5.3）。其中，发表文献数量最多的机构是法国国家科研中心，发表文献数量为8382篇，占法国在该领域发表文献总量的77.37%。排第二的是中国科学院，发表相关文献数量7523篇，占

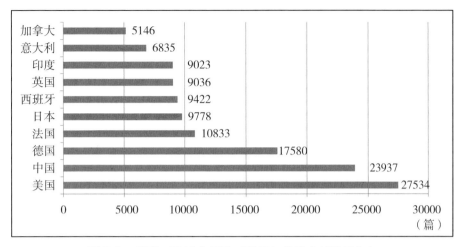

图 5.2 1998—2019 年国家（地区）发表文献数量分布

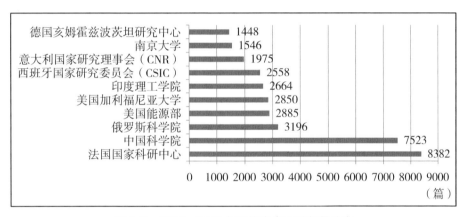

图 5.3 1998—2019 年机构发表文献数量分布

中国在该领域发表文献总量的 31.43%。在前十名机构中，中国的另一家机构是南京大学，位列第九位，发表文献数量为 1546 篇，占中国在该领域发表文献总量的 6.46%。因此，中国有两所机构进入前十行列，分别是中国科学院和南京大学，总计发表文献数量为 9069 篇，占该领域发表文献总量的 7.05%。美国有两所机构进入前十行列，分别是美国加利福尼亚大学和美国能源部，总计发表文献数量为 5735 篇，占该领域发表文献总量的 4.21%。发展中国家还有印度的印度理工学院进入到发表文献数量最多的前十个机构行列，其发表文献数量为 2664 篇，位居第六位，占该领域发表文献总量的 1.96%。俄罗斯虽然没有进入发表文献数量最多的前十个国家行列，但是俄罗斯科学院进入发表文献数量最多的前十个机构行列，并位居第三位，发文数量为 3196 篇，占该领域发表文献总量的 2.35%。

5.1.3 文献质量的整体分析

为了进一步探究无机与核化学领域文献的影响力，笔者对 1998—2019 年每年发表文献的 H 指数、总被引频次、平均被引频次、施引文献数量进行分析（表 5.2）。其中，对于 H 指数的整体变化趋势，呈现先上升后下降的趋势，H 指数最低的一年为 2019 年，其 H 指数仅为 46；H 指数最高的一年为 2005 年，其 H 指数为 161。从不同时间发表文献的平均被引频次来看，平均被引频次最高的一年是 2005 年，平均被引频次为 38.23；平均被引频次最低的一年是 2019 年，平均被引频次为 3.68。可见，平均被引频次与 H 指数之间表现出一种正相关关系，即 H 指数越大，平均被引频次的数值就会越高。因此，2005 年的文献影响力高，也从侧面反映出 2005 年的文献质量比较高。由于总被引频次是由平均被引频次和文献数量两个指标所决定的，所以总被引频次与 H 指数的相关性不太大。总被引频次最高的一年是 2009 年，总被引频次的数值为 214809。

表 5.2 1998—2019 发表的文献影响力分布

时间	文献数量	H 指数	总被引频次	平均被引频次	施引文献数量
1998	4836	129	156831	32.43	112514
1999	4502	143	169762	37.71	123629
2000	4408	138	164814	37.39	119590
2001	4512	141	165688	36.72	116681
2002	4399	136	161553	36.72	114386
2003	5534	149	208531	37.68	136415
2004	5497	148	209088	38.04	140888
2005	5531	161	211435	38.23	139959
2006	5978	151	213495	35.71	137337
2007	6120	149	212129	34.66	135602
2008	5916	138	195295	33.01	126634
2009	6823	137	214809	31.48	132125
2010	6413	129	188037	29.32	121971
2011	6870	125	187323	27.27	119053

续上表

时间	文献数量	H指数	总被引频次	平均被引频次	施引文献数量
2012	7053	121	180526	25.6	114872
2013	7684	112	171754	22.35	109451
2014	7278	100	141439	19.43	91499
2015	7354	96	81498	17.26	126947
2016	7071	90	103330	14.61	66470
2017	7152	69	78634	10.99	50436
2018	7433	56	57648	7.76	36979
2019	7865	46	28937	3.68	18695

5.2 无机与核化学研究主题与知识基础的迁移

5.2.1 研究知识基础的迁移

为了探究无机与核化学领域研究知识基础的迁移，利用CiteSpace软件的"JCR Journal Maps"功能，逐年绘制1998—2019年的无机与核化学领域的学术期刊引证关系图谱，并选出其中四张图谱（图5.4）。在图5.4的所有子图中，每一张子图的左侧区域表示施引期刊，右侧区域表示被引期刊。通过比较分析1998—2019年中每年施引期刊与被引期刊的变化情况，探究无机与核化学领域基础知识的迁移与期刊之间的关系。

从无机与核化学领域知识基础的整体变化趋势来看，无机与核化学领域的研究核心领域一直是"Chemistry，Materials，Physics"且未发生改变，但无机与核化学领域研究的边缘领域出现了不同的变化。在1998—2019年"Systems，Computing，Computer""Health，Nursing，Medicine""Psychology，Education，Social""Molecular，Biology，Genetics""Plant，Ecology，Zoology""Veterinary，Animal，Parasitology"等研究领域一直是无机与核化学研究的基础领域，在1998—2019年这一时间段没有发生变化。但是，从无机与核化学领域的每一年基础领域变化情况来看（图5.5），"Mathematical，Mathematics，Mechanics"领域仅在2019年没有涉及，在其余时间节点中一直存在。2002年，无机与核化学领域的知识基础较前几年增加了

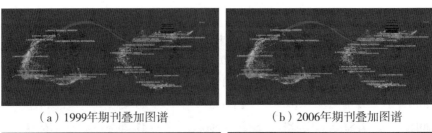

（a）1999年期刊叠加图谱　　　　　　（b）2006年期刊叠加图谱

（c）2011年期刊叠加图谱　　　　　　（d）2016年期刊叠加图谱

图5.4　无机与核化学领域期刊引证图谱

"Sports，Rehabilitation，Port"；从2003年开始，无机与核化学领域知识基础增加了"Dermatology，Dentistry"，但是该知识基础在2005年、2006年、2008年未出现；从2016年开始，无机与核化学领域的知识基础又增加了"Environmental，Toxicology，Nutrition"和"Economics，Economic，Political"；2019年，无机与核化学领域的知识基础增加了"Earth，Geology"，但是减少了"Mathematical，Mathematics，Mechanics"。

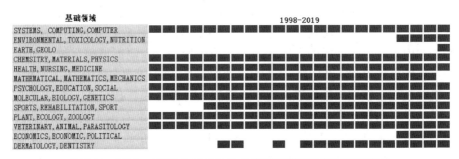

图5.5　1998—2019年无机与核化学研究领域的知识基础变化

5.2.2　研究前沿的演化

利用CiteSpace软件对1998—2019年无机与核化学领域的文献数据进行文献共被引分析，构建文献共被引关系网络。根据文献共被引网络找出共被引频次发生突现的文献，即"burst文献"。对这些"burst文献"进行主题词的抽取以识别出当年无机与核化学领域的研究前沿。

表 5.3 1998—2019 年无机与核化学研究领域突变的主题词分布

突变的起始年份	突变的主题词
1998	微米尺度过渡金属配合物；手性茂金属催化剂
1999	金属功能材料；金属位点
2000	金属-有机框架；有机金属化学
2001	金属配合物配体；过渡金属配合物
2002	茂金属催化剂；丙烯聚合
2003	螺旋体；金属结构设计
2004	新型烯烃聚合物催化剂
2005	开环框架结构；网状体
2006	类似物合成；活化作用
2009	配位聚合物
2010	功能关系；类似物功能；活性位点
2011	N-杂环卡宾金属配合物；配体反应性
2012	染料敏化太阳能电池
2013	镧系配合物杂化发光材料；金属有机骨架化合物
2014	金属有机骨架材料
2015	金属有机骨架化合物
2016	N-杂环卡宾配体
2017	单分子磁体；金属-有机框架
2018	单分子磁体；金属-有机框架
2019	单分子磁体

根据无机与核化学研究领域突变的主题词分布（表 5.3），可以发现 1998—2019 年的研究前沿主要集中在配合物和催化剂研究、物质的结构和功能研究、有机金属材料研究、单分子磁体研究四个方面。其中 1998 年突变的主题词为"微米尺度过渡金属配合物"和"手性茂金属催化剂"，1999 年突变的主题词为"金属功能材料"和"金属位点"，2000 年突变的主题词为"金属-有机框架"和"有机金属化学"，2001 年突变的主题词为"金属配合物配体"和"过渡金属配合物"，2002 年突变的主题词为"茂金属催化剂"和"丙烯聚合"，2003 年突变的主题词为"螺旋体"与"金属结构设计"，2004 年突变的主题词为"新型丙烯聚合物催化剂"，2005 年突变的主题词为"开环框架结构"和"网状体"，2006 年突变的主题词为"合成的相似物"和"活化作用"，2009 年突变的主题词为"配位聚合物"，

2010年突变的主题词为"功能关系""类似物功能"和"活性位点",2011年突现的主题词为"N-杂环卡宾金属配合物"和"配体反应性",2012年突现的主题词为"染料敏化太阳能电池",2013—2015年突变的主题词为"镧系配合物杂化发光材料""金属有机骨架材料"和"金属有机骨架化合物",2016年突变的主题词为"N-杂环卡宾配体",2017—2019年突变的主题词为"单分子磁体"和"金属-有机框架"。

5.2.3 研究中心主题转移的整体趋势

利用CiteSpace软件对无机与核化学领域1998—2019年的文献逐年进行文献共被引分析,并进行聚类。将获得的聚类由大到小排列,根据聚类的大小筛选出聚类节点数量累计占总节点数量前25%的聚类,代表无机与核化学研究领域的中心主题(表5.4)。通过对无机与核化学领域每年的研究中心主题进行梳理,发现无机与核化学领域的研究中心主题演化可以划分为三个阶段,其中"配位聚合物"相关研究贯彻每一阶段。第一阶段为1998—2003年,主要研究中心为"配合物的功能和结构研究",如1998年的"混合配体配合物"研究中心主题、2002年的"金属卡宾配合物"主题。第二阶段为2004—2012年,主要研究中心为"金属有机框架"和"配位聚合物的理论研究",如2004年的"配位聚合物"和"金属有机框架功能性材料"中心主题、2007年的"多孔配位聚合物"研究中心主题、2008年的"N-杂环卡宾配体"研究中心主题。第三阶段为2013—2019年,主要研究中心为"单分子磁体与金属有机框架的结构研究",其中2013和2014年研究中心主题主要集中在"单分子磁体"研究,而2015—2019年研究中心主题主要集中在"金属有机框架"以及"金属拓扑结构"的探索上。

表5.4 1998—2019年无机与核化学研究中心主题的分布

年份	中心主题	阶段
1998	混合配体配合物	配合物的功能和结构研究
1999	环戊二烯基配体;硼酸盐配合物	
2000	亚烷基配位化合物;末端炔烃	
2001	晶体结构;亚乙烯基配合物	
2002	富电子烯烃;金属卡宾配合物	

续上表

年份	中心主题	阶段
2004	配位聚合物；金属有机框架功能性材料	金属有机框架和配位聚合物的理论研究
2005	N-杂环卡宾配体	
2006	配位聚合物；金属有机框架理论研究	
2007	多孔配位聚合物	
2008	N-杂环卡宾配体	
2009	N-杂环卡宾配体；聚乙烯	
2010	配位聚合物；金属有机框架理论研究	
2011	金属有机框架理论研究；N-杂环卡宾配体	
2012	金属有机框架；配位聚合物	
2013	单分子磁体慢磁弛豫现象	单分子磁体与金属有机框架的结构研究
2014	单分子磁体慢磁弛豫现象；金属有机框架	
2015	金属有机框架；金属拓扑结构	
2016	金属有机框架	
2017	金属有机框架	
2018	金属有机框架	
2019	金属有机框架	

5.3 无机与核化学研究的中心区域转移

5.3.1 研究中心的热点区域

从1998—2019年的数据中逐年筛选出进行中心主题相关研究的文献，提取这些文献中作者的国家信息并进行汇总，选择每年进行中心主题研究发表文献数量最多的前五个国家作为研究中心的热点区域。从地域层面来看，研究中心的热点区域由北美洲逐渐向着亚洲转移（表5.5）。1998—2002年，排在进行中心主题研究热点区域第一位的始终是美国，第二位始终是德国，其次是西班牙、英国、法国等欧洲国家，中国仅在1999年进入前五行列。2003—2009年，中国、美国等国家开始轮流成为进行中心主题研究热点区域的榜首，印度、日本等亚洲国家逐渐进入前五行列。2010—2019年，进行中心主题研究热点区域的榜首再次固定为中国,而第二的位置却由美国、德国、印度交替承接,其次为法国、西班牙等国家。

表 5.5 进行中心主题研究的热点区域

年份	国家(相关研究文献量)				
1998	美国(111)	德国(64)	英国(37)	法国(31)	意大利(26)
1999	美国(55)	德国(48)	中国(26)	西班牙(22)	加拿大(16)
2000	美国(105)	德国(57)	西班牙(40)	意大利(31)	英国(28)
2001	美国(83)	德国(54)	西班牙(32)	加拿大(19)	英国(17)
2002	美国(81)	德国(65)	西班牙(34)	法国(29)	英国(23)
2003	中国(109)	美国(91)	英国(45)	德国(34)	西班牙(33)
2004	中国(71)	美国(71)	德国(47)	英国(38)	西班牙(35)
2005	美国(23)	德国(20)	英国(14)	西班牙(10)	法国(8)
2006	中国(139)	美国(89)	德国(42)	西班牙(41)	日本(34)
2007	中国(136)	美国(60)	印度(31)	日本(27)	西班牙(24)
2008	德国(22)	美国(22)	西班牙(21)	中国(19)	英国(12)
2009	美国(59)	中国(48)	德国(37)	英国(32)	西班牙(25)
2010	中国(41)	美国(41)	加拿大(23)	德国(22)	英国(17)
2011	中国(148)	美国(105)	德国(75)	西班牙(54)	印度(42)
2012	中国(116)	美国(27)	西班牙(19)	德国(16)	印度(14)
2013	中国(154)	美国(35)	印度(31)	法国(23)	西班牙(22)
2014	中国(99)	德国(76)	美国(70)	法国(66)	印度(54)
2015	中国(230)	美国(53)	印度(46)	西班牙(35)	德国(29)
2016	中国(81)	美国(75)	德国(64)	法国(40)	西班牙(36)
2017	中国(189)	印度(39)	美国(38)	德国(27)	西班牙(21)
2018	中国(229)	印度(32)	美国(32)	德国(22)	西班牙(21)
2019	中国(197)	美国(34)	印度(29)	法国(18)	伊朗(15)

5.3.2 研究中心国家(地区)的转移

从 1998—2019 年的数据中逐年筛选出进行中心主题相关研究的国家,根据每个国家每年发表与中心主题相关文献数量的高低,筛选出每年数量达到前25%的国家作为研究中心国家（表5.6）。研究发现，1998—2002年研究中心国家一直以美国为主，德国仅在1999年进入研究中心国家行列。2003—2009年，中国、美国、德国交替进入研究中心国家行列。从2010年开始，研究中心国家形成了以中国为主要中心国的形式，并且中国连续十年成为研究中心国家的首位。

从研究中心国家每年发表中心主题相关研究文献数量的比重来看，1998—2019年，研究中心国家发表中心主题文献所占比重逐渐增加。1998—2002年，美国发表相关文献数量在研究中心国家中占比为23%～33%，而在2017年以来，中国发表相关文献数量在研究中心国家中占50%以上。

从2003年中国进入无机与核化学研究领域中心国家的行列开始，标志着无机与核化学研究领域不再由西方发达国家占据主导地位，而是以中国为代表的亚洲国家与西方发达国家在这一领域百家争鸣的过程，特别是近年印度等国家初露峥嵘，使得以中国为代表的亚洲国家在这一领域更具有竞争力。

表5.6　1998—2019年无机与核化学领域的研究中心国家分布

年份	研究中心国家	相关文献比例/%	研究中心国家	相关文献比例/%
1998	美国	30.1		
1999	美国	23.8	德国	20.8
2000	美国	29.7		
2001	美国	33.2		
2002	美国	25.6		
2003	中国	26.1		
2004	中国	18.4	美国	18.4
2005	美国	21.3	德国	18.5
2006	中国	33.4		
2007	中国	40.1		
2008	德国	15.2	美国	15.2
2009	美国	19.2	中国	15.6
2010	中国	21.4	美国	21.4
2011	中国	24.8		
2012	中国	47.2		

续上表

年份	研究中心国家	相关文献比例/%	研究中心国家	相关文献比例/%
2013	中国	51.2		
2014	中国	19.6	德国	15.0
2015	中国	47.3		
2016	中国	20.9	美国	19.3
2017	中国	51.1		
2018	中国	58.3		
2019	中国	57.9		

5.3.3 研究中心机构的转移

从1998—2019年的数据中逐年筛选出进行中心主题相关研究的机构，根据每个机构每年发表与中心主题相关文献数量的高低，筛选出每年数量达到前25%的机构作为研究中心机构（表5.7）。1998—2019年，第一次出现中国机构的年份是1999年，机构为香港中文大学。2002年之前，无机与核化学研究领域的中心机构主要为一些欧美发达国家的研究机构。2002年，中国科学院首次进入研究中心机构行列，是中国内地第一个进入研究中心行列的机构。2002—2019年，中国科学院多次进入研究中心机构行列，并且中国科学院发表文献数量所占比重越来越高，说明中国在无机与核化学研究领域有着长足的进步，并且开始在世界上占有一席之地。2002—2019年，法国国家科研中心和中国科学院交替成为无机与核化学研究领域中心机构的领跑者，说明在这段时间里中国已经有成为无机与核化学研究领域的中心国家的趋势，这与上节对国家研究的结果是整体符合的，这个阶段中国在无机与核化学研究领域的中心国家的竞争上也逐渐开始趋于主导地位。

表5.7 1998—2019年无机与核化学领域的研究中心机构分布

年份	研究中心机构（发表相关文献量）						
1998	法国国家科研中心（16）	西班牙国家研究委员会(15)	美国加利福尼亚大学（15）	意大利国家研究理事会(14)	美国能源部（12）	英国剑桥大学(11)	英国卡迪夫大学（10）

续上表

年份	研究中心机构（发表相关文献量）						
1999	西班牙国家研究委员会(17)	香港中文大学(14)	德国明斯特大学(7)	西班牙萨拉戈萨大学(7)	法国国家科研中心(6)		
2000	西班牙国家研究委员会(30)	法国国家科研中心(16)	西班牙萨拉戈萨大学(12)	意大利国家研究理事会(10)	美国加利福尼亚大学(8)		
2001	美国得克萨斯农工大学(18)	西班牙国家研究委员会(9)	德国明斯特大学(7)	西班牙瓦伦西亚大学(7)	德国柏林工业大学(6)	哥斯达黎加大学(5)	
2002	法国国家科研中心(30)	西班牙国家研究委员会(11)	德国慕尼黑工业大学(9)	美国加利福尼亚大学(9)	德国明斯特大学(8)	德国亚琛工业大学(7)	中国科学院(6)
2003	中国科学院(70)	法国国家科研中心(18)	南京大学(14)	中国东北师范大学(12)			
2004	中国科学院(33)	法国国家科研中心(30)	吉林大学(11)	南开大学(10)	印度科学技术部(8)		
2005	法国国家科研中心(6)	西班牙国家研究委员会(4)	德国慕尼黑工业大学(4)	苏州大学(3)			
2006	中国科学院(60)	南京大学(21)	法国国家科研中心(16)	南开大学(14)			
2007	中国科学院(70)	中国东北师范大学(19)					
2008	法国国家科研中心(12)	英国卡迪夫大学(7)	中国科学院(7)	西班牙国家研究委员会(7)	印度理工学院(5)		

续上表

年份	研究中心机构（发表相关文献量）				
2009	法国国家科研中心(35)	中国科学院(13)	英国巴斯大学(12)	西班牙国家研究委员会(8)	
2010	中国科学院(28)	美国加利福尼亚大学(14)	法国国家科研中心(11)		
2011	法国国家科研中心(53)	中国科学院(43)	西班牙国家研究委员会(23)	南开大学(15)	南京大学(14)
2012	中国科学院(43)	吉林大学(10)	南开大学(10)		
2013	中国科学院(43)	法国国家科研中心(32)	郑州大学(10)		
2014	法国国家科研中心(88)	中国科学院(29)	印度理工学院(28)		
2015	中国科学院(63)	法国国家科研中心(31)	南京大学(19)	中国西北大学(18)	
2016	法国国家科研中心(53)	中国科学院(14)	西班牙国家研究委员会(14)	印度理工学院(12)	
2017	中国科学院(55)	法国国家科研中心(28)	印度理工学院(15)		
2018	中国科学院(34)	南开大学(16)	吉林大学(15)	法国国家科研中心(12)	印度理工学院(12) 南京理工大学(12)
2019	法国国家科研中心(31)	中国科学院(30)	南京大学(12)	吉林大学(12)	

5.3.4 研究中心区域转移的整体趋势

从研究中心国家和中心机构的角度来看，美国始终处于世界最前列的位置，但是其机构从2003年开始逐渐退出中心机构行列。2002年中国科学院进入研究中心机构行列，为2003年中国开始进入研究中心国家行列奠定了坚实基础。并且在2003年以后中国研究中心机构数量在整体上出现比较明显的增趋势长，在2012年，出现了研究中心机构均为中国机构的现象。

从2004年开始，随着亚洲其他一些国家和机构分别进入研究中心国家和研究中心机构行列，促进了无机与核化学领域研究中心由美洲向亚洲转移的趋势，如印度科学技术部以及印度理工学院等机构进入研究中心机构行列。

在1998—2019年无机与核化学领域的研究中，美国从某种程度上来说一直处于领先地位，中国则是后来居上，甚至赶超美国；印度从某种程度上来说则是实现了从无到有的突破，并且开始在世界各个国家或地区的排名中出现了靠前的趋势；德国在无机与核化学领域研究基本上没有太大变动，一直处于靠前的地位。因此，可以推测在未来无机与核化学领域的研究中，随着中国的突起，以及中国国内机构的科学互动，将会使越来越多的中国机构进入研究中心机构行列，以及使中国在研究中心国家中所占的比重也将会越来越大。

5.4 无机与核化学研究领域中心区域的影响力分析

为了探究无机与核化学领域研究中心区域的影响力情况，从国家层面重点探索了中国、美国和德国三个国家在1998—2019年发表文献总数、H指数、平均被引情况。从机构层面重点探索了法国国家科研中心、中国科学院、西班牙国家研究委员会在1998—2019年发表文献总数、H指数、平均被引情况。

5.4.1 文献产出分析

从不同国家每年的文献产出情况来看（图5.6），美国和德国每年发表文献数量稳定发展，其中美国一直保持在 1200 篇左右，德国一直保持在 800 篇左右。中国每年发表文献数量呈递增趋势，2006 年在无机与核化学领域的文献数量首次超越德国，2012 年在无机与核化学领域的文献数量首次超越美国，并且继续快速增长。在 2019 年中国的文献数量已经达到美国的两倍、德国的三倍。

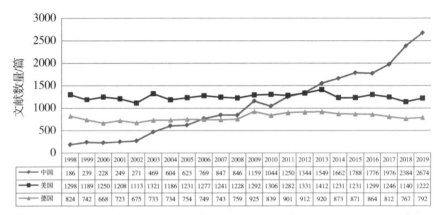

图 5.6　无机与核化学领域不同国家每年发表的文献数量分布

从不同机构每一年的文献产出情况来看（图 5.7），中国科学院和法国国家科研中心每年发表的文献数量呈递增趋势，而西班牙国家研究委员会每年发表的相关文献数量维持在 100 篇左右。中国科学院在 2003 年发表的文献数量首次超越西班牙国家研究委员会，在 2018 年发表的文献数量首次超越法国国家科研中心。

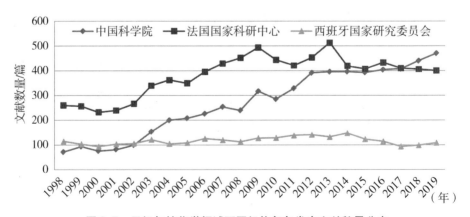

图 5.7　无机与核化学领域不同机构每年发表文献数量分布

5.4.2 H指数分析

从不同国家的每年发表文献的H指数来看（图5.8），在无机与核化学领域美国和德国的H指数从2010年开始呈现了缓慢下滑的趋势。而中国的H指数则呈现先增后减的变化趋势，中国在2002年H指数为64，首次超越德国；在2006年H指数首次超越美国并达到最大值97。在最近几年，中国的H指数一直大于美国、德国等国家；这也从侧面说明目前中国在无机与核化学领域的研究处于一流水平，在发文量、H指数方面已经超过了美国与德国等发达国家，表明中国在这一领域的研究成果已经有了较大影响力。

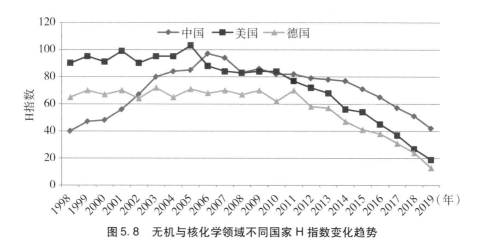

图5.8 无机与核化学领域不同国家H指数变化趋势

从不同机构的每年发表文献的H指数来看（图5.9），在无机与核化学领域中国科学院和法国国家科研中心的H指数呈先增后减的变化趋势，其中法国国家科研中心在2004年H指数达到最大值67，中国科学院在2007年达到最大值63，而西班牙国家研究委员会的H指数则呈现下降的趋势。值得注意的是，中国科学院在2002年H指数首次超越西班牙国家研究委员会，达到39；在2007年首次超越法国国家科研中心；在2011年再次超越法国国家科研中心，并一直保持领先地位。

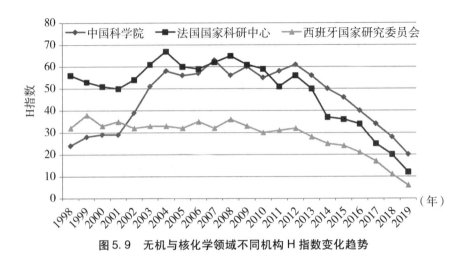

图5.9 无机与核化学领域不同机构H指数变化趋势

5.4.3 文献引用分析

从不同国家每年发表文献的平均被引情况来看（图5.10），在无机与核化学领域美国和德国的平均被引频次从2005年开始呈现下滑趋势。而中国的平均被引频次则呈先增后减的变化趋势，中国在2002年的平均被引频次首次为43，超越美国，并一直处于领先地位；在2003年平均被引频次达到最大值51。仅从平均被引频次这一数据来看，中国在无机与核化学领域研究成果的影响力在某种程度上要高于美国、德国等发达国家。

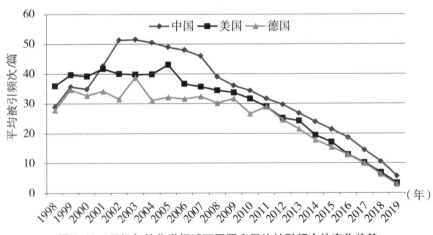

图5.10 无机与核化学领域不同国家平均被引频次的变化趋势

从不同机构每年发表文献的平均被引情况来看（图5.11），在无机与核化学领域西班牙国家研究委员会和法国国家科研中心的平均被引频次呈逐渐降低的变化趋势，其中法国国家科研中心和西班牙国家研究委员会的平均被引频次均在2000年达到最大值，分别为48和40。而中国科学院的平均被引频次呈先增后减的变化趋势，在2001年首次超越西班牙国家研究委员会，在2002年首次超越法国国家科研中心并达到最大值54，此后一直保持领先地位。

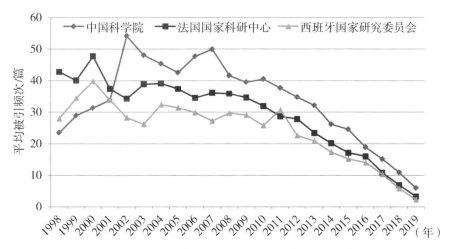

图5.11　无机与核化学领域不同机构平均被引频次的变化趋势

5.5　本章小结

本章通过对1998—2019年无机与核化学领域的科研成果进行梳理，研究发现无机与核化学领域研究中心主题和研究中心国家的时间变化趋势具有一致性，并且研究中心国家的变化要比研究中心主题的变化提前1～3年。其中研究中心主题1998—2003年为配合物的功能和结构研究，2004年转变为金属有机框架和配位聚合物的理论研究，2013年转变为进行单分子磁体与金属有机框架的结构研究。一方面，研究中心国家在1998—2002年一直以美国为主导，在2003年开始形成了中国、美国、德国交替主导的现象，从2010年至今研究中心国家以中国为主导。另一方面，从研究中心国家的影响力来看，在初始阶段，实力最强劲的国家是美国,其次是德国;随着时间的推进,到了中后期,实力最强劲的国家是中国,其次是美国,第三是德国。这从侧面反映了中国在无机与核化学领域研究有较大进步,并逐渐在无机与核化学这一研究领域居于重要的地位,其影响力逐渐提升。

6 天体物理学研究中心转移的知识图谱

天体物理学是物理学和天文学的交叉学科领域,它是利用物理学的技术、方法和理论来研究天体的形态、结构、物理条件、化学组成和演化规律的学科。《国家中长期科学和技术发展规划纲要(2006—2020年)》将物理学和天文学划分为重点发展的两个学科,并将"物质深层次结构和宇宙大尺度物理学规律"列为八大前沿问题之一。在天体物理学研究领域中,对"暗物质"和"暗能量"的最终认识和理解将对整个自然科学和哲学的发展产生重要的影响[1]。因此,对天体物理学领域的研究主题、研究机构、区域分布等进行分析,有助于了解该领域的研究现状和概貌。本章沿用上述部分的中心主题和中心区域两个维度的研究框架,具体分析天体物理学研究主题的演化与转移;阐释该学科领域热点区域、中心国家及中心机构的发展历程和转移情况,从而了解中国在该领域的研究水平以及与其他国家的差距。

6.1 数据来源与分析

本小节主要根据 Web of Science 的文献数据进行基本的文献计量分析,包括天体物理学领域的核心期刊统计、论文产出分布、论文影响力分析等内容。

6.1.1 数据检索与处理

本章通过 JCR 数据库检索天体物理学领域(Astronomy & Astrophysics)的学术期刊,选取 2019 年特征因子最高的十本期刊(表 6.1),并在 Web of

---

[1] 中华人民共和国中央人民政府:《国家中长期科学和技术发展规划纲要(2006—2020年)》[EB/OL]. http://www.gov.cn/jrzg/2006-02/09/content_183787_6.htm, 2006-02-09.

Science 平台检索十本期刊的文献，时间跨度为 1999—2019 年，筛选文献类型为 Review 和 Article，共检索出 258585 篇文献。从表 6.1 的数据来看，排名前十的期刊分别为《天体物理学报》（Astrophysical Journal）、《皇家天文学会月刊》（Monthly Notices of the Royal Astronomical Society）、《物理评论 D》（Physical Review D）、《天文学与天体物理学》（Astronomy & Astrophysics）、《天文学报》（Astrophysical Journal Letters）、《物理学快报 B》（Physics Letters B）、《天文学期刊》（Astronomical Journal）《宇宙学与天体粒子物理期刊》（Journal of Cosmology and Astroparticle Physics）、《天体物理学杂志增刊》（Astrophysical Journal Supplement Series）、《地球物理学研究杂志：空间物理学》（Geophysical Research – Space Physics）。20 余年来，这十本期刊共刊载超过 25 万篇文献，总被引频次超过 99 万次。

表6.1　天体物理学领域学术期刊特征因子排名前十期刊

序号	期刊名	特征因子	影响因子	5年影响因子	即年指数	载文量（1999—2019年）	引文半衰期	总被引频次
1	Astrophysical Journal	0.28436	5.745	5.509	1.706	56341	9.9	269369
2	Monthly Notices of the Royal Astronomical Society	0.25265	5.356	5.001	2.044	44248	5.9	179960
3	Physical Review D	0.20790	4.833	4.012	1.609	58277	7.7	179343
4	Astronomy & Astrophysics	0.17443	5.636	5.395	1.699	38015	8.2	135619
5	Astrophysical Journal Letters	0.09197	8.198	6.346	2.405	7904	5.2	35956
6	Physics Letters B	0.06053	4.384	3.538	2.152	20529	14.0	60806
7	Astronomical Journal	0.04899	5.838	5.066	1.486	9380	11.7	39317
8	Journal of Cosmology and Astroparticle Physics	0.04850	5.210	4.486	2.046	7628	4.6	26183
9	Astrophysical Journal Supplement Series	0.04326	7.950	8.905	1.995	3395	9.0	29045
10	Journal of Geophysical Research-Space Physics	0.03486	2.799	2.751	0.628	12868	11.3	38426

6.1.2 文献数量的整体分析

在 Web of Science 核心数据集中按照期刊名称进行检索,由于 *Astrophysical Journal Letters* 期刊自 2007 年被 Web of Science 核心期刊数据库收录,*Journal of Cosmology and Astroparticle Physics* 期刊自 2003 年创刊,因此,本章对于这两本期刊数据的采集分别从 2007 年和 2003 年开始,其余期刊则从 1999 年开始检索。

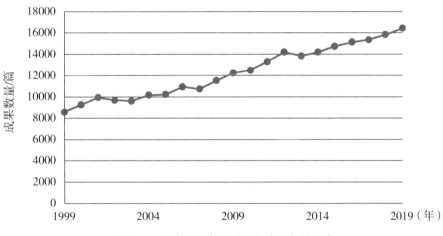

图6.1 天体物理学领域研究成果年份分布

1999—2019 年间,天体物理学领域的论文成果整体上呈现稳定增长的趋势,并且每 3～5 年会出现一个发文量的小低谷,特别在 2003—2011 年是发文量相对不稳定的时期,出现了三次发文量的小低谷期。在 2002—2003 年、2006—2007 年、2012—2013 年这三段时间内,论文产出稍有降低,但是下降的数量并不多,平均每个时间段下降约 214 篇。1999—2019 年间,2007—2012 年增速最快;2013 年至今,虽然文献产出数量增速放缓,但仍然保持稳定增长的趋势(图 6.1)。在整体的发文量统计中,天体物理学领域总体 20 余年的发文量并未出现大的波动,由此可见,天体物理学领域产出相对比较稳定。

在发文量排名前十的国家分布中(图 6.2),美国以绝对优势领先,发文量超过第二名德国一倍多,甚至比西班牙、日本、中国、加拿大、荷兰五个国家发文量总和还要多 19324 篇。除美国之外,后九位国家的发文量总体上比较均衡,特别是西班牙、日本、中国发文量比较接近。

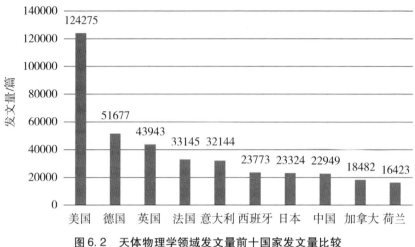

图 6.2　天体物理学领域发文量前十国家发文量比较

从地域分布来看，北美洲与欧洲的论文产出具有绝对优势，一共有八个国家的发文量排名前十位，而亚洲只有中国与日本位列前十名，且排名相对靠后。可见，欧美国家在天体物理学领域有比较大的研究优势，从论文产出数量来看，该领域的研究中心依然集中在欧美地区，但中国和日本作为亚洲后起之秀的代表，也具备相当的研究实力。

总的来说，在天体物理学领域，美国发文实力雄厚，老牌发达国家如德国、英国、法国、意大利、西班牙仍然是该领域的核心科研国家，其中意大利、英国、法国、德国均是历史上的科学活动中心。

表 6.2　发文量前十机构排名

序号	国家	机构	发文量/篇
1	美国	加利福尼亚大学系统	24596
2	德国	德国马普学会	24227
3	法国	法国国家科学研究中心	24023
4	意大利	意大利国立天体物理研究所	17252
5	美国	美国航空航天局	16642
6	美国	哈佛大学	14892
7	美国	美国能源部	14819
8	美国	加州理工学院	14745
9	中国	中国科学院	14092
10	美国	美国史密森学会	12758

在发文量的机构排名中（表6.2），美国共有六所研究机构进入前十名，加利福尼亚大学系统以24596篇的发文量排名第一位；其余四所研究机构分别为德国马普学会、法国国家科学研究中心、意大利国立天体物理研究所和中国科学院。其中，德国马普学会以24227篇文献排名第二，法国国家科学研究中心以24023篇文献排名第三。从发文量来看，排名前三的机构数量比较接近，没有明显的差距。

德国马普学会在天体物理学领域研究实力强大，是德国最著名的研究机构之一，其发文量占据整个德国发文量的46.88%。另外，法国国家科学研究中心发文量占据法国的72.48%；意大利国立天体物理研究所发文量占据该国的53.65%；西班牙高等科学研究委员会发文量占据该国的48.13%；东京大学发文量占据日本的34.96%；剑桥大学发文量占据英国的21.90%；中国科学院发文量占据中国的61.40%。从机构的发文量来看，排名前十位的研究机构基本上是该国在天体物理学领域的中坚研究力量，特别是法国国家科学研究中心，其发文量超过全国的七成。美国六所研究机构的发文量甚至占据美国的79.22%。

无论是从国家发文量的角度，还是从研究机构发文量的角度，美国都是天体物理研究领域的中心，其数量优势十分明显，与其他国家有明显的差距。

6.1.3 文献质量的整体分析

上小节主要围绕天体物理学领域的论文数量进行，本小节主要从论文的H指数、被引量等文献计量指标对论文影响力进行基本的描述。1999年以来，除了2013年比2012年略有下降，天体物理学领域前十本期刊的载文量在总体上均呈现逐年增长的趋势。2001年的文献H指数最高，达到266。2006年的文献总被引频次最高，超过55万次。21年来，天体物理学领域发表在特征因子前十名期刊的文献，总被引频次超过900万，平均每年被引435008次。

表6.3 逐年发表期刊影响力比较

时间	载文量	H指数	总被引频次	篇均被引频次	每篇每年平均被引频次	每年平均被引频次	施引文献总数
1999	8593	248	466323	54.27	2.26	19430.13	242290
2000	9268	247	487480	52.6	2.10	19499.20	240084
2001	9942	266	532363	53.55	2.55	25350.62	248157
2002	9701	246	509858	52.26	2.63	25492.90	240612
2003	9615	256	549410	57.14	3.01	28916.32	237905
2004	10172	246/247	546898	53.77	2.99	30383.22	286865
2005	10223	245/246	519752	50.84	2.99	30573.65	273835
2006	10943	241	553661	50.59	2.98	32562.16	277123
2007	10736	231	517045	48.16	3.10	33314.76	255131
2008	11529	218/219	513028	44.50	2.97	34201.87	258900
2009	12249	220	533811	43.58	3.10	37933.76	250533
2010	12515	209/212	504181	40.29	3.36	42015.08	233641
2011	13297	198	489652	37.08	3.37	44513.82	221338
2012	14196	190	488378	34.40	2.76	39184.37	208516
2013	13845	179	427805	30.90	2.69	37214.99	182836
2014	14204	155/156	384110	27.04	2.86	40558.41	162770
2015	14751	138	329975	22.37	2.23	32883.69	136383
2016	15141	120	370764	17.88	2.73	41336.79	111555
2017	15389	97	203107	13.20	2.63	40441.4	83064
2018	15839	75	146068	9.22	1.25	19857.75	57547
2019	16437	41/42	61508	3.74	0.67	10930.98	26683

注：由于2004—2019年的每年文献数据均超过1万，无法直接从Web of Science中获取特定的H指数。因此，本章在对每年的数据按照被引频次降序排列，当被引频次与排序相同时，该被引频次为当年的H指数；当被引频次与排序比较接近但不相同时，即排序为n的文献被引频次为$n+1$，排序为$n+1$的文献被引频次为n，则H指数为$n/n+1$，如表6.3的246/247为：排序为246的文献被引频次为247，排序为247的文献被引频次为246；本表245/246、218/219、209/212、155/156、41/42均按照此方法处理。

在被引量方面，在天文物理学领域中，除发文量随时间推移呈波动上升趋势以外，由于引文累计的优势，以及半衰期相对较短的原因，H指数、总被引频次、篇均被引频次以及施引文献总数全部呈现波动下降趋势，而文献每篇每年的平均被引频次与每年平均被引频次呈现先上升再下降的趋势。从图 6.3 来看，两者变化曲线相对一致，均在 2011 年到达最大值，由于文献发表时间的原因，2017 年以后出现了比较明显的下降趋势。

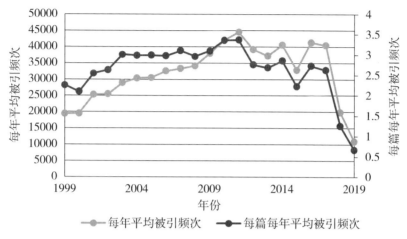

图 6.3　每年平均被引频次与每篇每年平均被引比较

在 H 指数方面，总被引频次与 H 指数呈现逐年波动下降的趋势，且逐年变化趋势相对一致，并在 2012 年开始迅速下降。两者都是在载文量逐年上升的情况下呈现下降趋势。H 指数与总被引频次都与文献发表的时间有关，随着时间的推移，H 指数与总被引频次会呈现逐年下降趋势，发表时间较早的文献相较发表时间较晚的文献，被引用的时间更长，总被引频次可能更多，而 H 指数是与引用次数直接相关的指标，总被引频次越多意味着 H 指数也越高。

但 2012 年之后出现的总被引频次与 H 指数迅速下降情况并不代表这之后的论文影响力下降。图 6.4 表明，在 2014 年和 2016 年，文献每年平均被引频次是这一段时间最高的时段，2014 年为 40558.41 次，2016 年为 41336.79 次，平均一篇文章每年被引用超过 2.7 次。从被引量来看，虽然 2012 年之后的总被引频次和 H 指数逐年下降，但 2014 年和 2016 年的文献相较于这段时间其他的文献而言，仍然具有较高的影响力。

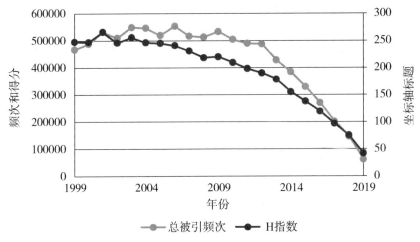

图 6.4　总被引频次与 H 指数比较

注：图 6.4 根据表 6.3 的总被引频次和 H 指数计算，由于某些年份的 H 指数为 n/m 的格式，因此，图 6.4 中所有含有该格式的 H 指数按照 $(n+m)/2$ 进行计算。

6.2　天体物理学研究主题与知识基础的迁移

本小节主要利用 CiteSpace 的期刊叠加图谱功能，通过期刊的引用关系，阐释天体物理学领域的知识基础、知识扩散轨迹，并分析该领域中每年的关键研究主题。

6.2.1　研究知识基础的迁移

通过 CiteSpace 期刊双图叠加分析功能，对 1999—2019 年天体物理学领域学术期刊的引证关系进行逐年分析（图 6.5）。图谱左侧为施引期刊，右侧为被引期刊。通过对比每年期刊引证的变化情况，探究天体物理学领域的知识基础与扩散轨迹。

由图 6.5 的期刊叠加图谱可知，在 21 年中，天体物理学的研究基础领域和知识来源主要集中在化学、材料、物理（#4. Chemistry, Materials, Physics）领域，也就是图谱中引证轨迹线最粗最清晰的一条曲线。除了这三个主要领域之外，天体物理学的其他研究基础呈现多领域的发展。从 1999 年开始，天体物理学的研究基础不仅集中在化学、材料、物理领域，还涉及环境学、毒理学、营养学（#2. Environmental, Toxicology, Nutrition）领域，运算学、数学、机械（#6. Mathematical, Mathematics, Mechanics）领域，系统、计算、计算机（#1. Systems, Computing, Computer）领域，分子学、生物学、遗传学（#8. Molecular, Biology, Genetics）领域，地球学、地质学、地球物理学（#3. Earth, Geology, Geophysics）领域和心理学、教育学、社会学（Psychology, Education, Social）领域。在天体物理学领域的发展过程中，对化学、材料、物理学三个基础领域的引证不断加强。虽然这三个领域仍然是天体物理学领域的主要知识基础和知识来源，但来自其他研究领域的知识也不断扩散至天体物理学领域当中。例如在2005年，植物学、生态学、动物学（#10. Plant, Ecology, Zoology）领域的知识成为天体物理学的知识来源（图6.5 b）。

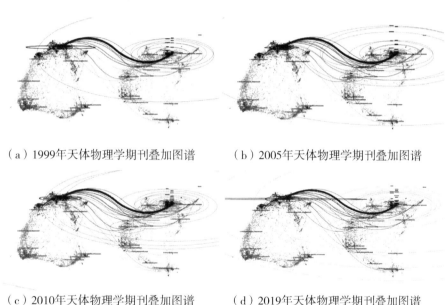

（a）1999年天体物理学期刊叠加图谱　　（b）2005年天体物理学期刊叠加图谱

（c）2010年天体物理学期刊叠加图谱　　（d）2019年天体物理学期刊叠加图谱

图6.5　天体物理学期刊叠加图谱

在近十年的发展中，天体物理学的研究基础已扩展至社会学、医学等诸多学科，例如健康学、护理学、医学（#5. Health, Nursing, Medicine）领域，历史、哲学、记录学（#18. History, Philosophy, Records）领域和体育学、康复学、运动学（#9. Sports, Rehabilitation, Sport）等领域的知识也逐渐成为天体物理学的研究基础。天体物理学的研究基础从集中在自身领域发展到多领域，知识扩散轨迹呈现以化学、材料、物理领域为主线，其他学科领域为知识基础补充来源的特点。从学科类别来看，天体物理学的学科基础日益丰富，从自然科学到社会科学的引证，表明该学科领域的知识基础呈现日益扩大的趋势。就天体物理学学科基础20多年的发展趋势来看，天体物理学的研究领域前景更为广阔与多元、知识基础也不断地丰富。

图6.5主要反映化学、材料、物理领域的知识迁移至天体物理学领域的轨迹，但天体物理学自身领域内也可能存在一定的知识变化。因此，表6.4利用CiteSpace中期刊共被引的功能，列举期刊共被引频次占总被引前25%的期刊目录。

6.2.2 研究前沿的演化

通过对天体物理学领域文献的引文分析，不仅可以进一步观察研究基础的变化，还能探究该领域前沿主题的变化。本小节借助CiteSpace统计十本期刊在1999—2019年期间发表的全部文章的文章数据信息，观察天体物理学领域在不同时间段的研究主题变迁以及主题路径的变化（表6.5）。

表6.5 天体物理学领域突现主题逐年演化

年份	突现主题
1999—2001	超光IRAS星系 星系核 超大质量黑洞
2000—2001	量子引力 宙膨胀
2000—2003	宇宙参数
2004—2005	分层宇宙
2005—2007	光球丰度 太阳能造粒
2008—2010	大天文台宇宙起源深空巡天
2011—2013	斯隆数字巡天
2014—2015	恒星形成
2015—2017	太阳质量中子星 夏皮罗时间延迟

天体物理学领域主题的突现较为活跃，最长的突现主题维持时间不超过五年，同一时间段的突现主题也不只局限于一个主题词（表6.5）。突现

主题之间并不存在必然的联系，不同时间段的主题词的出现是天体物理学领域研究的客观情况反映。其中少数年份突现的主题有着相应联系。2008—2013 年，以巡天计划为突现主题，其中 2008—2010 年为大天文台宇宙起源深空巡天，2011—2013 年为斯隆数字巡天，斯隆数字巡天也是 2002—2009 年的中心主题。宇宙起源深空巡天旨在通过观测研究早期宇宙星系，斯隆数字巡天则是用来进行多光谱成像和光谱红移调查。1998—2001 年，突现的主题与星系关系密切，但突现的具体主题有差异且起始年份也不完全相同。这说明主题的突现与领域研究有密切联系，也就是天体物理学领域当时研究的方向所在。而针对天体物理学的学科特征，重要的天文发现以及观测现象或数据都会对学科领域产生重大影响，由此对学科的研究前沿带来重要转变。例如在突现主题为超光 ISAS 星系的文献 *What Powers Ultraluminous IRAS Galaxies?*① 中，原文献在脚注中提到文献部分内容是基于红外空间天文台（The Infrared Space Observatory）的观测数据，同时文献的部分工作也涉及日本空间与航天科学研究所（Institute of Space and Astronautica）与美国国家航空和航天局（The National Aeronautics and Space Administration）的参与。

值得注意的是，主题的突现、相关主题文献的发表与天文有关事实的首次出现之间都存在相应的时间联系，即主题的突现并不会在文献发表或者天文事实揭露之后迅速作出反应，三者之间存在着时间差距。以斯隆数字巡天项目为例，它的突现时间在 2011—2013 年期间，斯隆数字巡天项目的数据采集工作始于 1998 年，分三个阶段展开工作，这是一项浩大的观测工程，而关于斯隆数字技术巡天的文章发表时间则集中在 2004—2010 年。斯隆数字巡天观测的数据对天体物理学领域有重要影响，而斯隆数字巡天项目同时作为一项意义重大的天文工程，也受到天体物理学研究领域的关注，从斯隆数字巡天项目的开始到成为突现主题，前后经历了十多年。

主题的突现与相关文章的发表存在时间差异，不同的主题研究时间差异也各不相同。这在一定程度上说明，相关文章的即时发表不能够快速成为研究领域的前沿问题，而是在发表数年之后，被引次数有所积累之后才有可能成为领域研究的热点问题。

---

① GENZEL R，LUTZ D，STURM E，et al：What powers ultra-luminous IRAS galaxies？［J］. Astrophysical Journal，1997 年第 2 期，第 579 – 605 页。

6.2.3 研究中心主题转移的整体趋势

学科的发展需要经过知识的不断演化，逐步形成一个相对完整、成熟的体系。在学科的发展进程中，不同的时间段会有不同的研究方向。对于一个或多个研究方向来说，会有某些中心研究主题在某些时间段内突现出来，成为该时间段的中心主题。本小节通过 CiteSpace 软件构建 21 年以来文献数据的共被引网络，根据文献的标题词进行聚类，参照科学活动中心转移规律，当聚类大小占据全部主题聚类的前 25% 时，将其作为当年的中心研究主题（表6.6）。通过对中心主题词进行逐年分析，可以探究天文物理学领域的中心主题演化进程及转移过程。

表6.6 天体物理学领域中心主题逐年演化

年份	主题	聚类标识词
1999		Cosmic Complementarity 宇宙互补性 Redshift Survey 红移巡天
2000		Star Formation 恒星形成 Starburst Galaxie 星爆星系
2001	星系	Radio Properties 射电性质 Ultraluminous Infrared Galaxies 极亮红外星系
2002		Sloan Digital Sky Survey 斯隆数字巡天 Brane Cosmology 膜宇宙学 Type Ia Supernovae Ia 超新星
2003		Ly Alpha Emitter 莱曼 α 发射体 Star Formation 恒星形成 Sloan Digital Sky Survey 斯隆数字巡天
2004		Sloan Digital Sky Survey 斯隆数字巡天 Anisotropy Probe 各向异性探测器
2005	暗能量 斯隆数字巡天	Dark Energy 暗能量 Sloan Digital Sky Survey 斯隆数字巡天
2006		Dark Energy 暗能量 Sloan Digital Sky Survey 斯隆数字巡天

续上表

年份	主题	聚类标识词
2007		Dark Energy 暗能量 Sloan Digital Sky Survey 斯隆数字巡天
2008		Active Galactic Nucle 活动星系核 Supermassive Black Hole 超大质量黑洞
2009		Supermassive Black Hole 超大质量黑洞 Sloan Digital Sky Survey 斯隆数字巡天
2010	暗能量 斯隆数字巡天	Dark Energy 暗能量 Accelerated Expansion 加速膨胀
2011		Wilkinson Microwave Anisotropy Probe Observation 威尔金森微波各向异性探测器观测
2012		Dark Energy 暗能量 SDSS-Ⅲ Baryon Oscillation SDSS-Ⅲ 重子振荡
2013		Star Formation 行星形成 Galaxy Stellar Mass Function 星系恒星质量函数 Peculiar Velocity 本动速度
2014		Dark Matter 暗物质 Galactic Center Gamma-Ray 星系中心伽玛射线 Cosmological Constraint 宇宙学约束
2015	暗物质	Dominant Model 显性模型 Dark Energy 暗能量 Star Formation 恒星形成
2016		Dark Matter 暗物质 PP Collision PP 对撞 Higgs Boson 希格斯玻色子
2017		Lambda Cdm Λ 冷暗物质 Cosmological Parameter 宇宙参数 Scuba-2 Cosmology Legacy Survey SCUBA2 宇宙学遗产调查 Galaxy Merger 星系合并 Cosmic Acceleration 宇宙加速 SDSS-Ⅲ Baryon Oscillation SDSS-Ⅲ 重子振荡

续上表

年份	主题	聚类标识词
2018	引力波	SDSS-Ⅳ Extended Baryon Oscillation SDSS-Ⅳ扩展重子振荡 Grb 170817a 短暴 170817a Direct Collapse 直接坍缩 Gravitational Wave 引力波
2019		Atmospheric Characterization 大气特征 Galah Survey 银河系考古巡天

整体上来看，天体物理学的研究领域有较为明显的主题转移趋势，阶段性较强，不同阶段致力于不同的主题研究。为了更加直观地展现中心主题在不同时间段的演化，以下用鱼骨图的形式从整体上梳理研究中心主题的发展趋势（图6.6）。

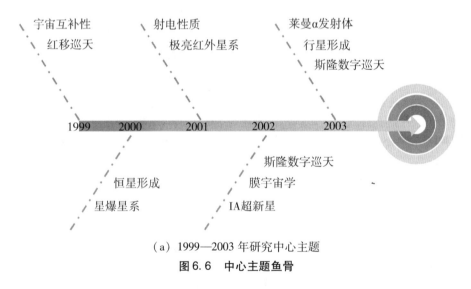

(a) 1999—2003 年研究中心主题

图6.6 中心主题鱼骨

1999—2003 年间，关于星体与星系的研究比较活跃（图6.6a），科学界对于星系内的恒星、行星以及超新星的研究使其对宇宙现象产生更深入的了解。星系作为宇宙中的重要组成部分，在天体物理的研究历史中一直有重要意义。值得注意的是，在 1998—2003 年这段时间中，红移巡天对于该阶段的主题有重要的意义。红移巡天首先具有成像功能，可以完成星系的发现、观测等工作，并且能够对星系进行红移调查。作为观测天文学中非常重要的观测手段，红移现象的调查有重要意义。随着各个国家科学技术的不断完善，观测研究对天体物理学的意义越来越重大，包括之后作为阶段主题的斯隆数字巡天技术，越来越多关于宇宙的假说、理论，通过观测的数据与成像事实得到验证，且不断发现新的研究问题。

自 2004 年开始，天体物理学主线研究转向暗能量与斯隆数字巡天（图 6.6 b，图 6.6 c）。斯隆数字巡天在 2002 年首次成为中心主题研究标识词，但从 2004 年才开始形成比较大的研究规模，同样红移巡天则在更早的 1999 年出现。暗能量与斯隆数字巡天在 2005—2007 年间成为中心主题的聚类标识词。对于暗能量的研究持续到 2015 年，而斯隆数字巡天在 2009 年之后不再成为中心主题，但关于其第三期计划（SDSS - Ⅲ）、第四期计划（SDSS - Ⅳ）的主题研究仍然持续到 2018 年。从总体上来看，2004—2012 年期间，暗能量与斯隆数字巡天的研究形成了相当的规模。暗能量的研究是从 20 世纪 90 年代开始，对于宇宙膨胀接受度最高的假设。2004—2012 年围绕以暗能量为中心的主题，对宇宙膨胀理论展开探索。就目前研究的已知状况，暗能量是建立在假设的基础上，因为暗能量密度极低，且不属于正常物质，难以进行任何观测。针对暗能量存在的证据其中一项在于，距离测量及其与红移的关系表明宇宙相较于初始阶段已经增长了许多，这其中的解释就在于人们感知不到的暗能量。

作为这一时期的另一个中心主题，斯隆数字巡天是一项重要的天文项目，也是天文学史上最具雄心和影响的巡天计划之一，通过望远镜与成像装置向地球输送了大量宇宙信息。斯隆数字巡天共分为三期，第一期项目时间为 2000—2005 年，在其成像结果中获得了星系与类星体光谱信息，红移巡天在一定程度上解释了 1998—2003 年研究主题多集中在星系、星体等的研究上，因为斯隆数字巡天是对光谱的探测与获取数据。斯隆数字巡天作为天文项目，完成的任务即在于对宇宙的探测与信息获取，研究人员只有通过仪器从中获得数据才得以展开对宇宙的各项研究工作，所以斯隆数字巡天对于天体物理学的贡献不仅仅在于观测本身，更在于它每期工程所带回的信息，是天体物理学领域的研究基础。从斯隆数字巡天的二期项目中获得了大量的类星体与恒星光谱数据，科学界也针对这些数据和图像进行了超新星调查；此外，这一时期的斯隆数字巡天对学术界的影响，也一直延续到后来的 SDSS - Ⅲ 重子振荡以及 SDSS - Ⅳ 扩展重子振荡。可以说，暗能量与斯隆数字巡天是 21 年来天体物理学领域影响最深远的研究主题，也是持续时间最长的中心研究主题。

在 2008—2014 年间，斯隆数字巡天开展第三期计划，其中重子振荡光谱巡天是第三期计划中最大的组成部分，旨在测量宇宙的膨胀率。从主题为暗能量与斯隆数字巡天开始，对宇宙加速膨胀的探索成为了天体物理学的主要命题（图6.6 c），斯隆数字巡天的观测信息与数据成为人们探索宇宙的重要证据，暗能量的存在也是宇宙膨胀的一项重要假设。在以斯隆数字巡天等天文项目提供的数据基础上，人们向更深层次的领域深入研究，观测所得到的大量天文事实与现象支撑着天文学主题的演化。

不同的天文项目承担的观测任务也不相同。威尔金森微波各向异性探测器作为观测工具的同时也提供了大量的观测信息，与斯隆数字巡天的任务不同，威尔金森微波各向异性探测器的目标是探测宇宙微波背景的温差并测试宇宙膨胀模型。在2004—2012年间，天文物理学领域的研究集中在宇宙观测调查，例如宇宙膨胀、星系质量、本动速度等，以及暗能量研究；在这期间，斯隆数字巡天以及威尔金森微波各向异性探测器为该领域的研究提供大量的观测数据以及宇宙图像。科学界对于宇宙加速膨胀以及暗能量这些科学伟大命题的持续关注与深入探索，是人类对于一切起源与未知的求知，而这些探索也贯穿于近几年的天体物理学中心主题当中。

2014—2019年的中心研究主题为暗物质和引力波（图6.6d），与上一时间段的暗能量研究一脉相承。暗物质同样是不能被观测到的物质，但是众多天文猜测与观测都表明了暗物质存在的合理性。冷暗物质作为暗物质的一大分类，在对于宇宙的研究中起着重要作用。λ冷暗物质模型被认为是研究大爆炸宇宙学的标准模型。与此同时，λ冷暗物质很好地解释了宇宙微波背景的存在与结构，以及观察到的超新星系中的宇宙加速膨胀现象，对于研究宇宙的加速膨胀有着重要影响。证明暗能量存在的证据包括 IA 超新星的距离测量、红移空间的扭曲等。引力波在2018年首次成为天体物理学领域的中心研究领域。早在1916年，爱因斯坦基于广义相对论，提出了引力波的设想[①]。2015年9月，美国激光干涉引力波天文台（LIGO）探测到首个引力波信号，这是人类探测到的第一个引力波信号[②]，为引力波的研究提供直接的观测证据，也为这方面的研究提供重要的数据支撑。随后，美国LIGO天文台和欧洲"处女座"引力波探测器（Virgo）不断公布其探测到中子星、黑洞碰撞产生的引力波信号，不断推进天体物理学领域中关于引力波的研究，促进科学界对天文现象的深化认识。

---

① EINSTEIN A: Nherungsweise Integration der Feldgleichungen der Gravitation [M]// Albert Einstein: Akademie - Vorträge: Sitzungsberichte der Preußischen Akademie der Wissenschaften 1914—1932. Wiley - VCH Verlag GmbH & Co. KGaA, 2006年版，第688 - 696页。

② ABBOTT B P, ABBOTT R, ABBOTT T D, et al: Observation of Gravitational Waves from a Binary Black Hole Merger [J]. Physical review letters, 2016年第6期，第116页。

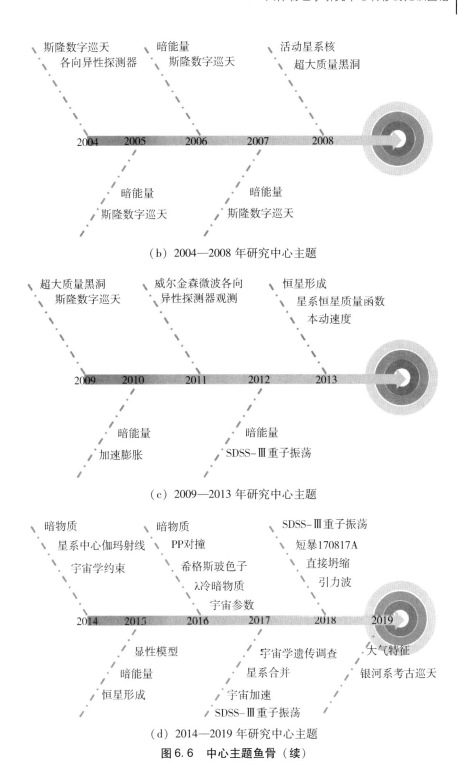

图 6.6 中心主题鱼骨（续）

从以上天体物理学领域的中心主题来看，该领域 21 年研究轨迹的主线是探索宇宙加速膨胀。对于暗能量的研究使宇宙加速膨胀有了新的进展。在过去数年中，各方面独立观测得到的结果证实了宇宙加速膨胀的合理性。宇宙微波背景辐射、重子声学振荡、超新星日渐准确的测量与星系团的研究等都对宇宙加速膨胀提供了支持。在未来的几年内，随着引力波探测器以及斯隆数字巡天项目的深入，暗能量与引力波仍可能是天体物理学领域的中心主题和研究热点。

6.3 天体物理学研究的中心区域转移

6.3.1 研究中心的热点区域

通过对 258589 篇文献对发文国家进行统计，选取每年发表数量前五的国家作为当年的研究中心热点区域（图 6.7）。从总体上来看，中心热点区域的发文量呈现逐年增长的趋势，21 年来进入到发文量前五的国家有美国、德国、英国、意大利、法国、中国，而且每年热点区域的排名没有太大的变化。

年份	第1	第2	第3	第4	第5
1999	美国(4258)	德国(1310)	英国(1152)	意大利(858)	法国(791)
2000	美国(4552)	德国(1409)	英国(1240)	意大利(986)	法国(906)
2001	美国(4893)	德国(1578)	英国(1410)	意大利(1119)	法国(951)
2002	美国(4729)	德国(1577)	英国(1496)	意大利(1124)	法国(980)
2003	美国(4799)	德国(1591)	英国(1380)	意大利(1098)	法国(985)
2004	美国(5038)	德国(1686)	英国(1523)	意大利(1211)	法国(1127)
2005	美国(5039)	德国(1755)	英国(1609)	意大利(1359)	法国(1160)
2006	美国(5338)	德国(1847)	英国(1717)	意大利(1364)	法国(1211)
2007	美国(5288)	德国(1904)	英国(1739)	意大利(1305)	法国(1293)
2008	美国(5402)	德国(2116)	英国(1767)	法国(1805)	意大利(1341)
2009	美国(5976)	德国(2321)	英国(1965)	法国(2044)	意大利(1632)
2010	美国(6202)	德国(2600)	英国(2130)	法国(1951)	意大利(1711)
2011	美国(6340)	德国(2936)	英国(2366)	法国(2025)	意大利(1813)
2012	美国(6880)	德国(3259)	英国(2503)	法国(2237)	意大利(1857)
2013	美国(6629)	德国(3151)	英国(2448)	法国(2632)	意大利(1846)
2014	美国(6635)	德国(3125)	英国(2786)	法国(2237)	意大利(1879)
2015	美国(6909)	德国(3220)	英国(2907)	法国(2237)	意大利(2005)
2016	美国(7139)	德国(3427)	英国(2871)	法国(2232)	意大利(2020)
2017	美国(7201)	德国(3483)	英国(3123)	法国(2248)	意大利(2248)
2018	美国(7363)	德国(3671)	英国(3123)	中国(2709)	法国(2248)
2019	美国(7665)	德国(3702)	英国(3218)	中国(2709)	法国(2327)

图 6.7 研究中心热点区域

21 年间，美国在总发文量与逐年发文量上都一直处在领先的位置，是研究中心热点区域中最重要的国家。总体来看，美国的每年发文量是第二名国家的一倍多，在天体物理学领域美国的优势突出，是热点区域中最核心的国家。德国与英国一直处在第二位与第三位，与 6.1.3 小节中提到的总发文量排名一致。在 1999—2007 年，研究中心热点区域为美国、德国、英国、意大利、法国，各国的位次一直持续到 2007 年。在 2008—2017 年，研究中心热点区域为美国、德国、英国、法国、意大利，相较于上一时间段，仅第四位和第五位发生变化。在 2018—2019 年，研究中心区域为美国、德国、英国、中国、法国。2018 年，中国首次成为研究中心热点区域，并位列第四，而上一阶段位于第五的意大利在 2018—2019 年不再是热点区域。另外，虽然日本并未成为中心热点区域；但其发文量在总数上位列第七，比中国高一个位次，在亚洲甚至是世界范围内，其研究实力较强。

从整体的趋势来看，欧美地区依然是研究热点区域的重要地区。欧洲的重要地区就前五位国家来情况来看，主要是集中在西部与南部；而亚洲地区以东亚的中国与日本为主。天体物理学的研究领域全球范围内分布较为分散，但是在区域上集中现象较为明显，欧洲、亚洲、北美成为主要的研究地区。此外，作者合作现象使得各个大洲与国家联系更为紧密。从宏观上看，天体物理学领域的中心区域依然是以美国为核心，欧美老牌发达国家为重要组成部分，但是以中国、日本、印度为代表的亚洲国家近几年来发文量不断增长，发展潜力巨大。

6.3.2 研究中心国家（地区）的转移

研究中心热点区域主要是从发文量的角度衡量一个国家在天体物理学领域的表现。为了深入探究该领域的研究中心是否发生变化以及其转移轨迹，本部分以中心主题的发文量作为"质量"的标准，以 6.2 小节的中心主题为对象，对其研究主体的国家进行进一步的分析，即对主题聚类前 25% 的文献所属国家或地区进行分析（图 6.8）。

年份	1	2	3	4
1999	美国	英国	德国	日本
2000	美国	英国	德国	意大利
2001	美国	英国	德国	意大利
2002	美国	英国	德国	意大利
2003	美国	英国	德国	意大利
2004	美国	英国	德国	意大利
2005	美国	英国	意大利	日本
2006	美国	英国	德国	意大利
2007	美国	英国	德国	加拿大
2008	美国	英国	德国	加拿大
2009	美国	英国	德国	意大利
2010	美国	英国	德国	意大利
2011	美国	德国	英国	意大利
2012	美国	德国	英国	意大利
2013	美国	德国	英国	意大利
2014	美国	英国	德国	意大利
2015	美国	英国	德国	意大利
2016	美国	英国	德国	法国
2017	美国	英国	德国	法国
2018	美国	德国	英国	意大利
2019	美国	德国	英国	西班牙

图 6.8 研究中心国家转移

从整体上来看，研究主题的发文量前五国家变化较小，主要体现在每年的国家排名上。与中心热点区域的位次类似，美国、英国、德国、意大利、法国是成为中心国家次数最多的国家。除了这五个国家之外，同样成为中心国家的是亚洲的日本、中国，北美洲的加拿大，欧洲的西班牙。

在所有研究中心主题的国家中，美国以绝对优势一直占据研究国家首位，其中心主题发文量远超其他国家且所占比重大。在 2013 年所有发表的中心主题文献中，美国的发文量占到当年的 67.76%，占比最小的 2014 年，发文量也达到了当年所有相关主题发文量的 37.59%，共有 545 篇相关文献，远超第二名英国的 328 篇发文量。美国在发文量上占据绝对优势，数量上的优势在一定程度上保证了美国在众多方面实现超越，"汤浅现象"以科学成果的25%为标准划分中心国家与非中心国家，即以科学产出的数量区分科学实力的强弱。在当今多元的科学时代，科学优势体现在多方面。在每年的研究中心主题上，美国也以发文量优势成为21年中最具代表性的中心国家。美国在中心主题上体现的优势，一方面展示了美国的科学实力，基于美国的科学背景与科研水平，美国在每年的研究主题把握上起到了风向标与引领的作用；另一方面美国的巨大发文量所占比例，体现了美国在研究国家中的地位优势。美国在21年内，研究主题的文献发表数量远超第二名，并且领先优势巨大，可以说在天体物理研究中心领域，美国是一个"领跑型"的国家。

中心国家的前三名国家相对稳定，除一直占据首位的美国，第二名与第三名由英国和德国交替占领，英国相较于德国优势更大，21年中有13次位于第二名。在21年中，德国与英国的发文量不相上下，在天体物理学的发展历程中，英国与德国的研究贡献水平相当，在研究主题的把握上，英国与德国的表现同样出色。

一直位于第四位的意大利是最早进行天文学研究的国家之一，于2003年跃升至第三位，1999年与2017年分别被日本与法国领先，落至第五名，但意大利在1999—2018年中，一直出现在研究中心的前五位，情况相对稳定。

对中心主题进行研究的前五个国家中，第五名的情况变化最大，但总体上主要以法国为主，21年中有13次以第五名成为研究中心的主要国家。有个别年份，也有其他国家进入中心主题研究的前五国家中，表现最突出的为日本，有三次成为中心主题研究前五国家，且在1999年进入第四名。加拿大在2007年与2008年连续两年成为中心主题研究国家的第五名。在2016年，中国首次出现在中心主题研究前五名国家中，相较于同为亚洲国家的日本，中国成为中心国家前五位的次数更少，且位次也相对落后，但是日本成为中心主题主要研究国的年份靠前，在近些年中再无出现，中国相较于日本的突出优势在于有更大的前景与希望。

对于中心主题研究国家的情况，值得注意的有两方面。一是中心主题研究国家的前五位正是五个科学活动中心国家，在这里的国家发文量排名与科学活动中心的排名没有必然联系，但是从中可以看出天体物理学的中心主题研究需要更为充分的研究经验，意大利、英国、法国、德国的科学活动中心时代虽然已经结束，但是其科研实力依然雄厚，无论是热点区域，抑或是中心国家，常年占据前五名。美国在天体物理学领域各个方面的科学实力依旧保持领先，在中心主题研究方面，美国的科学实力保持绝对优势。中心主题研究在一定程度上存在着垄断，这主要是指美国，美国的中心主文献产出占比一般保持在50%，最高占所有中心主题文献的70%。美国作为中心主题研究国家中最重要的国家，对领域内的中心主题起到了带头作用，对于中心主题的决定与发展方向起着关键作用。

6.3.3 研究中心机构的转移

与上一部分的中心国家定义相类似，本部分将天体物理学领域中心主题的机构发文量达到前25%的机构称为中心机构。与中心国家不同的是，由于单个研究机构的发文量往往少于单个国家的发文量，因此中心机构一般是多个机构的发文量累加才能达到中心机构的标准。由图6.9可知，21年中，仅2013年出现德国马普学会单个中心机构，其余年份均为多中心机构。

图6.9 研究中心机构转移

在进行中心主题研究的前25%机构中，加利福尼亚大学系统和德国马普学会是21年内出现次数最多的机构，分别在2018年和2017年成为中心主题研究的前25%机构。在早期进行中心主题研究的机构中，主要是加利福尼亚大学系统与德国马普学会。21世纪开始，英国剑桥大学不再是中心机构，而是加州理工学院进入前25%的行列中。从2005年开始，意大利国立天体研究所开始成为主要的中心主题研究机构，主要的研究机构开始发生较大的变动，更多的机构进入中心主题研究的前25%的行列，其中在2006年和2007年出现两次并在2016年再次出现的美国能源部，以及在后期相对活跃的法国国家科学研究中心，意大利的两所研究机构——意大利国立天体研究所与意大利国立核子物理研究所分别于2005年与2014年出现过一次，但在21年里长期活跃的机构依然是美国的加利福尼亚大学系统与德国的德国马普学会。在近五年的中心机构中，法国国家科学研究中心最活跃，有四年成为中心机构。

美国加利福尼亚大学系统研究机构拥有两个天文观测台，一座是位于汉密尔顿山的利克天文台（Lick Observatory），另一座是位于夏威夷的 WM 凯克天文台（W. M. Keck Observatory），这也是加利福尼亚大学系统 21 年间 18 次成为前 25% 中心主题研究机构的重要原因。这两座天文台为加利福尼亚大学系统提供了重要的观测数据与观测图像，为该机构对天体物理学的相关研究给予了重要支持与便利。其中这两座天文台有着重要的观测优势，利克天文台目前进行的研究主题包括系外行星、超新星、活动星系核、行星科学等天体物理学研究，而 WM 凯克天文台是世界上正在使用的最大天文台之一，共有两个配有直径 10 米主镜的望远镜。这两座天文台的主要优势为加利福尼亚大学系统的中心主题研究提供了巨大的便利，也为加利福尼亚大学系统在中心主题研究机构中奠定了重要地位。

德国马普学会由 80 多个研究机构组成，此外学会还资助了许多马普学会研究小组以及国际马普学会小组，研究内容涵盖自然科学、社会科学以及人文艺术等众多领域，从事学科性与跨学科性研究，研究单位遍布欧洲，并于 2007 年在佛罗里达大西洋大学建立了第一个非欧洲中心，是实力强大且历史悠久的研究机构。其中与天体物理相关的研究小组有六所，负责的研究内容具体且具有针对性，成就与科学产出数量惊人。众多的研究小组保证了德国马普学会不仅在总的科学产出中优势明显，也使德国马普学会对于中心主题把握上的突出表现产生了重要影响。

机构对于中心主题研究形成的垄断现象相较于中心主题研究的国家更弱，但是 21 年中仅有八所机构成为中心主题研究的前 25%，并且全部集中在欧美发达国家，同样说明了研究中心主题的少数机构活跃现象。这八所机构来自美国、英国、德国、法国、意大利五个国家，与中心主题研究国家情况大体一致，同样也在科学活动中心国家上有所反映。

研究中心主题的机构转变趋势相较国家方面更为明显，主要是以加利福尼亚大学系统与德国马普学会为主，从早期的剑桥大学到加州理工学院的转变，并逐渐过渡到法国国家科学研究所。各个国家对基础研究逐渐重视，对于基础学科和基础研究的投入在加大。在近几年中心主题研究中，法国国家科学研究中心表现活跃，在一定程度上可能由于法国在"二战"之后，法国国家科学研究中心大幅度转向基础研究。法国国家科学研究中心早在 1967 年与 1971 年分别成立了国家天文学和地球物理研究所与国家核物理与粒子物理研究所（IN2P3），国家天文学和地球物理研究所于 1985 年成为国家宇宙科学研究所（INSU）。相较于欧美国家，亚洲地区的研究机构显现出一定的劣势。

6.3.4 研究中心区域转移的整体趋势

从各国在天体物理学领域的热点区域、研究中心主题的中心国家和中心机构来看，大体上都呈现类似的趋势，三者基本上都集中在美国、德国、英国、意大利、法国、日本、加拿大、中国等国家。美国依然在文献数量和中心主题上保持优势，处于领先的地位。历史悠久的欧洲国家，特别是德国、英国、意大利、法国研究成果一直保持稳定，在未来依然是该领域研究中心主题的中心国家或中心机构。在亚洲国家中，虽然日本近些年相较于21世纪初稍落后，但影响力依然较大，发文量经常进入世界前十。中国在近五年曾经是热点区域和中心国家，但是尚未有研究机构成为中心机构，随着中国在该领域研究成果发展迅速，未来可能将会继续成为热点区域和中心国家。

6.4 天体物理学研究中心区域的影响力分析

6.3 小节通过发文量以及中心主题比较中心国家、中心机构的数量、位次情况，本小节根据天体物理学领域中心国家的情况，选取美国、中国、德国、日本四个中心国家，以及荷兰、俄罗斯两个非中心国家在2010—2019 年 10 年间的论文数量、H 指数、总被引频次、篇均被引频次、施引文献总数五个文献计量指标，以反映各国论文的影响力（表6.7）。

表6.7 六国论文产出影响力比较（2010—2019 年）

国家	年份	论文产出	H 指数	总被引频次	篇均被引频次	施引文献总数
美国	2010	6202	194	314260	50.67	133716
	2011	6340	183	298149	47.03	123377
	2012	6880	176	295485	42.95	119282
	2013	6629	168	262304	39.57	103271
	2014	6635	146	230033	34.67	92409
	2015	6909	130	192325	27.84	76250
	2016	7139	112	160652	22.5	63297
	2017	7201	91	117006	16.25	46359
	2018	7363	72	86348	11.73	33247
	2019	7665	40	34846	4.55	15134

续上表

国家	年份	论文产出	H指数	总被引频次	篇均被引频次	施引文献总数
中国	2010	969	84	34593	35.7	26304
	2011	1120	83	38043	33.97	29098
	2012	1325	89	60430	45.61	39598
	2013	1402	84	42686	30.45	30094
	2014	1459	73	38879	26.65	28293
	2015	1692	71	37969	22.44	26.589
	2016	1875	65	34516	18.41	23286
	2017	1987	52	27647	13.91	18372
	2018	2372	43	26502	11.17	16966
	2019	2709	29	11064	4.08	6775
德国	2010	2600	153	142770	54.91	78132
	2011	2936	143	138296	47.1	75394
	2012	3259	144	157161	48.22	80582
	2013	3151	132	131311	41.67	67652
	2014	3125	123	122531	39.21	63735
	2015	3220	108	100562	31.23	50455
	2016	3427	101	92067	26.87	45246
	2017	3483	78	64136	18.41	31708
	2018	3671	60	50000	13.62	24022
	2019	3702	36	19966	5.39	10700
日本	2010	1151	106	52752	45.83	38403
	2011	1197	96	47746	39.89	36000
	2012	1358	92	60365	44.45	44121
	2013	1276	93	49375	38.7	34992
	2014	1341	83	40861	30.47	28648
	2015	1333	72	34886	26.17	24128
	2016	1500	66	29541	19.69	20296
	2017	1512	57	25125	16.62	16553
	2018	1554	39	17862	11.49	12891
	2019	1656	29	8205	4.95	5545

续上表

国家	年份	论文产出	H指数	总被引频次	篇均被引频次	施引文献总数
荷兰	2010	772	102	46118	59.74	29951
	2011	864	101	44767	51.81	29187
	2012	981	98	57086	58.19	38799
	2013	985	97	44494	45.17	28375
	2014	984	97	52765	53.62	33518
	2015	1068	80	36996	34.64	22412
	2016	1216	78	44223	36.37	25559
	2017	1241	62	27851	22.44	16166
	2018	1280	45	23016	17.98	14179
	2019	1333	29	8487	6.37	5309
俄罗斯	2010	624	71	22259	35.67	18410
	2011	746	79	27542	36.92	21354
	2012	858	78	44628	52.01	28865
	2013	854	75	26359	30.87	19805
	2014	831	71	34624	41.67	25141
	2015	889	60	20682	23.26	16039
	2016	972	62	27366	28.15	19010
	2017	950	45	16681	17.56	12278
	2018	950	36	11724	12.34	9131
	2019	1028	24	4929	4.79	3520

另外，根据中心机构情况，统计加利福尼亚大学系统、马普学会两所中心机构，以及中国科学院、东京大学两所非中心机构在2010—2019年十年间的文献计量指标，以反映机构论文的影响力（表6.8）。

表6.8 研究机构论文产出影响力比较（2010—2019年）

研究机构	年份	论文产出	H指数	总被引频次	篇均被引频次	施引文献总数
加利福尼亚大学系统	2010	1331	144	94381	70.91	56193
	2011	1431	135	93750	65.51	52420
	2012	1598	135	106898	66.89	58767
	2013	1472	124	79532	54.03	43978
	2014	1409	117	78425	55.66	42551
	2015	1437	96	54930	38.23	31354
	2016	1514	83	49942	32.99	28067
	2017	1500	71	33629	22.42	19375
	2018	1546	52	25709	16.63	15743
	2019	1554	30	9691	6.24	5919
马普学会	2010	1346	134	85814	63.75	49299
	2011	1454	129	82867	56.99	46429
	2012	1599	128	91164	57.01	54785
	2013	1605	115	79282	49.4	44722
	2014	1519	108	73163	48.17	41760
	2015	1505	95	55282	36.73	30803
	2016	1666	93	58071	34.86	31139
	2017	1622	70	36181	22.31	19678
	2018	1703	54	30593	17.96	16766
	2019	1763	33	11044	6.26	6543
中国科学院	2010	592	70	22685	38.32	18110
	2011	679	68	22136	32.6	17711
	2012	854	79	45070	52.78	29886
	2013	880	72	26509	30.12	20041
	2014	870	59	23455	26.96	18114
	2015	1037	60	23048	22.23	17177
	2016	1117	55	20706	18.54	14970
	2017	1085	42	15256	14.06	11451
	2018	1300	39	14904	11.46	10340
	2019	1419	23	6135	4.32	4243

续上表

研究机构	年份	论文产出	H指数	总被引频次	篇均被引频次	施引文献总数
东京大学	2010	377	75	20726	54.98	16734
	2011	377	68	17805	47.23	14496
	2012	495	76	33544	67.77	26553
	2013	511	80	27641	54.09	20201
	2014	516	70	21332	41.34	15819
	2015	559	60	17441	31.2	13153
	2016	624	57	15099	24.2	11153
	2017	590	44	13680	23.19	9714
	2018	682	34	10842	15.9	8668
	2019	701	24	4463	6.37	3213

6.4.1 H指数分析

H指数作为衡量一国论文产出影响力的重要指标，能够在一定程度上反映一国的学术影响力。六个国家近十年间，H指数基本上是呈现下降趋势，但中国和德国在2011—2012年都有小幅提升。对于研究机构来说，H指数也呈现下降的趋势，中国科学院在2011—2012年有小幅提升，东京大学在2011—2013年有较大提升，但加利福尼亚大学系统和马普学会H指数逐年下降。

H指数的变化在前期下降幅度较小，后期下降幅度开始加大。对于影响力大的国家和研究机构，下降幅度远大于影响力小的国家和机构。例如，美国2010年的H指数最高，为194；2019年的H指数最低，为40，下降幅度为154。影响力较弱的俄罗斯2011年H指数最高，为79；2019年H指数最低，为24，下降幅度为55。加利福尼亚大学系统2010年H指数最高，为144；2019年H指数最低为30，下降幅度为114。东京大学2013年的H指数最高，为80；2019年的H指数最低，为24，下降幅度为56。然而中心国家或机构与非中心国家或机构无论是在论文产出方面，还是在引文影响力方面，都存在较大的差距。美国10年来发文量平均值为6896.3，德国为3257.4，中国为1691。非中心国家的荷兰10年来发文量平均值为1072.4，俄罗斯为870.2。在H指数方面，美国均值为131.2，德国为107.8，中国为 67.3，荷兰为 78.9，俄罗斯为 60.1。在机构方面，加利福尼亚大学系统年均 H 指数为 98.7，德国马普学会年均 H 指数为 95.9，中国科学院年均 H 指数为 56.7，东京大学年均 H 指数为 58.8。可以看出，中心国家及机构特别是美国以及美国的机构，无论是文献数量还是影响力都有比较大的优势；其余中心国家及机构，如德国、中国及其机构，非中心国家如荷兰、俄罗斯与美国相比仍有比较大的差距。

从论文产出影响力来看，中国在天体物理学领域的影响力与其余中心国家相比处于落后的位置，甚至比非中心国家的荷兰还要低。中国在天体物理学领域起步较晚，发展速度相对迅速，与高影响力国家的差距不断地缩小，但距离成为该领域的主导国家还有很长的路要走。

6.4.2 文献引用分析

从文献总被引情况来看，美国是呈现逐年下降趋势，但中国、德国、日本、荷兰、俄罗斯都存在先上升后下降的趋势。在这六个国家中，荷兰的总被引情况波动最明显，2011—2016 年间，经历了 3 次上升，2 次下降。将各个国家的最高总被引量与最低总被引量进行下降率计算，俄罗斯总被引量下降率为 88.96%，是这六个国家中下降率最高的国家；其次是美国 88.91%；第三是德国 87.30%。中国总被引量下降率为 81.69%，是这六个国家中下降率最低的国家。由此看出，在这 6 个国家中，中国的总被引量波动较为稳定。在机构方面，加利福尼亚大学系统总被引量下降率为 90.93%，是四个机构中下降率最高的机构；其次是德国马普学会，下降率为 87.89%，中国科学院下降率为 86.39%，是下降率最低的机构。从总被引量的下降率来看，中心国家和中心机构的下降率比非中心国家和机构更高，波动较大。然而，虽然中心国家和机构的波动幅度大，但是被引量远超非中心国家和机构。

在篇均被引量方面，荷兰是六个国家中篇均被引量十年均值最高的国家，为 38.633；第二是德国 32.663；第三是 29.776。中国篇均被引量 10 年均值最低，为 24.239。在机构方面，加利福尼亚大学系统篇均被引量 10 年均值为 42.951，是四个研究机构中最高的机构；第二是德国马普学会，为 39.344；第三是东京大学，为 36.627。中国科学院的篇均被引量均值最低，为 25.139。

从文献总被引和篇均被引来看，中心国家和机构文献质量具有较高的水平。虽然中国是热点区域和中心国家，但中国文献在被引频次方面有所欠缺，在总被引频次与篇均被引频次的指标上，与同为中心国家的美国、德国相比仍有较大的差距。篇均被引频次的均值甚至比非中心国家的荷兰和俄罗斯更低。

天体物理学的学科性质和发展状况对国家多方面的实力要求很高，作为经济强大又走在科技前沿的美国，天体物理的发展相对成熟。而更早实现工业化以及物理基础扎实的德国，天体物理学的发展也相对扎实。并且美国和德国作为目前和曾经的科学活动中心国，优良的科学发展历史以及强大的学科基础为其在该领域的发展提供重要的条件。

从总发文量的角度来看，中国具有一定的潜力，发展相对迅速并且与日本成为亚洲实力最强的国家。作为同日本一样的非主导国，中国发文量的增长速度要快于日本，在 2013 年发文量就已超过日本，被引频次也于 2012 年实现超越，但在作为影响力评价的重要指标——H 指数上，中国 2019 年才实现与日本持平。中国和日本在该领域内为非主导国，发展也相对有自己的特色，日本在近几年逐年发文量上虽不及中国，但其 H 指数、篇均被引频次上具有较强的竞争力；中国在该领域内有着明显的发展势头，但是影响力的竞争上与其他国家依然存在差距。

6.5 本章小结

从上述的内容不难看出，天体物理学的研究除了假说、设想，还需要一系列的证据证实假说，解释天体现象。而数据证据则来源于各种宇宙探测器，得益于红移巡天以及斯隆数字巡天的探测，21 年间天体物理学领域得到快速的发展，从暗物质、暗能量，到星体星系的形成，再到引力波的测度与宇宙考古，都离不开各个研究机构及天文台对宇宙的探测数据和图谱。目前，在天体物理学领域，美国以及欧洲国家的科研实力依然雄厚，无论是发文量、被引频次还是 H 指数都位居世界前列。但近年来中国在该领域的研究势头比较强劲，2016 年成为研究中心国家，2018—2019 年成为研究中心热点区域，并在该领域的发文量位居世界第八、亚洲第二。另外，2015 年正式启动的"天琴计划"、2016 年落成启用的"天眼工程"为中国在天体物理学领域的研究提供重要的数据来源和设备支持，特别是引力波、脉冲星的相关研究。因此，虽然目前中国在天体物理学领域并不是领先的水平，但中国的科研实力发展迅速，并且具有十分可观的发展潜力。

7 地球物理学研究中心转移的知识图谱

地球物理学（Geophysics）是地球科学的主要学科之一，是通过定量的物理方法（如地震弹性波、重力、地磁、地电、地热和放射能等）研究地球以及寻找地球内部矿藏资源的一门综合性学科。这门学科自20世纪之初就已自成体系，到了20世纪60年代以后，发展极为迅速。它包含许多分支学科，涉及海、陆、空三界，是处于天文、物理、化学、地质学之间的一门边缘科学。现今自然灾害、能源需求激增、资源短缺、环境恶化、人口增长对土地的压力等均直接威胁着人类的生存与进步，空间开发国际竞争则直接关系到国家安全和利益，这些都与地球物理学紧密相连。因此选取地球物理学作为基础学科地理学的研究方向意义重大。

7.1 数据来源与分析

7.1.1 数据检索与处理

通过JCR数据库检索地球物理学领域的学术期刊，选取期刊特征因子最高的十本期刊，其中 *Cryosphere* 创刊于2007年，*IEEE Journal of Selected Topics in Applied Earth Observations and Remote Sensing* 创刊于2008年，故数据统计从其出版年份开始；进而在Web of Science平台检索这些期刊所收录的文献数据，时间跨度为1998—2019年，筛选文献类型为Review和Article，共检索出34289篇文献；并通过Web of Science的结果分析功能对数据检索结果进行统计分析（表7.1）。对检索文献的产出国家分布情况进行统计分析。

表 7.1 地球物理领域学术期刊特征因子前十期刊

序号	期刊名	特征因子	影响因子	5年影响因子	即年指数	载文量	引文半衰期	总被引频次
1	Quaternary Science Reviews	0.034	3.803	4.878	0.855	5001	11.6	24054
2	IEEE Journal of Selected Topics in Applied Earth Observations and Remote Sensing	0.02805	3.827	3.909	0.642	3378	6.9	11579
3	Quaternary International	0.02571	2.003	2.318	1.221	6858	13.2	16400
4	Geomorphology	0.02515	3.819	3.948	0.994	5762	12.2	24100
5	Palaeogeography Palaeoclimatology Palaeoecology	0.0248	2.833	3.021	1.045	6856	13.4	24807
6	Global Ecology and Biogeography	0.02235	6.446	7.647	1.075	1801	8.9	12959
7	Isprs Journal of Photogrammetry and Remote Sensing	0.0221	7.319	8.597	1.748	1958	5.9	13946
8	Cryosphere	0.02022	4.713	4.927	1.212	1531	7.5	7357
9	Journal of Biogeography	0.01871	3.723	4.105	0.736	3556	9.7	15932
10	Landscape and Urban Planning	0.01598	5.441	7.185	1.443	2878	8.1	18415

7.1.2 文献数量的整体分析

图 7.1 为地球物理领域各年的论文产出总量，从折线图可以看出论文的产出在这 22 年间呈上升的趋势，且增长速度较快。1998 年仅有 *Landscape and Urban Planning* 一本地球物理期刊，从 1998—2019 年，地球物理学论文产出从 696 篇增加到 3212 篇。个别年份增长趋势明显，2006 年地球物理学的论文产出量为 1321 篇，增幅达 20.8%，为 20 年间最大增幅。2001 年论文产出为 811 篇，2010 年论文产出达 1824 篇，该两年的增长幅度均高于 15%，增幅分别为 16.65%、16.56%。2000、2004、2018、2019 年的发文数量相较于前一年有所减少，但幅度较小，增幅分别为 -2.96%、-1.17%、-4.09%、-0.56%。

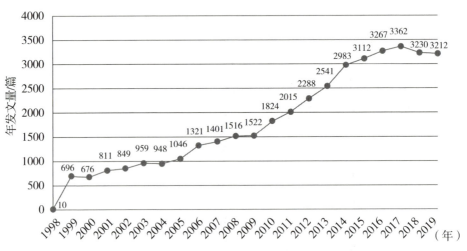

图 7.1　地球物理领域各年论文产出数量折线图（1998—2019 年）

将这 22 年（1998—2019 年）按照其数量增长情况划分为三个阶段：1998—2009 年、2010—2014 年和 2015—2019 年。第一阶段（1998—2009 年）整体呈上升趋势，2000 年和 2004 年发文量稍有回落。第二阶段（2010—2014 年）的论文数量一直处于增加的态势，且增幅基本在 10% 左右。第三阶段（2015—2019 年）的论文数量在 3000 篇左右，2018 年和 2019 年发文量稍有降低。从总趋势图可以看出地球物理学领域的研究在这 22 年中发展良好，之后的年份里还将一直保持增长的趋势。

从地球物理学领域发文所属国家来看（图 7.2），美国以 11220 篇位居第一,也是唯一一个发文量超10000篇的国家,其发文量基本是排名第二的中国(5864篇)发文量的两倍。美国以其强大的国力和基础科学能力在地球物理领域领先并持续发展,具有很大的影响力。其次处于第三和第四位的英国和德国,发文数量均在5000篇左右,分别为5085篇和4956篇。法国以3696篇的发文量排在第五。西班牙以3097篇的发文量排在第六。后四位国家的发文量则都少于3000篇,其中排在第十位的瑞士为1702篇。

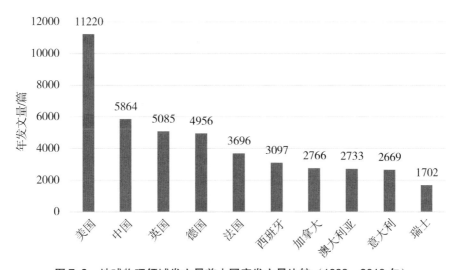

图 7.2 地球物理领域发文量前十国家发文量比较(1998—2019 年)

地球物理学领域发文量前十名的国家遍布亚洲、欧洲、美洲和大洋洲,其中中国是亚洲国家中唯一一个发文量在前十名的国家,可见中国在地球物理学领域的研究处于亚洲的前列,而且中国的发文量排在第二位,说明在世界的范围里,中国依然具有较大的影响力。澳大利亚代表大洋洲在地球物理学领域的研究状况,处于第九。美洲地区则以美国称霸,辅之以加拿大助推地球物理学的发展研究。其余六个进入发文量前十的国家均为欧洲国家,在地理位置上较为集中,且具有悠久的发展历史。

发表地球物理学文献的背后往往是具有众多研究学者且科研基金丰厚的机构,而这些机构往往比较集中,比较发文量前十的机构可以探究不同机构在地球物理学领域的影响力。1998—2019年地球物理领域发文量前十的机构主要来自美国、欧洲和中国。其中,中国在地球物理学领域发文量最多的机构为中国科学院,22年来共产出2417篇,遥遥领先于其他机构,占中国22年文献总量的41.22%。中国科学院大学发文量为501篇,位居第六。发文量排名前十的研究机构中还有西班牙国家研究委员会(CSIC)、英

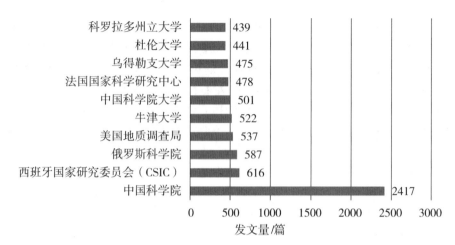

图 7.3　1998—2019 年机构发文量分布

国牛津大学和杜伦大学、法国国家科学研究中心、俄罗斯科学院以及荷兰乌得勒支大学六所科研机构。美国地质调查局和科罗拉多州立大学的发文量分别为 537 篇和 439 篇，位居第四位、第十位。

可以说，在地球物理学领域，中国科学院引导了其发展，是发文量贡献最大的机构。可见中国的机构以中国科学院为主导，辅之以各个高校和中科院的研究所，不断带动了地球物理领域发展。但是从中美发文总量来看，美国发文量接近中国发文量的两倍，但是其论文数量最多的机构发文量仅为中国科学院的四分之一，这说明地球物理系领域，中国的机构分布更加集中。相比之下，美国的机构更加广泛，不存在某所机构存在绝对的主导地位，各所机构之间发展较为均衡，且单所机构的发文数量也较多，在国际上有较大影响力。中国同样需要提升各所高校的科研能力，不断促进各所高校的发展。

7.1.3　文献质量的整体分析

虽然地球物理学从 19 世纪才作为一门独立的学科，但是其发展迅速，在 1998—2019 年间同样取得了快速的发展。但是，光从数量上来看，不足以说明该领域的发展状况，表 7.2 所列的 H 指数、篇均被引频次、总被引频次在一定程度上均可反映其影响力。

表 7.2 地球物理学 22 年 H 指数、篇均被引频次与总被引频次

年份	出版物总数	H 指数	篇均被引频次	总被引频次
1998	10	8	28.00	280
1999	696	99	59.60	41480
2000	676	111	72.26	48847
2001	811	109	61.03	49492
2002	849	113	64.42	54690
2003	959	118	65.23	62555
2004	948	108	65.41	62008
2005	1046	110	57.53	60175
2006	1321	128	60.86	80397
2007	1401	122	55.13	77242
2008	1516	108	47.84	72518
2009	1522	106	45.98	69975
2010	1824	106	42.78	78034
2011	2015	106	38.58	77741
2012	2288	101	35.08	80261
2013	2541	94	28.96	73580
2014	2983	90	26.09	77819
2015	3112	77	20.29	63139
2016	3267	60	14.88	48615
2017	3362	54	11.33	38096
2018	3230	41	7.09	22912
2019	3212	21	2.79	8952

由图 7.4 可知 22 年 H 指数的变化趋势和总被引频次的变化趋势大致类似，在 2006 年以前，大致呈波动上升的趋势，2006 年以后则呈现出下降的趋势，而且 2006 年为二者的最高点，H 指数达到了 128，总被引频次达到 80397 次。由表 7.2 可知，每项平均引用数与 H 指数基本呈正比的关系，但是随着发文量的不断增加，每项平均引用频次逐年减少得更快。截至 2019 年，平均每篇文献仅被引用 2.79 次，当然随着时间的增加这一数值将会不断的变大。

H指数的变化没有随着每年发文量的增加而增加，由于后十年新发表的文献还未能有充足的时间被引用，故呈现出逐年下降的趋势，但是在前十年中，2000—2007年的H指数均超过100，且基本保持稳定。其中，2006年和2007年H指数超过120，分别为128和122，说明在这两年里，地球物理学的影响力较大。

在2008—2019年中，H指数逐年降低，但是总被引频次存在个别年份上升的情况，例如2012年，从77741次上升到了80621次，可以预见未来随着年份的增长，被引频次的不断增加，2007—2012年的H指数将可能成为一个新的高点。

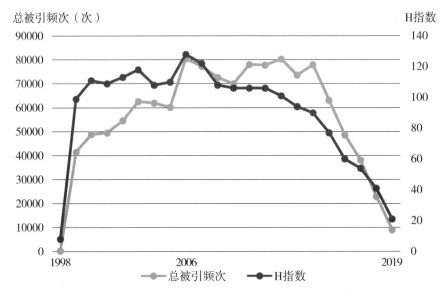

图7.4　地球物理学22年H指数、总被引频次折线图

7.2　地球物理学研究主题与知识基础的迁移

7.2.1　研究知识基础的迁移

一个学科的发展往往依赖各个学科彼此交融的发展，这一现象对于学科交融性强的地球物理学领域来说尤为明显，对于其他领域发展的依赖则体现于该领域不断引用别的领域的文献作为自己的知识基础，不断呈现出

知识的交融和融合发展。而这一变化的过程利用 CiteSpace 中"JCR Journal Maps"功能分析引文分析研究领域的期刊引证关系，通过绘制出 1999—2019 年 21 年间的地球物理领域学术期刊叠加图谱，来展现这 21 年间发表论文的参考文献的所属领域，即利用图中所属领域的变化来描述地球物理领域知识基础的迁移。

根据双重叠加图中所引用的参考文献的所属领域，再比较引用线条的粗细，颜色的深浅来判断当年主要知识基础的变化。纵观地球物理领域 21 年的知识基础迁移图，绘制的图谱中最粗颜色最深的两条线条均来源于#10 和#3，分别为植物学、生态学、动物学（#10. Plant，Ecology，Zoology）领域和地球学、地质学、地球物理学（#3. Earth，Geology，Geophysics）领域，说明这两个领域是地球物理学领域最主要的参考文献来源，即最主要的知识基础。

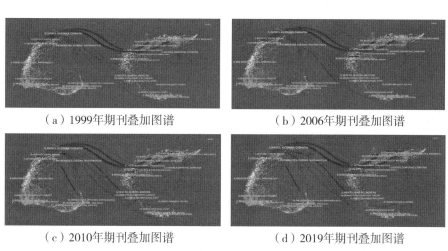

(a) 1999 年期刊叠加图谱　　　　(b) 2006 年期刊叠加图谱

(c) 2010 年期刊叠加图谱　　　　(d) 2019 年期刊叠加图谱

图 7.5　地球物理领域期刊引证图谱（部分年份）

从图 7.5 中发现，除了以地球学、地质学、地球物理学领域和植物学、生态学、动物学领域作为主要的知识基础之外，还大量涉及别的不同领域。

表 7.3　1999—2019 年地球物理研究领域的知识基础

Systems, Computing, Computer
Environmental, Toxicology, Nutrition
Earth, Geolo
Chemsitry, Materials, Physics
Health, Nursing, Medicine
Mathematical, Mathematics, Mechanics
Psychology, Education, Social
Molecular, Biology, Genetics
Sports, Rehabilitation, Sport
Plant, Ecology, Zoology
Veterinary, Animal, Parasitology
Economics, Economic, Political
Revista, Psicologia, Saude
Dermatology, Dentistry, Surgery
History, Philosophy, Records
Forensic, Anatomy, Medicine
Tehnologije, Metalurgija, Midem-Journal
Ophthalmology, Ophthalmic, Ophthalogica

由表 7.3 可知，系统、计算、计算机（#1. Systems, Computing, Computer）领域，环境学、毒理学、营养学（#2. Environmental, Toxicology, Nutrition）领域，化学、材料、物理（#4. Chemistry, Materials, Physics）领域，健康学、护理学、医学（#5. Health, Nursing, Medicine）领域，数学、运算、机械（#6. Mathematical, Mathematics, Mechanics）领域，心理学、教育学、社会学（#7. Psychology, Education, Social）领域，分子学、生物学、遗传学（#8. Molecular, Biology, Genetics）领域一直是这 21 年间地球物理学领域主要的、稳定的知识基础。

兽医、动物学、寄生虫学（#11. Veterinary, Animal, Parasitology）领域和经济学、经济、政治（#12. Economics, Economic, Political）领域自 2000 年以来也是地球领域主要的知识基础。体育、康复、运动（#9. Sports, Rehabilitation, Sport）领域从 2000 年开始显现，到 2001 年消失，后自 2002 年重新出现后至今也成为地球物理学利用的主要知识基础。

皮肤学、牙科、手术学（#14. Dermatology，Dentistry，Surgery）领域作为知识基础首次突现于 2000 年并延续至今。历史、哲学、记录学（#18. History，Philosophy，Records）领域在 2002 年突现，共有 14 年的时间作为地球物理领域的知识基础，自 2007 年至今一直存在。法医科学、解剖学、医学（#19. Forensic，Anatomy，Medicine）领域于 2011 年作为知识基础首次突现，此后共九次成为地球物理学的知识基础。其他边缘化的领域还包括杂志、心理学、健康（#13. Revista，Psicologla，Saude）领域开始突现于 2011 年，此后共三次成为地球物理学的知识基础；眼科学（#16. Ophthalmogoy，Ophthalmic，Ophthalogica）领域开始突现于 2005 年，此后共七次成为地球物理学的知识基础。

总的来看，有越来越多的领域在成为地球物理学的知识基础，而且作为知识基础的领域范围也在不断的扩大，充分展现了地球物理学的学科交融性。未来各个领域对于地球物理学的影响将还进一步扩大，任何学科的发展都会带动其他学科的发展。

7.2.2 研究前沿的演化

通过对这些地球物理学领域论文的引文的分析，不但可以发现其领域发展的研究基础，还可以进一步的探究该领域的前沿主题。通过 CiteSpace 软件进行文献共被引分析，形成引文网络结构，并且找出该引文网路下被引频次突变的"burst"文章，并对这些"burst"文章进行主题词的抽取进行地球物理学领域的前沿探究。

这些被引频次发生突变的"burst"文章，形象地表现了在这个时间段内，地球物理学领域一些细小的研究方向的转变，而引用了这些被引频次突变的"burst"文章，极有可能成为下一个时间段的"burst"文章，因此，把握好这些"burst"文章的主题词（表 7.4），将有利于探究地球物理学领域前沿方向的变化，并且可以为之做出一定的预测。

表 7.4　地球物理学领域"burst"文章主题词

突现起始年份	主题词
1998—1999	线性响应（Linear Response）
2000—2001	陆地-大气冰碛记录　Terrestrial-atmospheric Deglacial Record
2002—2003	二氧化碳　Carbon Dioxide

续上表

突现起始年份	主题词
2004—2005	纬度梯度　Latitudinal Gradient
2006—2007	物种分布　Species Distribution；海因里希事件　Heinrich Events
2008—2009	进化反应　Evolutionary Responses
2010—2011	地理分布　Geographic Distribution
2012—2013	预测物种分布　Predicting Species Distribution
2014—2015	全新世热带辐合带　Holocene Itcz
2016—2017	冰盖质量平衡　Ice-sheet Mass Balance
2018—2019	全新世冷事件　Holocene Cold Event

"burst"文章开始突现的年份不一致，且突现的时间长度也不一致，表7.4以开始突现的年份为基准，划分时间阶段进行主题词统计，部分年份"burst"文献较少，故合并在一个阶段，统计的过程主要参考聚类较大的主题词。

1998—1999年突现的主题词为线性响应（Linear response），在信息理论，物理学和工程学中有许多应用，而在之后突现的主题词更多地偏向地理学科。

2000—2001年的主题词为陆地-大气冰碛记录（Terrestrial-atmospheric Deglacial Record），该主题词与2004年的主题词——二氧化碳（Carbon Dioxide）具有较大的联系。近年来温室效应不断加剧，于1997年在日本京都通过的《京都议定书》中已规定二氧化碳是主要要控制的温室气体之一，所以相关的记录研究会一直不断地持续开展。

到了2005—2006年出现的纬度梯度（Latitudinal Gradient），则将该领域的视角转向生物物种的研究，此处的纬度梯度指的是纬度多样性梯度（LDG），是生态学中最广泛认可的模式之一，指低纬度地区的物种通常比高纬度地区的物种多。"什么决定了物种多样性的模式？"这一问题是科学杂志（Science）在创刊125周年纪念日（2005年7月）提出的未来25个主要研究课题之一。了解生物多样性的全球分布是生态学家和生物地理学家最重要的目标之一。不仅仅为了满足科学目标和好奇心，这种理解对于人类生活同样至关重要，例如入侵物种的传播、疾病及其媒介的控制，以及全球气候变化对维护生物多样性的可能影响（Gaston 2000）。其中，热带地区在理解生物多样性分布方面发挥着重要作用，因为它们的栖息地退化率和生物多样性丧失率极高。

同样与生物物种相关的词——物种分布（Species Distribution）突现于 2009 年。1988 年，由哈特穆特·海因里希博士得出的 H1～H6 气候变冷事件，2009 年成为该年突现的另一主题词，说明对于该事件的研究重新引起了大家的注意。

当代气候的变化，使得生物有不同的反应，许多物种正在改变它们活动的地理范围。2010 年突现的主题词进化反应（Evolutionary Responses），即在持续的气候变化下可能导致生物的进化反应。此类进化反应具有对季节变化的适应或对环境条件的适应的特征。而此类进化反应是否可以像部分气候变化科学家认为的那样可以安全的忽略，则依然缺乏证据。2011 年和 2012 年突现的主题词地理分布（Geographic Distribution）和预测物种分布（Predicting Species Distribution），同样是关于生物在环境变化下的演变的研究。

2013—2015 年间突现的主题词分别为全新世热带辐合带（Holocene Itcz）、冰盖质量平衡（Ice-sheet Mass Balance）和全新世冷事件（Holocene Cold Event），更着重于气候变化。全新世是最年轻的地质年代，从 11700 年前开始。根据传统的地质学观点，全新世一直持续至今，全新世的气候变化与人类社会的发展有着密切的联系，故而研究全新世的气候和环境变化对人类未来的走向至关重要。研究全新世气候变化的主要内容包括高纬度和高海拔冰芯、湖泊沉积物纪录、高沉积速率的深海沉积物等。

虽然每年突现的主题词都略微不同，但是可以发现其大都集中于气候的变化，可见在未来的一段时间里，科学界还会不断地保持这个大的研究方向。近年来全球不断升温，开始影响人类的生产生活，采取合适的举措，关乎人类的命运。

7.2.3 研究中心主题转移的整体趋势

一个基础学科的形成往往包含很多分支，学科的发展过程即是各个分支的发展过程。因为每年中不同分支的发展情况不同，所以各个年份突现出的主题也会不同。将 21 年间地球物理学领域的文献利用软件 CiteSpace 中的文献共被引功能，形成一定的引文网络后再对文献的标题实施聚类，聚类的结果即当年各个研究的方向；而当某个聚类的大小占前 25% 的比重时，该聚类即为当年的中心主题（1999 年、2013 年和 2015 年均有两个中心主题），选择该聚类下的关键词，即为当年的中心主题的主题词。通过对每一年主题词的分类研究，可以大致地判断地球物理学领域的发展状况和发展程度。

通过整理，将这21年的主题词主要划分为三大阶段，分别为自然现象研究阶段、区域地理研究阶段和科研项目、测度与记录研究阶段（表7.5）。

表7.5　地球物理学领域中心主题

年份	阶段	中心主题
1999	自然现象研究	#0 沉淀物 Sediment
		#1 白垩纪 Cretaceous
		#2 新仙女木 Younger Dryas
		#3 艾木间冰期 Eemian
		#4 宇宙成因核素 Cosmogenic Nuclides
		#5 智力北部 Northern Chile
		#6 微量元素 Trace Elements
2000		#0 史前气候 Paleoclimate
		#1 植物功能型 Plant Functional Types
2001		#0 地球化学 Geochemistry
		#1 冰下变形 Subglacial Deformation
		#2 沉积地质学 Sedimentology
2002	区域地理研究	#0 气候变化 Climate change
		#2 软体动物 Molluscs
		#5 南大西洋 South Atlantic
		#6 第四纪 Quaternary
2003		#0 排水系统 Drainage
		#1 磁化率 Magetic Susceptibility
		#2 南美洲 South America
		#3 阿拉斯加州 Alaska
		#4 坡形 Slope Forms
2004		#0 传递函数 Transfer Function
		#1 末次盛冰期 Last Glacial Maximum
		#3 海洋科学文章 Article Ocean
		#4 地中海西部 Western Mediterranean

续上表

年份	阶段	中心主题
2005	科研项目、测度与记录	#0 物种丰富度 Species Richness
		#1 波谱分析 Spectral Analysis
		#2 长链烯酮 Alkenone Sst
2006		#2 冰川避难所 Glacial Refugia
		#3 热带辐合带 Intertropical Convergence Zone
		#4 全新世 Holocene
2007		#0 物种富饶度 Species Richness
		#1 威斯康星阶 Wisconsinan
2008		#0 宏生态学 Macroecology
		#1 西南太平洋 Southwest Pacific
		#2 岩石漆 Rock Varnish
2009		#0 红海 Red Sea
		#1 亲缘地理学 Phylogeography
		#2 气候变化 Climate change
		#3 全新世 Holocene
2010		#0 湖泊沉积物 Lake Sediments
		#1 栖息地 Habitat
		#2 南极冰核 EPICA
		#3 全新世 Holocene
2011		#0 孢子虫 Sporomiella
		#1 物种分布模型 Species Distribution Model
		#2 亲缘地理学 Phylogeography
2012		#0 物种分布模型 Species Distribution Model
		#1 冰盖 Laurentide
		#2 β-多样性 Beta Diversity
		#3 湖泊沉积岩芯 Lake Sediment Core
2013		#0 新西兰 New Zealand
		#2 坎塔布连山 Cantabrian Mountains
2014		#0 全新世 Holocene
		#1 凡湖 Lake Van

续上表

年份	阶段	中心主题
2015	科研项目、测度与记录	#0 洞穴堆积物 Speleothem
		#1 释光测年 Luminescene Dating
		#2 花粉 Pollen
2016		#0 花粉 Pollen
		#1 阿舍利石器 Acheulean
		#2 格林兰冰原 Greenland Ice Sheet
2017		#0 青藏高原 Tibetan Plateau
		#1 生镜间多样性 Beta Diversity
		#2 第四纪 Quaternary
		#3 冰川地貌 Glacial Geomorphology
2018		#0 希腊 Greece
		#2 释光测年 Luminescene Dating
2019		#1 石笋 Stalagmite
		#3 东亚夏季风 East Asian Summer Monsoon
		#5 格陵兰岛 Greenland

第一阶段为自然现象研究阶段。1999年的主题词为沉淀物（Sediment）、白垩纪（Cretaceous）、新仙女木（Younger Dryas）、艾木间冰期（Eemian）。白垩纪因欧洲西部该年代的地层主要为白垩沉积而得名，可以说明这一年的研究主题是沉淀物研究，以白垩纪沉积为典型代表。沉积研究还同时出现在2001年、2010年、2012年、2015年的研究主题中，涵盖了洞穴沉积、湖泊沉积等范围，可见该主题具有内容上的延续性。"新仙女木"事件是末次冰消期持续升温过程中的一次突然降温的典型非轨道事件，对于研究古气候、古环境的快速突变事件和短周期现象，合理评估现今气候与环境条件并做出气候变化的预测有重要的意义。艾木间冰期是北欧魏奇塞冰期与莎勒冰期间的一个气候温暖期。这个时期气候转暖，冰盖大规模消融，欧洲北部普遍发生自北极海向南的海侵，同时温带森林向北扩展。这两个研究主题反映出这一时期对气候变化的关注，关于气候变化的研究主题在2000年、2002年、2009年都出现。2000年和2001年的主题分别为植物功能型（Plant Functional Types）、地球化学（Geochemistry）、冰下变形（Subglacial Deformation）、沉积地质学（Sedimentology）。植物功能

型（Plant Functional Types，PFTs）是指由于共同享有一些关键的功能性状而对特定环境因子有相似反应机理并对生态系统主要过程有相似影响的不同植物种类的组合。

第二阶段是地理研究阶段。研究的对象同样也与冰川作用相关，这三年的中心主题分别为南大西洋（South Atlantic）、南美洲（South America）、阿拉斯加州（Alaska）、地中海西部（Western Mediterranean）。具体的研究主题还包括末次盛冰期（Last Glacial Maximum）。末次冰期的出现在伊缅间冰期的结束至新仙女木事件的结束期间，是第四纪的更新世内发生的最近一次冰河时期。在 2002 年、2017 年，中心主题为第四纪冰川（Quaternary Glaciation），第四纪冰川是地球史上最近一次大冰川期。可见中心主题具有内容上的延续。

第三阶段划为科研项目、测度与记录研究阶段。因为这些年突现的中心主题倾向于更加细致的测度研究，生态学、动植物学的研究也穿插其中。种群丰富度指群落内物种数目的多少。不同的群落中物种丰富度是不同的，从赤道到南北极，群落的物种丰富度逐渐减少（描述物种多样性的指标）。物种丰富度（Species Richness）越大其结构越复杂，抵抗力稳定性就大；这一主题也是 2007 年的中心研究主题。此外，2008 年宏生态学（Macroecology）、2010 年栖息地（Habitat）、2011 年和 2012 年物种分布模型（Species Distribution Model）都是对这一研究主题的延续性的体现。2006 年的研究主题包括全新世（Holocene）。全新世是地质时代最新阶段，是第四纪二分的第二个世，开始于 10000 年前并持续至今。这一时期形成的地层称全新统，它覆盖在所有地层上。这一中心主题同时出现在 2009 年、2010 年、2014 年、2017 年。全新世是第四纪最新的一个世，国际地层委员会将格陵兰岛 GRIP 冰芯记录中新仙女木事件结束的时间定为全新世的开始。全新世的气候变化与人类社会的发展有密切的关系，因此详细研究全新世的气候和环境变化至关重要。研究全新世气候变化的主要材料包括高纬度和高海拔冰芯、湖泊沉积物纪录、树轮、石笋及其他洞穴沉积物、高沉积速率的深海沉积物等。这些主题在此阶段基本都有涉及。可以发现，在前两个阶段已经存在对第四纪的研究，这一阶段对全新世的研究深入到具体的材料，进一步探究全新世气候变化的原因。

纵观 21 年的研究变化，地球物理学的研究方向更多地集中在自然地理中，人文地理涉及极少，温室效应的加剧，引发了科学家们对气候变化和气候变化带来的一系列影响的研究。人类生产生活的发展之快，使得很多恶化的情况远超科学家们的预测。科研人员的研究建议显然不够，更多的是需要全人类的共同努力。

7.3 地球物理学研究的中心区域转移

时间不断地向前推进，地球物理学领域也在不断发展，发展的内容不仅仅局限于自身主题，其研究主体也在不断变化、合作与竞争。本小节将从研究的热点区域、研究地球物理学领域中心主题的中心国家、中心机构三个维度来探究主体的变化。

7.3.1 研究中心的热点区域

通过对34289篇文献的发文国家进行统计，选取每年发表数量前五的国家作为当年的研究中心热点区域（表7.6）。从总体上来看，中心热点区域的发文献呈现逐年增长的趋势，这21年间进入到发文量前五的国家主要包括美国、英国、德国、法国、中国、澳大利亚、加拿大、西班牙。

表7.6 进行中心主题研究的热点区域

年份	进行中心主题研究的热点区域				
1999	美国（176）	英国（115）	德国（69）	澳大利亚（55）	法国（46）
2000	美国（176）	英国（120）	德国（91）	加拿大（69）	法国（50）
2001	美国（252）	英国（117）	德国（100）	澳大利亚（81）	加拿大（58）
2002	美国（283）	英国（101）	德国（84）	加拿大（83）	法国（62）
2003	美国（275）	德国（130）	英国（124）	法国（72）	加拿大（70）
2004	美国（295）	英国（117）	德国（113）	加拿大（76）	法国（74）
2005	美国（338）	英国（145）	德国（106）	法国（92）	加拿大（85）
2006	美国（399）	英国（221）	德国（175）	法国（108）	澳大利亚（99）中国（99）
2007	美国（411）	英国（206）	德国（153）	中国（116）	法国（112）
2008	美国（458）	英国（230）	德国（148）	意大利（129）	西班牙（119）
2009	美国（417）	英国（222）	德国（202）	西班牙（124）	中国（123）
2010	美国（549）	英国（251）	德国（243）	中国（197）	法国（187）
2011	美国（589）	德国（274）	英国（265）	中国（201）	法国（179）

续上表

年份	进行中心主题研究的热点区域				
2012	美国（620）	英国（315） 德国（315）	中国（235）	法国（218）	西班牙（194）
2013	美国（693）	中国（376）	英国（330）	德国（323）	法国（231）
2014	美国（822）	中国（594）	德国（353）	英国（318）	法国（300）
2015	美国（855）	中国（585）	英国（354）	德国（341）	法国（321）
2016	美国（853）	中国（583）	德国（412）	法国（404）	英国（375）
2017	美国（940）	中国（743）	德国（467）	英国（373）	法国（323）
2018	美国（915）	中国（775）	德国（446）	英国（410）	法国（332）
2019	美国（938）	中国（855）	德国（424）	英国（396）	法国（320）

21年间，美国在总发文量与逐年发文量上都一直处在领先的位置，是研究中心热点区域中最重要的国家。在2001—2012年间，美国不仅发文量位居第一，且其每年发文量基本是排名第二名国家发文量的两倍多。美国在地球物理学领域的优势突出，是热点区域中最核心的国家。在1999年、2001年、2006年这3年中，澳大利亚在地球物理领域的发文量也跻身每年该领域发文量的前五位，但2007年之后澳大利亚跌出了前五的位置。与此同时，中国在2006年以99篇的发文量与澳大利亚并列第五位，首次跻身发文量前五名。中国在2006—2019年（除2008年），一直稳居前五位，发文量排名稳定持续上升，2013年至今在地球物理领域的发文量稳居第二位。2014—2019年，中国在地球物理领域的发文量也逐年增加，不断缩小与位居第一位的美国的发文量的差距。

从整体的趋势来看，欧美地区依然是研究热点区域的重要地区，欧洲的重要地区就前五位国家来情况看集中在德、英、法三国，2013—2019年间，这三国稳居发文量第三、四、五位，紧跟中国。地球物理学的研究领域在全球范围内分布较为分散，但是在区域上集中现象较为明显，美国、中国与欧洲成为主要的研究国家或地区。此外，作者合作现象使得各个大洲与国家联系更为紧密，使全球分布的分散趋势有了更好的解释。从宏观上看，地球物理学领域的中心区域依然是以美国为核心，欧美老牌发达国家为重要组成部分。中国发文量近几年稳居第二，不断缩小与美国的差距，发展潜力巨大。

7.3.2 研究中心国家（地区）的转移

研究地球物理学领域的相关机构数量是从"总量"的角度去评价一个国家在该领域的投入与产出，很多机构每年的研究成果仅个位数，故仅仅用机构的数量来衡量一个国家在地球物理学领域的影响力，力度较弱。抓住一个领域发展的中心，可以证明该国家在这个领域中心主题的影响力。以 7.2 小节的中心主题为基础，将研究这些中心主题的国家进行探究，并继续采用"科学活动中心"的数量的定义，将研究主题占前 25% 的主题定义为中心主题，将研究中心主题的前 25% 的国家定义为中心国家。

表 7.7 中心主题研究下国家分布状况表

年份	研究中心国家	相关文献比例/%
1999	美国	25.926
2000	美国	38.261
2001	英国	37.719
2002	美国	39.157
2003	美国	28.448
2004	美国	30.045
2005	美国	34.975
2006	美国	29.787
2007	美国	31.280
2008	美国	27.887
2009	美国	26.542
2010	美国	31.873
2011	美国	35.870
2012	美国	27.206
2013	美国	26.959
2014	美国	24.074
2015	美国	26.789
2016	美国	25.660

续上表

年份	研究中心国家	相关文献比例/%
2017	美国	32.081
2018	德国	29.299
2019	美国	28.138

由表7.7可知，1999—2019年美国19次成为中心主题领域的中心国家，英国、德国在2001年、2018年分别成为中心国家。这表明在这21年间，美国在地球物理领域一直保持较高的科研水平，处于地球物理领域的研究中心。

7.3.3 研究中心机构的转移

与中心国家的定义相类似，将研究地球物理学领域中心主题的机构发文量达到前25%的机构称为中心机构。但是与中心国家不同的是，中心机构并不仅仅局限于一所，而是多所机构发文量相加后达到前25%，共同称为中心机构。由表7.8可知，21年间，均存在多中心机构的现象。

由表7.8可知，中心机构的数量较多，而且来自的国家也较多：法国的原子能和替代能源委员会（CEA）、艾克斯马赛大学、法国国家科学研究中心等，德国的地球科学研究中心、伯尔尼大学、科隆大学、柏林自由大学、阿尔弗雷德·韦格纳极地海洋研究所、亥姆霍兹环境研究中心等，瑞典的隆德大学，美国的杜克大学、明尼苏达大学、美国地质调查局等，中国的中国科学院、中国科学院大学和兰州大学，俄罗斯的俄罗斯科学院，荷兰的乌得勒支大学，西班牙的西班牙国家研究委员会，英国的牛津大学、剑桥大学、伦敦大学等。

在所有的中心机构中，欧洲国家的研究机构居多，其次是美国。其中，英国、德国这两个国家有较多的中心机构，可见其实力强劲，对于地球物理学领域中心主题的影响力更大。

其他欧洲国家的研究机构也表现出色。伯尔尼大学坐落于瑞士首都伯尔尼，是世界上著名的研究型大学。作为一所国际化研究型大学，伯尔尼大学的学术和研究机构以其跨学科性为傲。伯尔尼大学物理学院曾经参与了人类首次月球探险，如今仍继续为美国宇航局（NASA）和欧洲航天局（ESA）的项目提供研究仪器和实验分析数据。伯尔尼大学在1999—2019年间共10次成为中心主题的研究机构。卑尔根大学位于挪威第二大城市卑尔

表 7.8 地球物理学领域研究中心主题的中心机构

年份				
1999	中国科学院 (11)	德国地球科学研究中心 (9)	科罗拉多州立大学 (8)	澳大利亚国立大学 (7)
				意大利国家研究委员会 (CNR) (7)
				利物浦大学 (7)
				乌得勒支大学 (7)
				美国地质调查局 (7)
2000	马克斯普朗克生物地球化学研究所 (8)	伯尔尼大学 (7)		科罗拉多州立大学 (6)
2001	伦敦大学皇家霍洛威学院 (11)	谢菲尔德大学 (6)	美国地质调查局 (7)	
			澳大利亚国立大学 (4)	伦敦大学学院 (4)
				美国地质调查局 (4)
2002	阿尔弗雷德·韦格纳极地海洋研究所 (10)		澳大利亚国立大学 (7)	俄罗斯科学院 (6)
			法国原子能和替代能源委员会 (CEA) (7)	牛津根大学 (6)
			佛罗里达大学 (7)	科罗拉多州立大学 (10)
2003	中国科学院 (9)	法国国家科学研究中心 (8)	伯尔尼大学 (7)	亚利桑那大学 (6)
	美国地质调查局 (9)	阿姆斯特丹自由大学 (8)	明尼苏达大学 (7)	不莱梅大学 (6)
				莱比锡大学 (6)
				牛津大学 (6)
2004	阿尔弗雷德·韦格纳极地海洋研究所 (11)	俄罗斯科学院 (10)	澳大利亚国立大学 (9)	中国科学院 (8)
		牛津根大学 (10)	剑桥大学 (9)	德国地球科学研究中心 (8)
				布里斯托大学 (8)
2005	法国国家科学研究中心 (10)		澳大利亚国立大学 (8)	西班牙国家研究委员会 (7)
	剑桥大学 (10)		牛津根大学 (8)	明尼苏达大学 (7)

续上表

年份					
2006	中国科学院 (21)	伯尔尼大学 (11)	明尼苏达大学 (9)	美国地质调查局 (8)	法国国家科学研究中心 (7) 西班牙国家研究委员会 (7) 兰州大学 (7) 不莱梅大学 (7) 牛津大学 (7)
2007	乌得勒支大学 (14)	伯尔尼大学 (8)	美国地质调查局 (6) 阿姆斯特丹自由大学 (6)		苏黎世联邦理工学院 (5) 隆德大学 (5) 哥本哈根大学 (5) 蒙彼利埃大学 (5) 谢菲尔德大学 (5) 田纳西大学 (5) 特罗姆瑟大学 (5)
2008	西班牙国家研究委员会 (19)	牛津大学 (15)	多伦多大学 (11)	伯尔尼大学 (10)	科隆大学 (9) 普利茅斯大学 (8) GNS Science (9) 威尔士大学 (8)
2009	中国科学院 (17)	西班牙国家研究委员会 (16)	杜伦大学 (15)	伯尔尼大学 (14)	法国国家科学研究中心 (10) 卑尔根大学 (10) 苏黎世联邦理工学院 (9) 牛津大学 (9)
2010	中国科学院 (33)	阿尔弗雷德·韦格纳极地海洋研究所 (31)	伯尔尼大学 (21)		斯德哥尔摩大学 (20)

续上表

年份	机构列表
2011	国家历史博物馆 (17) 牛津大学 (15) 阿尔弗雷德·韦格纳极地海洋研究所 (11) 斯德哥尔摩大学 (11) 哥本哈根大学 (11)
2012	奥尔胡斯大学 (20) 剑桥大学 (15) 杜伦大学 (15) 乌得勒支大学 (15) 中国科学院 (14) 俄罗斯科学院 (14) 玻姆霍兹环境研究中心 (UFZ) (14) 西班牙国家研究委员会 (13) 牛津大学 (13)
2013	中国科学院 (19) 斯德哥尔摩大学 (17) 澳大利亚国立大学 (16) 阿尔弗雷德·韦格纳极地海洋研究所 (11) GNS SCI (11) 基尔大学 (11) 惠灵顿维多利亚大学 (11)
2014	中国科学院 (43) 柏林自由大学 (17) 哥本哈根大学 (17) 伯尔尼大学 (15) 苏黎世联邦理工学院 (14) 斯德哥尔摩大学 (14) 牛津大学 (14)
2015	中国科学院 (45) 伯尔尼大学 (23) 波兰科学院 (19) 杜伦大学 (19) 杜伦大学 (16) 明尼苏达大学 (16) 西安交通大学 (16) 波兹南密茨凯维奇大学 (15) 卑尔根大学 (15) 乌得勒支大学 (15)
2016	中国科学院 (31) 维吉尔大学 (21) 斯德哥尔摩大学 (20) 杜伦大学 (20) 伯尔尼大学 (19) 艾克斯马赛大学 (16) 加泰罗尼亚人类古生态学和社会进化研究所 (15)

续上表

年份				
2017	中国科学院（71）	格勒诺布尔大学（25）	乌得勒支大学（21）	中国科学院大学（19）	法国国家科学研究中心（16）亚利桑那大学（16）杜伦大学（16）
2018	中国科学院（38）	科隆大学（24）	亚琛工业大学（16）	中国科学院大学（15）	意大利国家研究委员会（CNR）（13）图宾根大学（13）
2019	中国科学院（63）	中国科学院大学（26）	不莱梅大学（18）	乌得勒支大学（16）	巴黎萨克雷大学（14）

根，是挪威人引以为自豪的高等学府之一，它创建于1946年，为世界大学联盟和欧洲著名大学联盟科英布拉集团成员之一，其在地球物理领域的中心主题机构中共出现了八次。隆德大学和斯德哥尔摩大学都出现在中心主题的研究机构列表中。西班牙国家研究委员会作为西班牙唯一的中心机构五次出现在中心主题研究机构中，实力也不可忽视。荷兰的乌得勒支大学是荷兰历史最悠久的大学之一，在世界大学排名中心（Center for World University Rankings）发布的2017年排名中，乌得勒支大学地球科学院的自然地理学，位居世界第一。而乌得勒支大学在1999年、2007年、2012年、2015年、2017年、2019年六次成为地球物理学中心主题下的中心机构。

中国科学院自2013—2019年在中心主题的发文量一直位居第一，中国科学院大学也在2017年和2019年位居中心主题发文量前五名，且在2019年发文量仅次于中国科学院。可以看出，中国科学院系统在地球物理领域实力强劲。

美国作为地球物理学领域中心主题下主要的中心国家，从1999—2007年，美国地质调查局一直是中心机构。之后又有杜伦大学和明尼苏达大学成为中心机构。

7.3.4 研究中心区域转移的整体趋势

从各国研究地球物理学领域的机构数量，地球物理学领域中心主题的中心国家来看，美国一直起着主导的作用，而且未来的影响力还将一直保持。但是从地球物理学领域中心主题的中心机构来看，美国的优势则没有那么明显，明显落后于一些欧洲国家。在中心机构上，欧洲将保持研究的热点和中心。中国作为增长速度最快的国家，其实力在短短几年间便超越许多欧洲老牌发达国家。未来，无论是中心国家还是中心机构，中国的身影将不断出现。还有部分欧洲国家，例如西班牙、荷兰、瑞典、意大利等，它们对于地球物理学的研究也十分深入，虽然从地球物理学领域中心主题的中心机构来看它们增长的幅度不大，但是一直保持着高质量的发展。

7.4 地球物理学研究中心区域的影响力分析

7.4.1 文献产出分析

根据7.3小节的各国机构数量和中心主题下的中心国家、中心机构,选取了有代表性的五个国家,有成为过中心国家的美国、英国和德国,中心机构数量最多的法国和各个方面发展都较快的中国。统计这五个国家近十年来逐年的论文发表数、H指数和文献总被引频次,比较五国间的发展状况(表7.9)。

表7.9 五国论文产出影响力比较

国家	年份	论文产出	H指数	总被引频次	篇均被引频次	施引文献总数
美国	2010	549	79	23868	43.48	21366
	2011	589	78	26790	45.48	23720
	2012	620	74	26014	41.96	23581
	2013	693	67	22345	32.24	19327
	2014	822	69	25584	31.12	22390
	2015	855	57	19042	22.27	16896
	2016	853	50	15398	18.05	13353
	2017	940	43	11702	12.45	10496
	2018	915	29	7174	7.84	6338
	2019	938	17	2922	3.12	2583
英国	2010	251	62	12535	49.94	11147
	2011	265	57	11990	45.25	10725
	2012	315	58	14516	46.08	12574
	2013	330	58	13144	39.83	11230
	2014	318	51	10968	34.49	9613
	2015	354	45	9584	27.07	8468
	2016	375	38	6938	18.48	6121
	2017	373	33	5379	14.42	4837
	2018	410	22	3374	8.23	3025
	2019	396	12	1270	3.21	1163

续上表

国家	年份	论文产出	H指数	总被引频次	篇均被引频次	施引文献总数
中国	2010	197	47	8344	42.36	7496
	2011	201	51	8303	41.31	7464
	2012	235	54	8933	38.01	8215
	2013	376	53	11587	30.82	10155
	2014	594	58	16469	27.73	13699
	2015	585	53	14075	24.06	12283
	2016	583	43	10245	17.57	8733
	2017	743	39	9783	13.17	8323
	2018	775	31	6387	8.24	5319
	2019	855	16	2570	3.01	2230
法国	2010	187	56	9024	48.26	7695
	2011	179	49	7384	41.25	6883
	2012	218	50	10830	49.68	9979
	2013	231	45	8352	36.16	7671
	2014	300	45	8593	28.64	7735
	2015	321	40	7544	23.5	6848
	2016	404	34	5794	14.34	4915
	2017	323	27	3967	12.28	3580
	2018	332	20	2732	8.23	2486
	2019	320	12	980	3.06	905
德国	2010	243	59	11794	48.53	10609
	2011	274	57	11260	41.09	9544
	2012	315	59	12102	38.42	10597
	2013	323	49	10659	33	9285
	2014	353	54	10946	31.01	9537
	2015	341	42	8101	23.76	7390
	2016	412	37	7151	17.26	6292
	2017	467	33	6131	13.13	5437
	2018	446	21	3534	7.92	3129
	2019	424	13	1564	3.69	1434

7.4.2 H 指数分析

从表 7.9 来看，十年间，美国从 549 篇增长到 938 篇，涨幅为 70.86%。英国大致呈波动增长趋势，涨幅为 57.77%。中国从 197 篇增长到 855 篇，涨幅为 334.01%。法国、德国整体呈波动增长趋势，最大涨幅分别为 116.04%、92.18%。总体来看，五个国家在地球物理学领域发表的文献数量整体上都呈现增长的趋势，其中，中国在地球物理领域的发文量涨幅最大并呈现稳步增长趋势。

受引文窗口和时滞性影响，这五国的 H 指数和总被引频次的趋势都大致为递减趋势。由于被引用的时间较短、时间新，H 指数也就越小。从整体上看，美国的 H 指数稍微领先与其他四国，英国次之，中国、法国、德国 H 指数再次之。从篇均被引频次来看，这五国相差不大。但是从施引文献总数来看，2010—2014 年间美国地球物理领域的施引文献总数遥遥领先其他四国。2014—2015 年，中国的施引文献总数紧随美国后。2016—2019 年，美国的施引文献数量依旧领先其他四国。

横向对比上来看，21 年中，美国无论是在发文量、H 指数还是总被引频次上，每一年都处于第一的位置，表明在地球物理领域美国的影响力更胜一筹。但从研究机构来看，中国科学院在地球物理领域表现出强劲的发展势头，近几年中国科学院大学、兰州大学、武汉大学、中国地质科学院也逐渐崭露头角。随着时间的推移，中国的影响力还将再度提高，但要想缩小与高水平发展的美国之间的差距，还需要较长的时间。

7.4.3 文献引用分析

根据中心机构情况，统计中国科学院、伯尔尼大学、卑尔根大学、乌得勒支大学和美国地质调查局这五所中心机构在 2010—2019 年十年间的文献计量指标，以反映机构论文的影响力（表 7.10）。

表7.10 研究机构论文产出影响力比较

机构	年份	论文产出	H指数	总被引频次	篇均被引频次	施引文献总数
中国科学院	2010	111	40	4367	39.34	3984
	2011	88	35	3364	38.23	3135
	2012	112	39	3937	35.15	3640
	2013	160	34	4105	25.66	3749
	2014	247	38	5995	24.27	5239
	2015	247	34	4654	18.84	4292
	2016	219	28	3323	15.17	2938
	2017	268	27	3155	11.77	2840
	2018	288	19	2239	7.77	2053
	2019	292	9	715	2.45	668
伯尔尼大学	2010	33	26	1740	52.73	1497
	2011	24	20	1578	65.75	1510
	2012	26	21	889	34.19	854
	2013	36	21	1191	33.08	1071
	2014	25	17	1504	60.16	1329
	2015	34	18	834	24.53	791
	2016	33	16	661	20.03	622
	2017	27	12	346	12.81	329
	2018					
	2019					
卑尔根大学	2010	21	16	743	35.38	681
	2011	24	18	1040	43.33	937
	2012	29	20	1370	47.24	1290
	2013	37	21	888	24	689
	2014	27	18	898	33.26	835
	2015	30	15	802	26.73	775
	2016	32	13	481	15.03	400
	2017	29	11	336	11.59	327
	2018	39	8	235	6.03	217
	2019	2	2	18	9	18

续上表

机构	年份	论文产出	H指数	总被引频次	篇均被引频次	施引文献总数
乌得勒支大学	2010	33	24	1317	39.91	1232
	2011	32	25	1785	55.78	1657
	2012	33	25	1704	51.64	1547
	2013	19	15	790	41.58	700
	2014	33	20	1636	49.58	1567
	2015	40	19	1123	28.08	1042
	2016	29	17	768	26.48	698
	2017	36	14	510	14.17	481
	2018	39	13	530	13.59	464
	2019	39	7	186	4.77	175
美国地质调查局	2010	30	20	1655	55.17	1544
	2011	38	23	2647	69.66	2573
	2012	24	16	521	21.71	520
	2013	31	17	963	31.06	935
	2014	37	20	1087	29.38	1067
	2015	49	19	1099	22.43	960
	2016	36	14	609	16.92	598
	2017	41	12	566	13.8	553
	2018	40	13	603	15.08	595
	2019	28	4	71	2.54	71

7.5 本章小结

本章通过对1998—2019年地球物理领域的科研成果进行梳理，研究发现地球物理领域研究中心主题和研究中心国家的时间变化趋势具有一致性。其中研究中心主题在1999—2001年为自然现象研究，在2002—2004年转变为区域地理研究，在2005—2019年转变为科研项目、测度与记录研究。在这20年间，地球物理领域的研究体现出继承性和延续性，研究主要围绕第四纪展开，具体从沉积物、气候变化和动植物多样性展开。研究中心国家在 1998—2020 年一直以美国为主导，英国、中国、法国和德国紧随其后。从研究中心国家的影响力来看，美国实力强劲，欧美国家在地球物理领域实力雄厚。近年来以中国科学院为代表的中国研究机构也表现不俗，研究中心机构形成了以中国科学院为主导的形式，这从侧面反映了中国在地球物理领域研究有着较大进步。中国逐渐在地球物理这一研究领域开始居于重要的地位，影响力逐步增大。

8 细胞生物学研究中心转移的知识图谱

细胞生物学是以细胞为研究对象,从细胞的整体水平、亚显微水平、分子水平等 3 个层次,以动态的观点,研究细胞和细胞器的结构和功能、细胞的生活史和各种生命活动规律的学科。细胞生物学目前的研究范围离不开两个核心要素:一是遗传,二是发育。其中,遗传是指导细胞发育的信息来源,而发育同时也是遗传实现的基础,二者相辅相成。当前,细胞生物学的研究趋势是围绕着细胞生长、发育、病变和凋亡的生理过程,主要利用分子生物学的化学和物理方法,深入探测细胞核基因组的结构及其表达和调控机制,通过揭示遗传与发育之间的联系和规律,从而为高等生物的发展提供指导意见。

近十年来,细胞生物学领域的研究发展处于上升阶段,由于基因工程、生物重组等展现出极高的研究价值和意义,细胞生物学正受到各国各界的重点关注。诺贝尔生理医学奖近年多次颁发给细胞生物学家就是一个很好的例证。例如,2019 年,William G. Kaelin 等三位细胞生物学领域的学者获得了诺贝尔奖。

8.1 数据来源与分析

8.1.1 数据检索与处理

在 JCR 中,展开 Category 下的 Cell Biology 领域,得到细胞生物学领域的学术期刊排名列表,将相关领域的期刊按照特征因子进行排列,选取前十本特征因子最高的期刊,如表 8.1 所示。在 Web of Science 平台检索这十本期刊所收录的文献数据,时间跨度为 2000—2019 年,筛选文献类型为 Review 和 Article,共检索出 36321 篇文献。

表8.1 细胞生物学领域学术期刊特征因子排名前十期刊

序号	期刊名	总被引	影响因子	5年影响因子	特征因子	发文量
1	Cell	258178	38.637	38.620	0.564970	6380
2	Cell Reports	51089	8.109	8.816	0.255140	6861
3	Nature Medicine	85220	36.130	36.230	0.168730	3072
4	Molecular Cell	69148	15.584	16.133	0.166260	5715
5	Current Biology	63256	9.601	10.174	0.133170	6518
6	Science Translational Medicine	34479	16.304	18.559	0.116030	2218
7	Cell Metabolism	39581	21.567	24.288	0.097480	1647
8	Cancer Cell	41064	26.602	30.237	0.095430	1740
9	Nature Reviews Molecular Cell Biology	46307	55.470	53.949	0.082320	1001
10	Cell Stem Cell	26470	20.860	23.452	0.078160	1169

注：*Cell Reports* 于 2012 年创刊，*Science Translational Medicine* 于 2009 年创刊，*Cancer Cell* 于 2002 年创刊，*Cell Metabolism* 于 2005 年创刊。

8.1.2 文献数量的整体分析

总体来看，细胞生物学领域发文量呈现稳定增长的趋势。具体到不同年代，各个年代区间内的增长速度有所区别。根据不同区间发文量的增长态势，可以将 2000—2019 年这 20 年分为三个阶段。

第一个阶段是 2000—2011 年。该时间段内，文献几乎逐年递增，增长速度较为平稳，未出现较大的波动。该区间内每年的发文量基本上为 1000~1500 篇，且鲜有出现发文量较上一年下滑的现象。2010 年发文量首次突破 1500 篇。第二个阶段是 2012—2016 年。该时间段内，每年发文量呈现较大的增长幅度，总发文量迅速攀升。第三阶段为 2017 年以后。该时间段内，每年发文量出现波动，伴随着不同年份的回落和上涨。2000—2019 年发文量总体增长趋势如图 8.1 所示。

多数情况下，科学往往遵循着相似的周期规律，即由初始累积到繁荣，再到瓶颈，最后沉寂。细胞生物学领域的文献发表呈现较为明显的阶段分区，这与该领域知识发现的积累过程有较为紧密的联系。在第一阶段，细胞生物学的研究虽然没有呈现爆炸式的增长，但是始终保持着平稳的递增

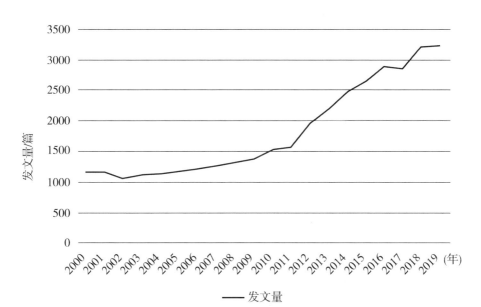

图 8.1　逐年发文量情况

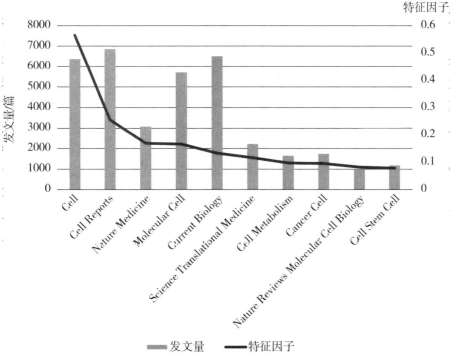

图 8.2　期刊发文量与特征因子关系

相较影响因子，以特征因子表征期刊影响力，能够在一定程度上克服引文统计年限障碍。同时，特征因子还具备一定的算法和引文来源强度规范的优势。据统计（图8.2），细胞生物学领域期刊的影响力与发文量不存在必然的联系。在该领域十本影响力最大的期刊中，有四本创刊于2000年以后。其中，创刊时间最晚的《细胞报告》的特征因子排在十本期刊中的第二位。因大部分创立更早的刊物未列入此名单中，可见创立时间长并非意味着期刊的影响力就大。此外，各期刊发文的趋势与特征并不一致，在该领域内的影响力也并不能单纯通过发文总量判断。以《自然医学》（*Nature Medicine*）为例，《自然医学》的发文量呈现出逐年下降的趋势，2017年的刊文量只有269篇，不足2000年发文数量的半数，但是特征因子与影响因子都十分靠前，由此可以推测，该期刊的发文质量较高。作为特征因子第一位的《细胞》（*Cell*），其刊文量并不是十本期刊中最多的，且发文量趋势具有一定的波动性；而发文总量排名前列的两本期刊《细胞报告》（*Cell Reports*）和《当代生物学》（*Current Biology*），其特征因子并不高。可见，期刊现阶段的发文增长趋势以及总发文量，在单个指标作用下均与其影响力不存在必然联系。在评判期刊影响力时，往往需要综合文献的质量指标。

发文量前十的国家中（图8.3），发文数量呈现明显的层次性。位于第一梯队的美国，领先地位突出，以超过发文量半数的24955篇位列首位，约为排在第二名英国发文量的五倍，总量优势十分突出。美国在生物学领域投入了较多的教育和科研资源。20世纪的后半叶是生命科学学科迅猛发展的几十年，在此期间，美国在干细胞培养、克隆、转基因技术等领域取得了世界瞩目的成就。目前，世界上生命科学领域顶级的教育机构大部分集中在美国西部。美国的细胞生物学会成立于1960年，是国际上最具影响力的细胞生物学会，其会员已超过10000人，遍布世界各国。同时，在细胞生物领域科研设施配置上，美国也是首屈一指。

发文总量位列第二梯队的是英国与德国，他们相对于后六位的国家优势较明显，但是二者的文献之和仍不及美国发文总数的一半。世界上最先发现细胞并将其命名为Cell的科学家是来自英国的学者罗伯特·胡克；英国还建立了基础细胞生物学说，并在1975年率先利用细胞融合技术获得了单克隆抗体。可见英国在细胞生物学上具有悠久的研究历史和雄厚基础。德国的重点优势则在于在生物科技仪器的制备上处于世界领先水平，并且德国科学家也在完善细胞生物学说等方面做出了卓越的贡献。

第三梯队的国家在发文量上差距较小。其中，以法国、瑞士、荷兰、

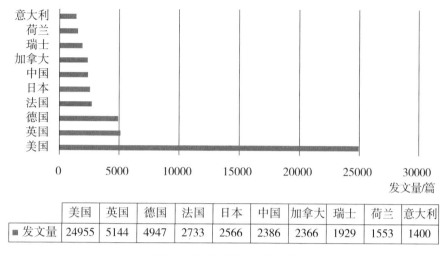

图 8.3 发文量前十国家对比

意大利等国家为代表的欧洲生物科技强国占据了多数。亚洲国家占有两个席位,分别是中国与日本。随着国家科技政策上的重视以及科研人才进一步提升,中国近年来的发文量上升趋势明显。中国科学家在细胞分化研究中取得了显著进展,在细胞治疗、细胞衰老的研究上也收获颇丰,尤其是在细胞自噬领域,具有多个领先国际的原创性研究成果。中国在 2017 年细胞生物学领域发文量仅排在第七位;而在 2019 年,这个排名上升到了第六位,与第五位的日本在发文总量上的差距不足 200 篇。

细胞生物学起源早、发展慢,作为近几十年热度迅速攀升的学科分支[1],在传统的科学活动中心国家中都没有呈现出较为迅猛的发展趋势。近 30 年来,基因工程[2]、细胞工程[3]等技术应用不断发展完善,细胞学说的理论和应用在疾病医疗、粮食储备等民生领域受到广泛关注。随着时代的科技进步,各国对于生物学的重视程度逐渐提高,但是发展缓慢且起点较高的细胞生物学对研究国家的要求较高,这就造成了很大的地区差异。

总体而言,细胞生物学领域的文献数量呈现出分布不均衡的现状。从各大洲板块来看,欧美地区优势突出,一共有八个国家上榜。其中,美洲国家以独占鳌头的美国和排名中间的加拿大为代表,欧洲国家则占了六个

---

[1] 高习习:《细胞起源研究在中国》,博士学位论文,中国科学技术大学,2019 年。
[2] 高晗,钟蓓:《转基因技术和转基因动物的发展与应用》,现代畜牧科技,2020 年第 6 期,第 1－4 页。
[3] 杨瑞:《浅析生物细胞工程的现状及未来展望》,科技风,2020 年第 6 期,第 11 页。

席位,中国与日本作为亚洲国家分列第六位与第五位。可见,北美洲和欧洲是细胞生命科学发文频率和热度最高的地区。其他地区仅亚洲出现较少量的文献。在国家分布上,几乎所有的文献集中在前十名的国家中,前几名国家的发文总数占据了80%以上。以目前该领域发文量情况来看,基本上形成了美国一枝独秀领跑发展、欧洲几大国家形成一定的追赶联盟、中日两国代表新生亚洲力量的局面。

国家层面的发文数量只能从宏观展现一个国家的总体产出状况,无法呈现具体来源和国家内部科研力量的分布。通过分析论文产出机构组成(表8.2),能够更深入发现国家科研资源配置情况和具体实力。在发文量前十的机构中,美国共有八所机构上榜,其余两所非美国机构分别是法国国家科学研究中心与德国马普协会,但排名相对靠后。美国在细胞生物学领域内的实力不仅体现在上榜机构数量上,在排名上美国也占据优势,前六位机构全部出自于美国。

表8.2 发文量前十机构排名

序号	国家	机构	发文量
1	美国	哈佛大学	4649
2	美国	加利福尼亚大学系统	4230
3	美国	霍华德·休斯医学研究所	3859
4	美国	美国国立卫生研究院	2015
5	美国	德克萨斯大学系统	1854
6	美国	麻省理工大学	1736
7	法国	法国国家科学研究中心	1728
8	德国	德国马普学会	1468
9	美国	加州大学旧金山分校	1427
10	美国	斯坦福大学	1419

美国细胞生物学研究机构类型的多元化同样体现了美国在该领域内的实力。八所美国机构中不仅包括大学,还包括非营利机构、州立医学系统以及国家级别的卫生研究院。不同类型的机构参与到细胞生物学领域研究,可以看出美国在细胞生物学研究的投入更为全面,科研力量分布更加均衡。机构产出数量上的优势更是充分证明了美国在该领域内的话语权。

发文量位于前三的机构产出数量相差较小,且每个机构都保持在3800篇以上。从第四位国立卫生研究院开始,文献数量出现较大的差距,与第三位霍华德·休斯医学研究所相差近2000篇。相同国家内,不同机构间的实力也有所差距。高等学府得益于更多学科基础支撑,与源源不断的科学人才输入,有着更明显的优势。

榜上仅有的两所非美国机构分别是法国国家科学研究中心与德国马普学会。德国马普学会的性质同霍华德·休斯医学研究所相似,都是非政府、非营利机构。马普学会的研究范围更为广泛,而霍华德·休斯医学研究所则侧重于医学领域,因此马普学会在发文数量上并不占据优势。与发文国家区域分布相似,在发文机构分布上仍然呈现不均衡现象,前十所机构全部由欧美包揽,从侧面反映了亚洲机构在文献产出上与世界领先机构仍有较大的差距。

8.1.3 文献质量的整体分析

文献数量从一方面反映了细胞生物学领域的科研产出效果,以及各个国家和机构整体的实力,但是无法反映其成果质量。本小节从文献的 H 指数、篇均被引频次等指标探究细胞生物学领域文献的影响力。统计近 20 年中,该领域每年产出文献的数量,以及对应的 H 指数、总被引频次、施引文献、篇均被引频次、每篇每年平均被引频次,得到表 8.3,并绘制指标趋势,如图 8.4 所示。

表 8.3 逐年发表期刊文献影响力比较

年份	发文总量	H 指数	总被引频次	施引文献	篇均被引频次	每篇每年平均被引频次
2000	1158	278	258905	215073	223.58	11.18
2001	1166	276	243271	200172	208.64	10.98
2002	1053	288	267292	221647	253.84	14.10
2003	1107	291	274365	225397	247.85	14.58
2004	1119	284	259910	218032	232.27	14.52
2005	1168	286	282923	232592	242.23	16.15
2006	1206	286	304866	251395	252.79	18.06
2007	1262	287	313716	253799	248.59	19.12
2008	1302	277	273887	222531	210.36	17.53
2009	1369	278	265662	211465	194.06	17.64
2010	1512	254	259993	207212	171.95	17.20
2011	1556	259	249937	198469	160.63	17.85
2012	1940	257	274651	212928	141.57	17.70
2013	2175	241	262270	197545	120.58	17.23

续上表

年份	发文总量	H指数	总被引频次	施引文献	篇均被引频次	每篇每年平均被引频次
2014	2456	224	246570	184124	100.39	16.73
2015	2639	202	220086	160112	83.40	16.68
2016	2874	165	166915	121754	58.08	14.52
2017	2839	132	119832	87684	42.21	14.07
2018	3199	102	82159	58927	25.68	12.84
2019	3221	54	31975	24159	9.93	9.93

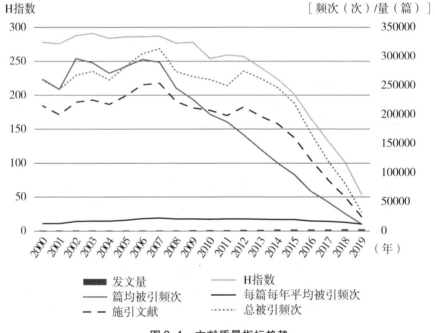

图 8.4 文献质量指标趋势

由上节 8.1.2 可知，细胞生物学领域文献数量近 20 年呈现逐年递增的趋势。然而，由图 8.4 可以得出，每篇每年平均被引频次一开始逐渐上升，在中间年份趋于平缓，后来又逐渐下降。除了这一指标以外，其余反映文献质量的指标，如 H 指数、施引文献、总被引频次、篇均被引频次等，均呈现出相似的走势。在 2007 年之前，这些指标上下波动；从 2007—2012 年间，开始出现缓慢的下降；而在 2012 年以后，每年均发生幅度较大的下降。

总被引频次在 2007 年前，呈现出震荡上升的趋势，说明 2007 年之前发表的细胞生物学文献质量较高，故价值认可度处于攀升的状态。在 2007 年以后，虽然每年的文献产出量仍上升，但是总被引频次却逐年下降，说明这段时间内，相关文献影响力受到一定程度的影响，引用价值开始出现下滑。而篇均被引频次＝总被引频次/发文量，H 指数也与文献近两年被引用次数有正相关关系。所以，在总被引频次下降的同时，另外两个指数也随之下降。

科学论文引用倾向于最新的科研成果。随着时间的推移，若非重大的科学发现或经典理论，多数文献的引用价值会逐年递减。H 指数与被引指数作为衡量文献影响力的指标，都与文献发表的时间有关。这些指标随着时间推移出现下降有两种可能性：一是过去的高价值文献数量有限，或者没有持续发挥知识扩散作用，出现一定的消退现象；二是存在一定的"科学睡美人"现象，即一些高价值文献还未被挖掘，从而没有体现出较高的影响力。2007 年之后，细胞生物学领域的文献被引频次和 H 指数下降，说明过去时间内，领域文献的价值随着时间推移在逐渐消退，或者存在一些高质量的文献，其价值还没有被识别。

8.2 研究主题与知识基础的迁移

研究主题反映了一个领域在一定时间段内的研究重点，从时间轴来看能够得到该领域的演变发展状况；而知识基础则代表了该领域所借鉴的知识所属来源，可在一定程度上反映本领域与其他学科的联系。通过研究细胞生物学研究主题与知识基础 20 年的迁移，能够更清晰地呈现该领域的演化脉络。

8.2.1 研究知识基础的迁移

利用 CiteSpace 软件的 JCR Journal Maps 分析引文功能，研究领域的期刊引证关系，逐年绘制 2000—2019 年的细胞生物学领域学术期刊叠加图谱，并选出其中四张图谱（图 8.5—图 8.8），分别为 2001 年、2009 年、2015 年、2019 年细胞生物学期刊叠加图谱。在 JCR Journal Maps 图谱中，首先按照期刊所属的学科领域进行了聚类，每个聚类均代表了某个学科领域相关的期刊集合；其次，每一张子图的左侧区域表示施引期刊，右侧区域表示被引期刊，连线代表引用与被引用的关系。通过比较分析近 20 年中每年施引期刊与被引期刊的变化情况，探究细胞生物学领域基础知识的迁移状况。

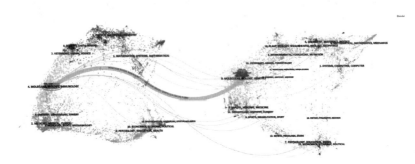

图 8.5　2001 年细胞生物学学期刊叠加图谱

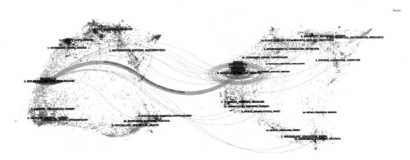

图 8.6　2009 年细胞生物学学期刊叠加图谱

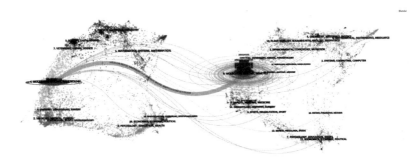

图 8.7　2015 年细胞生物学学期刊叠加图谱

从细胞生物学近 20 年的 JCR Journal Maps 图谱来看，主要期刊引用的文献所属领域整体上变化不大。细胞生物学归属于分子学、生物学、免疫学聚类（#4. Molecular, Biology, Immunology），其所引用的期刊几乎全部出自于分子学、生物学、遗传学聚类（#8. Molecular, Biology, Genetics）。在

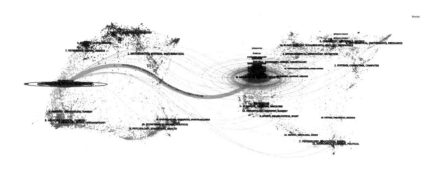

图 8.8　2019 年细胞生物学学期刊叠加图谱

选取的 20 年中，细胞生物学期刊引用范围有向周边辐射扩散的趋势，但是扩散增加的范围并不明显，这说明细胞生物学的知识基础在长期内处于较稳定的状态，并未发生明显的增扩或转移现象。

具体而言，从 2001 年开始，细胞生物学期刊引用文献主要来自聚类#8，少量引用涉及环境学、毒理学、营养学（#2. Environmental, Toxicology, Nutrition），植物学、生态学、动物学（#10. Plant, Ecology, Zoology），兽医学、动物科学、寄生虫学（#11. Veterinary, Animal, Parasitology），化学、材料、物理（#4. Chemistry, Materials, Physics），健康学、护理学、医学（#5. Health, Nursing, Medicine），皮肤学、牙科学、外科学（#14. Dermotology, Dentistry, Surgury），体育学、康复学、运动学（#9. Sports, Rehabilitation, Sport），心理学、教育学、社会学（#7. Psychology, Education, Social）八个聚类的期刊；较少量引用来自系统、计算、计算机（#1. Systems, Computing, Computer），运算学、数学、机械学（#6. Mathematical, Mathematics, Mechanics），经济学、经济、政治学（#12. Economics, Economic, Political），眼科学（#16. Ophthalmology, Ophthalmic, Ophthalmologica）四个聚类期刊；极少量引用来自法医学、解剖学、医学（#19. Forensic, Anatomy, Medicine）聚类期刊。从 2003 年开始，又增加了地球学、地质学、地球物理学（#3. Earth, Geology, Geophysics），历史学、哲学、记录科学（#18. History, Philosophy, Records）两个聚类。

从 2003 年以后，细胞生物学的引用范围基本趋于稳定，没有再增加新的学科领域文献，但是对于个别领域，由一开始的少量引用逐渐递增为高频次引用，出现了某些由细胞生物学领域期刊施引的高被引文献。首先，聚类#8 中高被引文献数量随着年份推移，每年都有所增加。到 2019 年，聚类#8 已经形成了数量庞大的高被引文献群。由此可见，细胞生物学领域的科研成果大部分建立在分子学、生物学、遗传学的知识基础之上，这些高被引文献群为细胞生物学的发展输出了重要保障力量。其次，从2009年开始，植物学、生态学、动物学（#10. Plant, Ecology, Zoology）和健康学、护理学、医学（#5. Health, Nursing, Medicine）开始出现高被引文献。其中，聚类#5的高被引文献数量在往后几年中呈现上升趋势，到2019年时已经形成了文献数量较为可观的高被引文献群；这说明从2009年开始，细胞生物学领域的研究聚焦于医学护理方面的成果，并出现大规模的引用。细胞生物学研究借鉴医学护理研究，与其重视应用发展，由理论研究领域过渡到应用研究领域有一定关系。而聚类#10在2009年之后基本呈现停滞现象，高被引文献并没有进一步增加形成规模。另一个出现高被引文献的聚类是2015年的化学、材料、物理（#4. Chemistry, Materials, Physics），与聚类#5相类似，同样呈现出规模扩增的趋势；这反映出2015年后，细胞生物学研究大量借鉴聚类#4的研究成果，一些化学物理方法大规模地运用于细胞生物学领域的研究，例如有机高分子材料运用于细胞核孔的动力学研究[1]、纳米粒子介导下细胞效应研究[2]等。

总体上看，细胞生物学领域研究的知识基础较为稳定。除了集中引用本领域的期刊文献以外，细胞生物学对医疗护理、化学物理材料等聚类文献也产生了高频次引用，这与其研究方向的转变和运用的方法工具有较为密切联系。除此以外，在近20年内，细胞生物学虽然对多个领域的期刊有所引用，但是大多数引用仅停留在零星的知识转移路径上。

8.2.2 研究前沿的演化

CiteSpace中的Timeline视图功能将不同的主题聚类切分成不同时间片，能够清晰地展示各个聚类在时间轴上的不同情况，呈现文献的重要程度和被引状况[3]。相比普通的聚类功能，Timeline更能够体现时间维度上的变化，方便呈现高被引和高中心度的重要文献对于聚类群的贡献程度。将十本期刊20年内的文献导入CiteSpace，生成Timeline视图，如图8.9所示。

---

[1] 钮文权：《药物大分子穿越细胞核孔的动力学理论模型研究》，[博士学位论文]，东南大学，2016年。

[2] 吴交交，樊星，高芮：《磁性纳米粒子介导的细胞生物学效应》，生命的化学，2019年第5期，第885–896页。

[3] 李韵婷，郑纪刚，张日新：《国内外智库影响力研究的前沿和热点分析——基于CiteSpace V的可视化计量》，情报杂志，2018年第12期，第78–85页。

8　细胞生物学研究中心转移的知识图谱 217

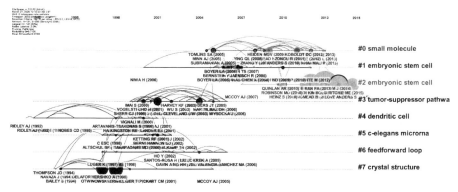

图 8.9　主题聚类的 Timeline 视图

Timeline 视图从左到右表示时间由远及近，自上而下则意味着聚类群从大到小。每个横轴都是某一个聚类在同个时间段内的发展轨迹。每个节点代表一篇文献，节点越大表示文献共被引次数越多，连线两端的文献之间存在共被引的关系。

从整体的时间轴分布视图来看，最大的三个聚类群 Small Molecule、Embryonic Stem Cell 和 Tumor-suppressor Pathway 均在 2005 年以后形成，其余五个较小的聚类则在时间轴最左端（即 1992 年）就开始逐渐形成。由 Timeline 视图可见，细胞生物学的科研阶段规律性较强，多数聚类持续的时间在十年左右，极少出现某一个研究主题的热度一直持续而不消退，因而没有一个聚类的相关文献贯穿整条时间轴。较大的节点出现在 2010—2015 年间，意味着这段时间内该领域出现了较多影响力较大的高被引论文。该视图选取的是最大的八个聚类群，从年份上看，最晚的文献仅能够追溯到 2015 年，表示 2016 年以后发表的文献并不在最大的八个聚类群当中，而是出现了新的聚类主题。

使用 CiteSpace 中的 Citation/Frequency Burst 功能，可以在 Timeline 视图中将各个年份的文献引用进行高光化处理，以发现不同年份的知识扩散深度和广度。可以发现，按照引用突现，可以把知识扩散划分为几个不同阶段。在 2005 年前，不同文献之间的引用频率较低，不同聚类之间的知识流通强度也较弱。图 8.10 展示了 2001 年的 Citation Burst 视图，从图中可见，引用路径的高光部分密度不高，仅有少数几条，且均处在同一个聚类内；从 2006 年开始，细胞生物学领域的文献引用频次出现较大幅度的增长，且跨度相较之前也有较大提升。图 8.11 展示了 2006 年和 2007 年的 Citation Burst 视图，从图中可见，有多条引用路径出现了高光显示，密度相较上一阶段有了大幅提升，且存在跨聚类间的引用，即知识发生了较大范围的扩散现象。

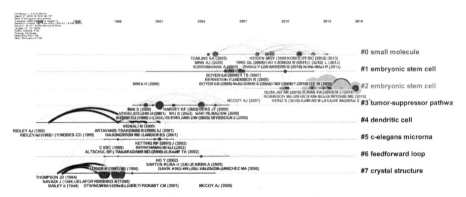

图 8.10　2001 年 Citation Burst 视图

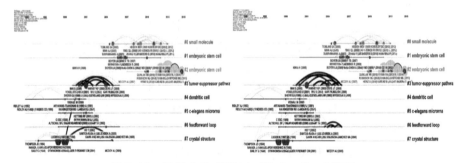

图 8.11　2006 年和 2007 年 Citation Burst 视图

从 2008—2010 年间，不同文献和聚类间的知识流动出现一定的减弱，如图 8.12 所示。从 2011 年开始，知识流动效应又再次增强，一直持续到 2016 年，如图 8.13 所示。

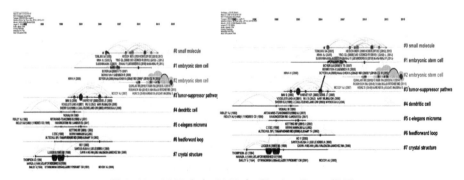

图 8.12　2008 年与 2009 年 Citation Burst 视图

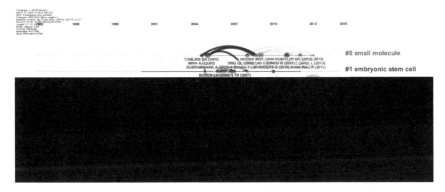

图 8.13　2011 年 Citation Burst 视图

在 Timeline 视图中，一些重要文献较为突出。发现聚类的奠基性文献和高影响力文献，并且通过其内容分析，能够更加清晰地展现科学领域中知识的流动和扩散分布。可以看到，细胞生物学领域在时间轴上的奠基性文献是 Ridley AJ 在 1992 年发表于 *Cell* 的 The small GTP-binding protein Rho regulates the assembly of focal adhesions and actin stress fibers in response to growth factor，该研究用微量注射法研究了一种结合蛋白 Rac 在成纤维细胞中的作用。研究发现 Rac 能迅速刺激肌动蛋白丝在质膜上的聚集，形成膜皱褶，表明内源性 Rac 蛋白是生长因子诱导膜皱褶的必要条件，证实了 Rac 和 Rho 是连接生长因子和聚合肌动蛋白组织的信号转导途径当中的重要组成部分[①]。

另一类值得关注的是高影响文献。文献影响度一定程度可体现在中心性，表 8.4 截取了中心性前五名的文献。其中，T. Jenuwein 于 2001 年通过组蛋白氨基末端修饰的组合性质，揭示了一种"组蛋白密码"，大大扩展了遗传密码的信息潜力；其研究还将这种表观遗传标记系统引申为一种基本的调控机制，并发现其不仅对大多数染色质模板化过程有影响，且对决定细胞命运，包括正常和病理性发育都有深远的影响。P. Emsley 于 2004 年梳理了分子图形学的功能意义，并阐明了其基本理论；还开发出一种模型工具，用以系统性建构和使用分子图形，在确定蛋白质结构上产生较深远的影响。T. Kouzarides 于 2007 年证明了蛋白质表面修饰的功能要么通过破坏染色质接触，要么通过影响染色质中非组蛋白的招募而起作用。它们在组蛋白上的存在可以决定 DNA 被包装的高阶染色质结构，并且可以协调酶复

---

① Ridley A J and HALL A：The small GTP-binding protein Rho regulates the assembly of focal adhesions and actin stress fibers in response to growth factors [J]. Trends in Cell Biology, 1992.

合物的有序招募来操纵 DNA，从而影响许多基本的生物学过程。TS Mikkelsen 于 2007 年利用单分子测序技术，通过从染色质免疫沉淀 DNA 中获得的超过 40 亿个碱基序列，生成了小鼠胚胎干细胞、神经祖细胞和胚胎成纤维细胞的全基因组染色质状态图，开创性地应用全面的染色质分析来表征不同的哺乳动物细胞群。H. Cho 于 2001 年发现缺乏 *Akt2* 的小鼠由于激素对肝脏和骨骼肌的作用缺陷，胰岛素降低血糖的能力受损，据此证实了 *Akt2* 是维持正常葡萄糖稳态的一个重要基因。

表 8.4　Timeline 视图的高中心度文献

文献名称	作者	发表年份	聚类中心性	研究意义
*Translating the Histone Code*①	T. Jenuwein 等	2001	0.70	揭示了一种"组蛋白密码"，发现其对细胞命运的决定性影响
*Coot: model-building tools for molecular graphics*②	P. Emsley 等	2004	0.48	开发了分子图形学理论的工具模型
*Chromatin modifications and their function*③	T. Kouzarides 等	2007	0.46	证明了蛋白质表面修饰协调酶复合物的有序招募来操纵 DNA
*Genome-wide maps of chromatin state in pluripotent and lineage-committed cells*④	TS Mikkelsen 等	2007	0.40	开创性地应用全面的染色质分析来表征不同的哺乳动物细胞群
*Insulin Resistance and a Diabetes Mellitus-Like Syndrome in Mice Lacking the Protein Kinase Akt2（PKBβ）*⑤	H. Cho 等	2001	0.39	证实了 Akt2 是维持正常葡萄糖稳态的一个重要基因

　　① JENUWEIN T. Translating the histone code [J]. Science, 2001, 293 (5532): 1074.
　　② EMSLEY P, COWTAN K. Coot: Model-building tools for molecular graphics [J]. Acta Crystallogr D Biol Crystallogr, 2004, 60 (12-1): 2126-2132.
　　③ KOUZARIDES T. Chromatin modifications and their function [J]. Cell, 2007, 128.
　　④ MIKKELSEN T S, KU M, JAFFE D B, et al. Genome-wide maps of chromatin state in pluripotent and lineage-committed cells [J]. Nature, 2007, 448 (7153): 553-560.
　　⑤ CHO H, MU J, KIM J K, et al. Insulin resistance and a diabetes mellitus-like syndrome in mice lacking the protein kinase Akt2 (PKBβ) [J]. Science, 2001, 292 (5522): 1728-1731.

关键词突现是发现某个时间段内研究领域高热度话题的重要方法，CiteSpace 的 Burstness 探测功能能够定位文献关键词突现热度，从而为我们确定前沿研究领域提供一定的参考思路。利用生物细胞学 JCR 排名前十的期刊，导入近 20 年文献数据，进行关键词共现处理，进而对结果进行聚类；点击"Burstness"按钮，对参数进行调整，选择热度最少持续年份为四年，截选出突现程度最高的前 25 个关键词，如图 8.14 所示。

Top 25 Keywords with the Strongest Citation Bursts

Keywords	Year	Strength	Begin	End	2000 – 2019
caenorhabditis elegan	2000	48.494	2000	2011	
cell cycle	2000	81.7358	2000	2010	
saccharomyces cerevisiae	2000	122.8951	2000	2009	
drosophila	2000	52.873	2000	2009	
family	2000	69.2177	2000	2009	
escherichia coli	2000	68.0629	2000	2009	
yeast	2000	75.0489	2000	2007	
binding protein	2000	59.0902	2000	2007	
localization	2000	59.1184	2000	2006	
disease	2000	31.5669	2013	2019	
sequence	2000	53.1037	2000	2005	
domain	2000	35.2426	2000	2005	
protein kinase	2000	48.0089	2004	2009	
self renewal	2000	33.4425	2008	2013	
budding yeast	2000	41.6949	2000	2004	
dna	2000	45.3631	2001	2005	
crystal structure	2000	49.1735	2003	2007	
induction	2000	20.4991	2009	2013	
apoptosis	2000	9.7922	2010	2014	
mouse model	2000	42.7913	2013	2017	
mouse	2000	17.7085	2013	2017	
structural basis	2000	35.8508	2006	2009	
kinase	2000	9.0407	2007	2010	
mammalian cell	2000	32.5149	2007	2010	
breast cancer	2000	33.6855	2008	2011	

图 8.14 关键词突现

由图 8.14 突现关键词的强度和时间分布可以看出，大部分突现均启于

2000年前后。特别是2000年，在25个关键词当中，有12个热词是于当年开始突现的，这说明对于细胞生物学领域来说，2000年是一个较为关键的时间点；这一年有多个研究主题呈现高活跃度，并且迅速地成为学者们关注的焦点。另一个有较多突现热点的形成时间是2010年前后，这个时间段有7～9个关键词开始呈现高热度，说明该时段也是研究前沿涌现的高峰期。从突现的强度和持续度来看，突现强度较高的关键词集中涌现于2000年前后，突现维持的时间也更久，大部分能够持续在六年以上；这从客观反映出这个时间段内的突现主题研究更有价值，学界对其的探究也更为深入。2010年前后突现的词汇，其维持的时间多数在四年以下。

从单个突现关键词来看，突现时长最久的是Caenorhabditis Elegans，即秀丽隐杆线虫。秀丽隐杆线虫和人类有很多相同的基因，而且寿命又比较短，一般只有2周的寿命。线虫在短期内的寿命变化，可以作为人类抗衰老的重要参考依据。自1965年起，科学家Sydney Brenner首次利用秀丽隐杆线虫作为分子生物学和发育生物学研究领域的模式生物。此后不少研究以它作为生物代表，将其基因排序作为反映动植物基因序列的重要参考，借此研究参与调控程序性死亡的重要基因。秀丽隐杆线虫突现时间持续了11年，但是其突现强度处于普通水平。可见学界对于秀丽隐杆线虫的研究是长期持续的，但是没有表现出典型的短时间内的爆发性，说明作为一种典型研究对象，它具有相当的持久性和稳定性。

突现强度最高的是Saccharomyces Cerevisiae，即酿酒酵母。酿酒酵母是发酵中最常用的生物种类，具有生长周期短、发酵能力强、容易进行大规模培养等优点，以及含有多种蛋白质、氨基酸、维生素、生物活性物质等丰富营养成分一直是基础及应用研究的主要对象。酿酒酵母是第一个完成基因组测序的真核生物，测序工作于1996年完成。此后，围绕其进行的研究的便利性和透明性得到了显著提升。该关键词在2000年前出现高强度的突现，猜测与其基因测序的完成有较为紧密关联。

当前仍处于突现时期的是Disease，即疾病。该关键词突现始于2013年，目前还处于突现期。细胞是生命活动的基本单位。在有机体一切代谢活动与功能执行的过程中，细胞呈现为一个独立的、有序的、自动控制性很强的代谢体系。细胞作为有机体的最小单位，同时也是疾病发生的最小单位。现阶段细胞生物学与医学的联系日益紧密。在人类进入21世纪以来，卫生健康一直是全球科学家极力追逐和探讨的话题。在基础认知和科研工具日渐完善与发达的今天，将研究深入至细胞水平，已经成为疾病预防和诊治研究命中靶心的要点。

8.2.3 研究中心主题转移的整体趋势

随着知识流动扩散,基础科学经历一定的演化发展,一些新发现的有研究价值、现实意义以及市场潜能的主题会逐渐浮出水面,成为新的关注焦点。与此同时,新的主题会转移原有的主题研究资源。在细胞生物学领域,从17世纪细胞被发现以来,科学家对该领域的认识伴随着分子显微镜、荧光成像[①]等工具的更新迭代,经历了多次颠覆性的变化,使得研究的重点也发生了多次转移。

研究中心主题是某一领域在特定时间段被学者们重点关注,并产生较多的研究成果的重点领域。通过CiteSpace软件的Cited Reference的功能,将十本核心期刊中2000—2019年的文献数据经过聚类,选取每年聚类中,大小占全部聚类前25%大小的前若干个聚类,作为该年的研究主题代表。通过CiteSpace软件自带的三种算法,选取聚类节点最大与最适合的聚类标识词,制表进行研究中心主题转移趋势的分析(表8.5)。

表8.5 各年份前25%的聚类主题

阶段	研究中心主题	年份	聚类标识词
第一阶段	蛋白质分子机能、网络结构研究阶段	2000	histone acetyltransferases 组蛋白乙酰转移酶 inner centromere protein incenp 内着丝粒蛋白 INCENP actin network 肌动蛋白网络 s-phase cyclin s 期细胞周期蛋白 unified mechanism 统一机制
		2001	alternative RFC complex 替代 RFC 复合物 new siRNA 新 siRNA high resolution structure 高分辨率结构 DNA topology DNA 拓扑学

---

① 毛峥乐,王琛,程亚:《超分辨远场生物荧光成像——突破光学衍射极限》,中国激光,2008年第9期,第1283-1307页。

续上表

阶段	研究中心主题	年份	聚类标识词
第一阶段	蛋白质分子机能、网络结构研究阶段	2002	smc protein 染色体结构维持蛋白 phd domain protein PHD 结构域蛋白 iap protein 细胞凋亡抑制蛋白 icat complex ICAT 复合物 plant microRNA target 植物微 RNA 靶向
		2003	to-meiosis Ⅱ transition 减数分裂Ⅱ转化 arabidopsis HEN1 拟南芥 HEN1 蛋白 protein kinase aurora 极光蛋白激酶 histone H3 组蛋白 H3 DNA replication fork DNA 复制叉 insulin activation 胰岛素激活
		2004	plant microRNA 植物微 RNA（微小核糖核酸） nuclear arnine oxidase homolog LSD1 核仁氨酸氧化酶同源物 LSD1 regulatory diversity 调节多样性
		2005	histone variant H2A 组蛋白变体 H2A microRNA biogenesis 微 RNA 生物合成
		2006	histone modification 组蛋白修饰 smc protein 染色体结构维持蛋白 atr-atrip complex ATR-ATRIP 复合物 muscle lead 肌肉导线
第二阶段	生命遗传物质的编码组成和调节机制研究阶段	2007	polycomb-like protein 多囊样蛋白 small RNA library 小 RNA 文库 endocrine regulation 内分泌调节 c-src activate 细胞癌基因激活
		2008	blastocyst-derived stem cell 囊胚源性干细胞 endogenous small interfering RNA 内源性小干扰 RNA DNA replication DNA 复制 spatial restriction 空间限制
		2009	linear ubiquitin chain assembly 线性泛素链装配 pluripotent ground state 多能基态 complex mediate 复合介质 nuclear architecture 细胞核结构

续上表

阶段	研究中心主题	年份	聚类标识词
第二阶段	生命遗传物质的编码组成和调节机制研究阶段	2010	HIV-1 tat hiv-1tat 病毒 lineage-specific transcriptional regulation 谱系特异性转录调控 controlling protein aggregation 控制蛋白质聚集 diabetes susceptibility loci 糖尿病易感基因座 replication fork 复制分叉
		2011	embryonic stem cell 胚胎干细胞 mtor complex MTOR 复合体
第三阶段	医疗健康领域应用研究阶段	2012	human colon 人结肠 direct nanog target gene 直接纳米靶基因 oxytricha genome rearrangement 尖毛虫基因组重排 induced pluripotent stem cell 诱导多能干细胞
		2013	transcriptional pause release 转录暂停释放 unravelling stem cell dynamics 干细胞动力学解释 torc1 suppression TORC1 抑制
		2014	NFKB 核因子 microRNA biogenesis 微 RNA 生物合成 tissue regeneration 组织再生
		2015	type-specific enhancer 类型特异性增强子 crispr-cas system CRISPER-CAS 系统 acute myeloid leukemia 急性髓细胞白血病 single-cell resolution 单细胞分辨率
		2016	somatic cell 体细胞 DNA damage response DNA 损伤反应 tet protein 四环素蛋白
		2017	molecular characterization 分子鉴定 microenvironment evolution 微环境演化 H3K27M-mutant pediatric glioma H3K27M 突变型小儿胶质瘤 chromatin accessibility dynamics 染色质可及性动力学
		2018	T cell T 淋巴细胞 cancer genome atla 癌症基因组图谱 synovial sarcoma 滑膜肉瘤

续上表

阶段	研究中心主题	年份	聚类标识词
第三阶段	医疗健康领域应用研究阶段	2019	T cell responses T 细胞反应 tumor-specific T cell 肿瘤特异性 T 细胞

根据表 8.5 得到的各年份研究聚类的标识词，可以将近 20 年中细胞生物学领域研究分为三个不同的阶段，分别为 2000—2006 年、2007—2011 年和 2012 年以后。第一阶段中，多个年份的研究聚类标识词出现了蛋白质、组蛋白修饰、蛋白网络等，这一阶段研究主题集中在对生物大分子，特别是蛋白质分子的机能、网络结构、生命周期以及特定蛋白质，如胰岛素、生物酶功能应用的研究。第二阶段中，研究主题出现基因激活、囊胚源性干细胞、hiv-1tat 病毒等。这一阶段的研究相较第一阶段更为深入，不再停留在生物大分子的功能结构探索上面，而是进一步发展至生命遗传物质的编码组成和调节机制层面，并且开始将这一层面的研究转向应用，例如出现了将已知基因序列运用到胚胎干细胞培养的相关研究。第三阶段的研究主题则较为鲜明地与医疗健康领域有密切联系，出现了人结肠、靶基因、干细胞动力学、组织再生、急性髓系白血病、H3K27M 突变型小儿胶质瘤、T 细胞反应等主题，说明前期的基础性研究在这一阶段更多地转化成应用研究。细胞生物学与生命周期、健康寿命息息相关，学界据此将其更多地应用在为人类医疗卫生服务的层面，体现了细胞生物学的现实意义和社会价值。图 8.15 梳理了不同研究阶段的主题特点和典型的聚类标识。

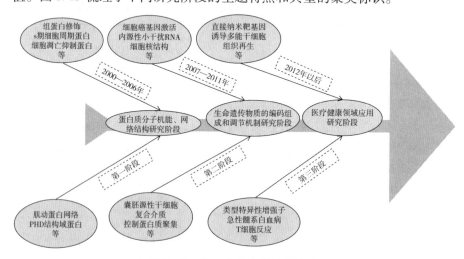

图 8.15　研究中心主题转移趋势

蛋白质以氨基酸为基本单位，是除了病毒以外，所有生命的基本物质基础，不仅是构成细胞的主要物质，更是生命活动的主要承担者。人类对细胞的探索离不开对于蛋白质的研究。蛋白质分布广泛，其功能复杂且丰富，它是构建新组织的基础材料，是合成抗体的成分；同时，生物体新陈代谢的几乎所有化学反应都是由蛋白酶催化而来。氨基酸按照一定的顺序构成多肽链，而一条或以上多肽链以一定的空间结构，按照特定结合的方式组成了复杂的蛋白质分子。因而，洞悉蛋白质的网络空间结构，成为过去科学家们重点探讨的领域。

2000—2006 年间，蛋白质分子结构和相应的功能机制是科学家们研究的一个热门主题。2000 年，德国科学家 Akhtar A 在组蛋白 H4 赖氨酸 16 处对染色质进行乙酰化，证明了果蝇身上的 MOF 是一种组蛋白乙酰转移酶；在染色质的活化过程中，乙酰化的剂量参与了转录[1]。2002 年，COHEN RE 等发现 HAUSP 能特异地使肿瘤抑制蛋白 P53 保持稳定，并揭示了它的晶体结构[2]。2005 年，Jin A Shin 等人发现 Hus5 通过与异染色质蛋白的相互作用，与异染色质结合，并修饰异染色质稳定所需的底物，包括异染色质蛋白质本身[3]。

在长期的研究中，一方面，学者们发现蛋白质分子结构具有丰富的多样性[4]，且其结构特征与生理性功能密不可分。蛋白质分子中关键活性部位氨基酸残基的改变，会影响其生理功能，甚至造成分子病（molecular disease）。例如，镰状细胞贫血，就是由于血红蛋白分子中两个 beta 亚基第六位正常的谷氨酸变异成了缬氨酸，从酸性氨基酸换成了中性支链氨基酸，降低了血红蛋白在红细胞中的溶解度，使它在红细胞中随血流至氧分压低的外周毛细血管时，容易凝聚并沉淀析出，从而造成红细胞破裂溶血和运氧功能的低下。另一方面，在蛋白质结构和功能关系中，一些非关键部位氨基酸残基的改变或缺失，并不会影响蛋白质的生物活性。例如，人、猪、牛、羊等哺乳动物

---

[1] AKHTAR A, BECKER P B：Activation of transcription through histone H4 acetylation by MOF, an acetyltransferase essential for dosage compensation in Drosophila [J]. Molecular Cell, 2000, 2：367 – 375.

[2] HU M, LI P, LI M, et al. Crystal structure of a UBP-family deubiquitinating enzyme in isolation and in complex with ubiquitin aldehyde [J]. Cell, 2002, 7：1041 – 1054.

[3] SHIN J A, CHOI E S, KIM H S, et al. SUMO modification is involved in the maintenance of heterochromatin stability in fission yeast [J]. Molecular Cell, 2005, 6：817 – 828.

[4] 徐建华，朱家勇：《生物信息学在蛋白质结构与功能预测中的应用》，医学分子生物学杂志，2005 年第 3 期，第 227 – 232 页。

胰岛素分子 A 链中 8、9、10 位和 B 链 30 位的氨基酸残基各不相同,有种族差异,但这并不影响它们都具有降低生物体血糖浓度的共同生理功能。

2007 年开始,细胞生物学的研究主题开始由主要探索蛋白质大分子结构和机能转向研究遗传物质编码和调节机制。蛋白质的组成结构、理化性质及其特殊功能作为生命的外在表征,由遗传信息所控制。例如,人体通过内分泌系统中各种激素(荷尔蒙)和神经系统共同调节代谢和生理功能。内分泌系统由内分泌腺、分散存在的内分泌细胞及它们分泌的激素组成,参与调节人体的代谢过程、生长发育、生殖衰老等许多生理活动和生命现象,同时协同各种酶素(生化酶)维持人体内环境的相对稳定性,以适应复杂多变的体内外变化。这一系统的运转,包括激素分泌、运输等都受到大脑和垂体的控制,而所有生命的发育均与细胞内的遗传物质所携带的信息有关。因此,遗传物质信息可以说控制着细胞的生命周期。

在调控细胞生老病死的遗传信息载体方面,遗传物质与基因有不同的侧重点。遗传物质是一种化学物质,强调的是其化学本质,绝大多数生物的遗传物质都是 DNA,极少数病毒的遗传物质是 RNA;而基因强调的则是功能意义,它是有遗传效应的 DNA 片段,即 DNA 某一片段控制着特定的蛋白质的合成和某一生命体征。基因的剪接受到转录物质影响。在研究基因剪接问题上,2007 年,Jeffrey A Pleiss 等人验证了酿酒酵母中转录物的剪接在翻译受损的情况下会受到调节的假设[1]。他们使用基于微阵列的实验策略,发现在氨基酸饥饿诱导后的几分钟内,大多数 RPGs(某一基因片段)的剪接被特异性地抑制。在极端状态下,细胞自身的调节机制会产生一定的应激反应,这与 DNA 的控制有紧密联系。在该问题的研究上,2009 年,Matina Economopoulou 等人基于以往研究结果,进行了深入的拓展研究,证明了存在一种标志物磷酸化组蛋白 H2AX,该蛋白质是在缺氧情况下诱导增殖内皮细胞,产生 DNA 修复和复制反应的原因[2]。

由于前期针对细胞外在表征分子的相关研究较多,积累了一定的基础知识,第二阶段的多数中心主题开始转向细胞内在物质以及调控机制的研究,实际上是细胞生物学开始由表及里,集中地研究生命控制中心和解析

---

[1] PLEISS J A, WHITWORTH G B, BERGKESSEL M, et al. Rapid, Transcript-Specific Changes in Splicing in Response to Environmental Stress [J]. Molecular Cell, 2007, 6: 928–937.

[2] ECONOMOPOULOU M, LANGER H F, CELESTE A, et al. Histone H2AX is integral to hypoxia-driven neovascularization [J]. Nature Medicine, 2009, 5: 553.

遗传信息的表现。

细胞生物学的一个重要研究方向在于细胞的新陈代谢，这与人类的健康疾病有着直接关联。研究细胞的内部构成、化学反应和生理过程，有助于揭示生命的机理。一方面能够为人类提供一种自然界规律的认识，对于维持生物多样性和生态保护有较大的意义；另一方面，从人文观念出发，通过破译动植物基因序列，达到增产增殖的目的，无疑是保障人类食物储备和提高生活质量的一种途径。此外，细胞学更重要的是为人类的生存发展提供咨询，为破解人类疾病难题提供重要的路径，护航人类健康。因此，细胞生物学的最终目的还是服务于人本身。在第一、第二阶段的基础科学研究产生了一定的知识储备，为细胞生物学的应用发展提供了基础支撑。进入第三阶段，研究中心主题开始明显地转向应用研究领域，特别是知识较多地流向了医学学科及其分支的应用发展上，与医学形成了紧密的结合。

现阶段，细胞学领域最新的研究成果是医疗卫生事业取得战略性突破进展的有力支撑。1997 年，Grazia Ambrosini 等提出细胞凋亡抑制剂可延长异常细胞生存能力，指出其可能通过促进突变的叛乱和促进对治疗的抵抗而导致癌症[1]。研究描述了一种新的人类基因编码程序，该基因能够催生一种结构独特的 IAP 凋亡抑制剂，Grazia Ambrosini 等将其命名为 *Survivin* 基因。*Survivin* 基因在转化细胞系和所有最常见的肺癌、结肠癌、胰腺癌、前列腺癌和乳腺癌体内表达显著。存活蛋白（Survivin 蛋白）是凋亡抑制蛋白家族成员之一，具有抑制细胞凋亡和调节细胞周期的双重功能；这种蛋白质在正常细胞中却几乎不存在。癌细胞可以说与 Survivin 蛋白相互依存，正因为有这种蛋白质的凋亡抑制，使得癌细胞得以无限制地疯狂增长。因此，科学界对于 *Survivin* 基因和 Survivin 蛋白的研究正如火如荼。科学家们希望进一步研究确定存活蛋白的新靶点，并了解其生物功能，以期更好地对癌症进行潜在诊断和治疗。

在 2020 年最新的研究成果中，Nazila 等研发了一种新的药物补给机制，通过增强促凋亡因子来与 *Survivin* 基因对抗[2]。研究结果表明，该系统可以提高 DXT 等抗癌药物对乳腺癌的疗效。Parinaz Haddadi 等研究了铜（II）苯

---

[1] AMBROSINI G, ADIDA C, ALTIERI D C. A novel anti-apoptosis gene, surviving, expressed in cancer and lymphoma [J]. Nature Medicine, 1997, 8: 917 – 210.

[2] CNFMAB, DMA, EBFD, et al. Inhibitory effect of melatonin on hypoxia-induced vasculogenic mimicry via suppressing epithelial-mesenchymal transition (EMT) in breast cancer stem cells [J]. European Journal of Pharmacology, 2020.

基氨基硫脲复合物（Cu – PTSC）对人急性髓系白血病 KG1a 细胞株的抗增殖和凋亡作用①。结果表明，Cu – PTSC 可能为急性髓系白血病的治疗提供一种新的治疗途径。

8.3 细胞生物学研究的中心区域转移

研究的转移不仅体现在主题方面，从地理位置的意义上讲，科学活动中心的移动同样伴随着研究资源聚集地和成果产出地的迁移。细胞生物学这一生物学分支发源于欧洲，其后随着殖民资本扩张流传到了亚洲和美洲等地。在信息传递和知识交流相当活跃的今天，各个板块区域对细胞生物学的研究每年都在发生着不同程度的发展，曝光度和资源配置程度同样也在发生着微妙的变化。

8.3.1 研究中心的热点区域

研究中心热点区域在某一段时间内出现文献的大规模发表，与国家地区科研实力、教育水平、相关人员以及硬件资源配备有着密切的联系。探索区域科研热度，进一步挖掘领域研究的空间移动路径，能够在一定程度上反映该学科的发展规律，特别是不同国家地区与机构的科研力量分布规律。利用 Google Map 的功能，结合 Web of Science 上的数据，定位近 20 年中细胞生物学在全球范围内的研究中心区域（图 8.16）。

从 Google Map 图谱可见，全球范围内的研究机构数量呈现逐渐增多的趋势。热度最高的区域主要集中在欧洲与美洲，并逐渐向亚洲扩展。具体来看，在统计的初始年份，细胞生物学的研究机构数量较少，产出规模较小，热点区域尚不明显，但欧洲、美国与日本等地已经开始呈现出研究中心的潜力。其中，欧洲地区主要集中在中西部，研究的主要国家有英国、法国、德国等；美国的研究区域主要集中在东北部，西海岸的热度暂时还不明显；在亚洲方面，日本是唯一呈现一定热度的区域。

2005 年前后，欧洲的热度区域明显扩大，高热度范围覆盖英国、德国、

---

① HADDADI P, MAHDAVI M, RAHBARGHAZI R, et al. Down-regulation of Bcl2 and Survivin, and up-regulation of Bax involved in copper (Ⅱ) phenylthiosemicarbazone complex-induced apoptosis in leukemia stem-like KG1a cells [J]. Process Biochemistry, 2020.

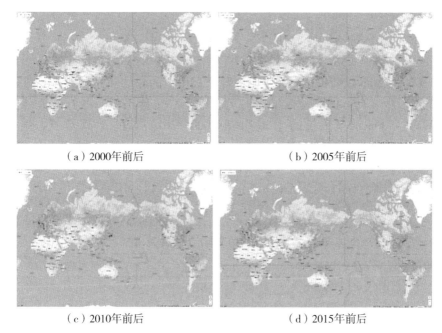

图 8.16 研究中心热点区域

法国、意大利等国家,英国是欧洲热度最明显的国家。欧洲的中西部、美国的东北部以及日本仍然是全球细胞生物学热度较高区域。到 2010 年前后,欧洲的高热度区域基本稳定在英国、德国、法国、意大利四个国家;同时,美国高热度区域在西部海岸的扩展逐渐加快;亚洲开始出现继日本之后的第二个高热地区,中国台湾逐渐跻身细胞生物学领域的研究中心,但是在机构数量上亚洲地区依旧不占优势。

2015 年前后,在全球范围内,传统的细胞生物学研究中心热度区域变化不大,但是一些新的热度区域频繁涌现,特别是亚洲地区,例如韩国成为亚洲新的高热度区域、波斯湾沿岸的以色列成为最小的高热度区域。值得一提的是,中国开始显示出强劲的热度研究中心潜力。因为中国幅员辽阔、机构分散,高热度区域形成难度较高,但是热度区域的扩展速度很快,主要发生在中国大陆中部和南部。

总体来看,热度区域随着时间的推移,在全球范围扩散趋势明显。最主要的高热度区域分布在美国东北部和西海岸;欧洲主要体现在英国、德国、法国和意大利,且热度区域相对来说更为集中;亚洲作为后起之秀,从开始仅有日本的局面,逐步向中国、韩国等扩展。相比之下,由于美洲与亚洲的地域辽阔,研究机构分散程度较高。

8.3.2 研究中心国家（地区）的转移

Google Map 仅能提供研究中心在各个板块上的轮廓和大致的移动图景。为了进一步从具体国家地区层面揭示研究中心转移路径，将上文研究中，从 Web of Science 下载的十本期刊 2000—2019 年的文献数据，通过 CiteSpace 软件进行文献共被引聚类分析，结合 8.2.3 方法确定逐个年份的研究主题。回溯各年份研究主题所涵盖的所有文献，对各年份发表文献的前五名国家地区统计汇总（表 8.6），同时，计算这些国家地区出现在前五名中的次数和平均名次（图 8.17 与表 8.7）。

表 8.6 聚类主题的文献产出国家前五名

年份	国家	文献数量	占当年主题比例/%
2000	美国	87	71.31
	英国	17	13.93
	法国	10	8.20
	德国	9	7.38
	澳大利亚	6	4.92
2001	美国	109	68.99
	德国	24	15.19
	法国	15	9.49
	英国	13	8.23
	澳大利亚	9	5.70
2002	美国	126	75.44
	德国	14	8.38
	法国	12	7.18
	英国	9	5.38
	日本	9	5.38
2003	美国	116	69.461
	英国	20	11.976
	德国	13	7.784
	法国	11	6.587
	澳大利亚	8	4.79

续上表

年份	国家	文献数量	占当年主题比例/%
2004	美国	94	76.423
	德国	13	10.569
	法国	11	8.943
	英国	9	7.317
	加拿大	7	5.691
2005	美国	78	73.585
	德国	10	9.434
	英国	6	5.66
	法国	6	5.66
	日本	5	4.717
2006	美国	135	74.586
	英国	16	8.84
	德国	15	8.287
	日本	12	6.63
	法国	11	6.077
2007	美国	116	72.5
	德国	16	10
	英国	12	7.5
	日本	12	7.5
	法国	10	6.25
2008	美国	29	13.679
	德国	22	10.377
	荷兰	15	7.075
	日本	11	5.189
	英国	29	13.679
2009	美国	127	73.837
	德国	18	10.465
	日本	16	9.302
	英国	15	8.721
	加拿大	11	6.395

续上表

年份	国家	文献数量	占当年主题比例/%
2010	美国	172	65.649
	英国	38	14.504
	德国	38	14.504
	法国	24	9.16
	加拿大	18	6.87
2011	美国	185	78.39
	英国	21	8.898
	加拿大	16	6.78
	德国	16	6.78
	日本	15	6.356
2012	美国	209	76.557
	德国	30	10.989
	英国	28	10.256
	中国	26	9.524
	加拿大	20	7.326
2013	美国	252	69.041
	英国	60	16.438
	德国	48	13.151
	中国	30	8.219
	荷兰	23	6.301
2014	美国	313	71.298
	德国	55	12.528
	英国	46	10.478
	中国	42	9.567
	法国	37	8.428
2015	美国	219	75.517
	中国	36	12.414
	英国	33	11.379
	德国	32	11.034
	日本	20	6.897

续上表

年份	国家	文献数量	占当年主题比例/%
2016	美国	219	69.304
	英国	53	16.772
	德国	51	16.139
	中国	34	10.759
	荷兰	33	10.443
2017	美国	367	79.783
	英国	67	14.565
	德国	67	14.565
	瑞士	46	10
	中国	44	9.565
2018	美国	614	73.887
	德国	138	16.606
	英国	129	15.523
	中国	110	13.237
	荷兰	70	8.424
2019	美国	410	71.304
	德国	101	17.565
	英国	85	14.783
	中国	71	12.348
	加拿大	56	9.739

表 8.7 各国平均排名

国家	美国	英国	德国	法国	荷兰	意大利	瑞士	中国	日本	澳大利亚	加拿大
平均排名	1	2.85	2.6	3.9	4.5	4	4	3.9	4.4	5	4.5

由统计结果可知,近 20 年中,上榜的国家数量总共有 11 个,研究中心国家地区相对多元。除了美国 20 年来常居首位,其余四个位次的国家变化较大,特别是第四、第五名随着年份迁移出现了明显更替,意味着研究中心国家发生了转移。

在成为中心主题发文量前五名的国家中,美国的领先优势十分明显,20 年内一直占据第一名的位置,且每年文献数量占比上一直超过全球的半

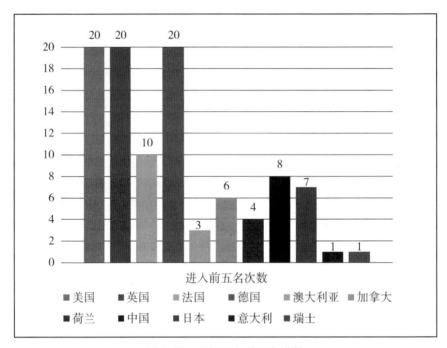

图 8.17　各国进入前五名次数

数,近乎实现了对中心主题研究的垄断。2011 年,美国的发文量占全球发文量的 78%,共发表 185 篇相关文献,远超第二到第四名之和。强大的学科基础、丰富的资源配备以及常年保持着高产输出,使得美国长期处于研究中心国家的核心地位。不论是在文献绝对数量上还是在占比上,美国的科研机构实力在细胞生物学领域形成了重要的影响力,并且已经成为该领域的风向标。除了美国,在这份榜单上,英国与德国每年也各占有一席之地。英国与德国是传统的生物学领域强国,在近 20 年内两国轮流交替地占据第二名和第三名的位置,且二者的实力均衡,平均排名非常接近。通过以上数据分析,在细胞生物学领域,美国、英国与德国三个国家长期以来均是研究中心国家,至少在近 20 年,研究中心的地位被以上三个国家牢牢掌控,并没有发生转移趋势。

荷兰、日本和加拿大虽然没有稳定地占据前五名的席位,无法与美国、法国、德国相提并论,但是长期以来表现相对较为活跃,在前五名的榜单中出现的频次较高,而且没有出现明显的中断或消退迹象。这三个国家的科研产出较为稳定,即使不是研究中心,也是细胞生物学领域科研力量较为突出的国家。特别是日本,从 2000 年开始便有稳定的输出。日本的平均名次为 4.4,最高排名是 2009 年的第三名,在前五名的榜单上出现了七次,出现的年份分布较为均匀，目前仍然保持着较高的竞争力水平，是亚洲地区细胞生物学研究领域的中坚力量。

前五名中，名次的波动主要发生在第四到第五名。其中，研究中心有较为明显的淡化和转移趋势的是法国和澳大利亚。2000—2007 年间，法国较为稳定地保持科研产出，位列第三名到第五名之间；其间，较为突出的是 2000—2002 年，连续三年排在第三名位置，表现较为抢眼。但是从 2008 年开始，法国开始淡出榜单，仅在 2010 年和 2014 年出现过两次，与前一阶段的稳定状态相去甚远。从 2015 年开始，法国便不再出现在前五名的行列中，说明其细胞生物学的科研产出已经被其他国家和地区赶超，研究中心的地位被取而代之。与之相似的还有澳大利亚，其在 2004 年之后，研究中心的地位也明显地发生了转移。

从 2012 年开始，中国首次在细胞生物学年份研究主题发文量排在第四名，并在接下来的各个年份中保持着迅猛的上升态势。在 2015 年，中国甚至攀升到了第二名，之后又发生回落，近五年内，稳定徘徊在第四、第五的位置。从以上数据分析可得，中国从 2012 年后，开始成为新的细胞生物学领域的研究中心国家，并且曾一度上升到领域研究热度的前两名国家之一。绘制各年份前五名的国家图谱，如图 8.18 所示。

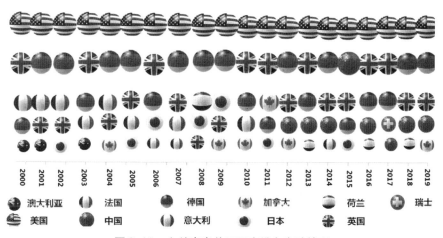

图 8.18　文献产出前五国家排名变动情况

在图 8.18 中，每一列代表某一年的前五名国家。由上至下，球体由大变小，最大的球体代表第一名，最小的代表第五名。近 20 年，细胞生物学领域研究中心前五位的国家和地区，存在一定的转移现象。首先是美国长时间以高产出和高占比牢牢掌控该领域的核心地位，引领整个学科分支的发展。其次，欧洲国家上榜数量众多，以英国和德国为典型代表，二者凭借突出的科研实力，成为长期的研究中心。现阶段，在产出规模和趋势上，以上三个国家均是毋庸置疑的研究中心国家。据此可知，细胞生物学领域的研究中心发生转移，但是并未发生颠覆性的转移。法国和澳大利亚分别从 2008 和 2004 年开始，在该领域的产出量逐渐被超越，淡出研究中心国家的名单。而中国凭借近十年的稳固发展和优异表现，开始成为亚洲地区继日本之后第二个细胞生物学的研究中心国家。

8.3.3 研究中心机构的转移

研究中心机构的转移，以微观的视角展示科学活动中心的移动轨迹。以发文量进行机构排名，同样选取排名靠前且总发文量超过当年研究主题前 25% 的机构，并统计各个机构出现的次数，绘制相应图表（表 8.8 和图 8.19）。

表 8.8 聚类主题的文献产出前 25% 机构

年份	机构	数量	比例/%
2000	哈佛大学	10	8.2
	麻省理工学院	7	5.7
	斯坦福大学	7	5.7
	欧洲分子生物学实验室	5	4.1
2001	哈佛大学	15	9.4
	麻省理工学院	9	5.6
	维也纳分子病理学研究所	7	4.4
	马萨诸塞大学	7	4.4
2002	哈佛大学	18	10.7
	德州大学	8	4.7
	马萨诸塞大学	7	4.1
	耶鲁大学	7	4.1
2003	哈佛大学	19	11.3
	加州大学伯克利分校	7	4.1
	斯坦福大学	6	3.5
	加州大学洛杉矶分校	6	3.5

续上表

年份	机构	数量	比例/%
2004	哈佛大学	17	13.8
	麻省理工学院	6	4.8
	纪念斯隆－凯特琳癌症中心	5	4.0
2005	哈佛大学	14	13.2
	洛克菲勒大学	9	8.4
	美国冷泉港实验室	5	4.7
2006	哈佛大学	34	18.7
	德州大学	12	6.6
2007	哈佛大学	30	18.7
	德州大学	12	7.5
2008	哈佛大学	28	13.2
	麻省理工学院	14	6.6
	加州大学旧金山分校	10	4.7
2009	哈佛大学	23	13.3
	马萨诸塞大学	8	4.6
	宾夕法尼亚大学	8	4.6
	麻省理工学院	7	4.0
2010	哈佛大学	44	16.7
	加州大学旧金山分校	14	5.3
	麻省理工学院	13	4.9
2011	哈佛大学	51	21.6
2012	哈佛大学	43	15.7
	纪念斯隆－凯特琳癌症中心	16	5.8
2013	哈佛大学	56	15.3
	加州大学旧金山分校	23	6.3
2014	哈佛大学	67	15.2
	麻省理工学院	31	7.0

续上表

年份	机构	数量	比例/%
2015	哈佛大学	34	11.7
	斯坦福大学	19	6.5
	麻省理工学院	16	5.5
2016	哈佛大学	25	7.9
	麻省总医院	16	5.0
	麻省理工学院	16	5.0
	加州大学旧金山分校	16	5.0
2017	哈佛医学院	68	14.7
	纪念斯隆-凯特琳癌症中心	35	7.6
2018	哈佛医学院	115	13.8
	丹那·法伯癌症研究所	58	6.9
2019	哈佛医学院	71	12.3
	斯坦福大学	39	6.7
	麻省总医院	37	6.4

从细胞生物学领域研究中心机构分布来看，总体数据方差较大。不同机构的科研产出间存在较大悬殊，哈佛大学、麻省理工学院等机构一直是稳定的科研成果产出来源，而其余机构产出分布零散，在各年份前25%的机构名单中，有九家机构仅出现过一次。

哈佛大学和麻省理工学院是目前细胞生物学的研究中心机构，且发展的趋势较为稳定，地位牢固。特别是哈佛大学，20年内总共出现了17次，是目前全球范围该领域当之无愧的权威。哈佛大学的细胞生物学研究与医学研究联系紧密。哈佛大学细胞生物学系属于著名的哈佛大学医学院，发展始于1906年，该系现有2名美国科学院院士、21名教授。哈佛大学细胞生物学系的研究集中在细胞生物学的基础科学领域[1]，从基因调控—信号转导—细胞行为—结构生物等不同水平和系统深入展开研究，突显学科特点，引领国际前沿。从近20年的发文机构分布来看，目前暂未出现明显的研究中心机构转移的现象。斯坦福大学和加州大学旧金山分校两家机构在近年有上升

---

[1] 叶伟萍，向本琼，王英典：《美国一流大学生物学本科专业设置的启示》，高校生物学教学研究（电子版），2011年第1期，第57-61页。

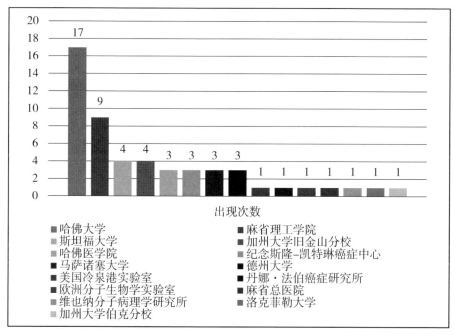

图 8.19 各机构在前 25% 名单出现次数

为未来研究中心机构的趋势。其中，斯坦福大学于 2000 年、2003 年、2015 年、2019 年出现在前 25% 的研究中心机构名单中；加州大学旧金山分校则在 2003 年、2008 年、2010 年、2013 年出现在名单上。在众多分散的机构中，二者相比于其他机构有较大的优势，但是仍然未形成明显的研究中心。这两家机构能否持续保持高产出，在热点研究主题上有所耕耘和回报，并成功跻身细胞生物学的研究中心，还有待时间考证。

由此看来，在研究中心机构上，近 20 年几乎没有发生明显的转移现象。目前明显的研究中心机构的地位牢牢地被掌控在哈佛大学和麻省理工学院两家；二者均位于美国，一家处于东部经济中心城市，另一家位于西海岸的硅谷。此外，斯坦福大学和加州大学旧金山分校等在近 20 年中有优异表现的机构同样位于美国西部，正好验证了 Google Map 上细胞生物的研究热点区域，同时，也与美国在该研究领域的垄断地位相契合。其余出现在名单中的欧洲和亚洲机构，由于产出数量过于悬殊，反映其科研力量相比于美国几大研究机构尚显单薄。未来，这些机构离研究中心机构的地位仍有较大的追赶空间。由此可判定，在短时间内，细胞生物学领域可能不会发生较为明显的研究中心机构转移。

8.3.4 研究中心区域转移的整体趋势

通过热度区域可以明显看出,美国的高热度区域形成最早。研究中心的热度区域、国家以及机构的趋势整体一致,美国的领头作用在该领域内影响巨大。由于研究开展较早、机构数量众多、重点机构突出,在过去一段时间,以及未来较长时间内,以哈佛大学与麻省理工学院为细胞生物学研究代表,美国仍会是该领域的研究中心。

在研究中心国家的转移上,法国和澳大利亚作为传统的细胞生物学高产地,地位出现了动摇并逐渐消逝。中国在2012年左右后来居上,成为该领域新的科学活动中心。中国在细胞生物学领域的赶超与日本形成了两股重要的力量,使得亚洲区域成为继美洲和欧洲之后崛起的区域。中国与日本有着各自不同的特征。日本的活跃时间更早,确立研究中心国家地位的时间也更早。而从发展趋势上来看,中国在该领域厚积薄发,目前的上升趋势更为稳定。2013年,中国大陆的相关研究机构有48所,仅比法国的58所少10所。但由于机构过于分散,中国在热度区域的表现上较不明显,并且目前仍未出现典型的高产量机构代表。目前,中国在细胞生物学领域研究上有着充沛的资源储备和坚实的科研基础,发展潜力巨大,前景广阔。未来,强调跨区域合作,重点培养细胞生物学高水平实验室,进一步提升机构的科研竞争力,产出更多突破性的创新成果,使研究中心机构出现在中国,是中国下一阶段的艰巨任务。

8.4 细胞生物学研究中心区域的影响力分析

8.4.1 文献产出分析

过去一段时间,细胞生物学领域已经在若干个国家形成了研究中心区域。美国在总体产出量和机构水平上,当之无愧地成为第一梯队;法国和德国竞相追逐,常年稳定地紧随美国步伐,是细胞生物学研究领域的第二梯队国家;第三梯队的日本、荷兰和加拿大没有十分突出的研究产出,但是较为稳定。近十年内,中国在相关领域内展现出强大的追赶趋势,在一定程度上已成为新的细胞生物学研究中心国家。本小节分别选取第一梯队的美国、第二梯队的德国、第三梯队的日本以及新兴研究中心区域的中国作为对象,同时涵盖美洲、欧洲和亚洲,分别从近10年的文献被引情况、H指数等指标分析研究中心区域的影响力(表8.9)。

表8.9 近十年研究中心区域影响力指标

国家	年份	论文产出	H指数	总被引频次	施引文献总数	篇均被引频次
美国	2010	1041	231	197300	164075	189.53
	2011	1136	236	193634	159022	170.45
	2012	1362	233	209764	170570	154.01
	2013	1463	219	191420	151882	130.84
	2014	1689	209	186814	146501	110.61
	2015	1805	183	163483	125898	90.57
	2016	1999	152	127002	97229	63.53
	2017	1933	124	88169	68236	45.61
	2018	2134	96	61836	46878	28.98
	2019	2135	52	24413	19399	11.43
中国	2010	213	110	34004	32425	159.64
	2011	182	100	28324	27612	155.63
	2012	250	113	37765	35363	151.06
	2013	307	106	34559	32736	112.57
	2014	370	104	36146	34006	97.69
	2015	365	90	32092	29919	87.92
	2016	479	87	28167	26035	58.80
	2017	411	74	19633	18056	47.77
	2018	493	51	12896	11778	26.16
	2019	535	29	5094	4747	9.52

续上表

国家	年份	论文产出	H指数	总被引频次	施引文献总数	篇均被引频次
英国	2010	106	74	23121	22209	218.12
	2011	103	77	19548	18877	189.79
	2012	192	95	25893	24367	134.86
	2013	166	79	18996	18123	114.43
	2014	167	68	15160	14428	90.78
	2015	181	61	11323	10959	62.56
	2016	195	59	10385	9947	53.26
	2017	219	44	6874	6661	31.39
	2018	234	38	5422	5228	23.17
	2019	203	23	2150	2006	10.59
日本	2010	56	50	11275	11098	201.34
	2011	60	49	12633	12290	210.55
	2012	122	78	20928	20097	171.54
	2013	143	82	22105	21074	154.58
	2014	199	85	21123	19637	106.15
	2015	208	78	20467	19358	98.40
	2016	300	74	18335	17286	61.12
	2017	291	62	13859	12648	47.63
	2018	408	50	11099	10160	27.20
	2019	434	29	4445	4158	10.24

8.4.2　H指数分析

H指数表示至少有H篇文献被引次数不低于H次，因而该指数与文献发表的时间有密切联系。由于大多数文献并不是一发表就备受瞩目，一般情况下，文献由发表到被引用的高峰期需要历经一段时间沉淀，在此期间，其价值不断地被挖掘出来；当达到峰值之后，随着时间推移，其价值又渐渐不再受到重视。相反，科学家们更偏向于参考较新的成果。统计最新年份的文献被引用状况，通常不能够反映文献被引的最高水准。除了某些经典的发现和对领域有深远影响意义的文献以外，一般文献的引用频次总体上是由低到高，再慢慢降低。位于最新年份的 H 指数曲线往往处于下降趋势。

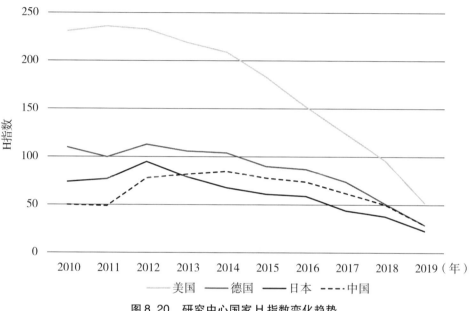

图 8.20　研究中心国家 H 指数变化趋势

由图 8.20 可知，四个国家的 H 指数均无意外地呈波动下降趋势。除了中国以外，其余三个国家均在 2011—2012 年间有过短暂的上升；2012 年以后，每年均呈现不同程度的下滑。意味着美国、德国、日本三个国家的细胞生物领域经过前期的沉淀，成果价值得到充分挖掘，在 2011—2012 年前后达到了被引的高峰期；而 2012 年以后，它们的学术成果受关注度下降。相较这三个国家，中国的细胞生物学文献 H 指数情况有所不同。从 2011 年到 2014 年，中国的 H 指数呈现稳定上升的态势，于 2014 年达到峰值，并且在当年顺利超过日本。这意味着 2011—2014 年是中国的成果受认可度提升的阶段。由 8.3 可知，中国从 2012 年开始跻身发文量前五名，不仅在文献产量上有所突破，而且 2014 年前的产出文献质量也较高。在各个研究中心国家的 H 指数普遍下滑的情况下，中国呈现出一枝独秀的上升态势，说明中国的细胞生物学地位在这段时间发生了较大的变化。

美国作为四个国家中 H 指数最高的国家，在数值上实现了绝对的领先，这反映出美国不仅在文献产出的数量上一骑绝尘，同时产出的质量也优势明显，经过时间的检验，获得了细胞生物学领域较高的认可。但美国同时也是近十年中 H 指数下降最快的国家。虽然四个国家的 H 指数普遍在后期下降速度加快，但是除美国外，其余三个国家下降幅度较小。美国 H 指数峰值为 2011 年的 236，与最低的 2019 年数值 52 落差接近 200，表明美国在近几年发表的文献影响力相比之前有较大程度的削弱。相比之下，作为近几年兴起的研究中心国家，中国虽然在 2014 年以后的 H 指数也呈现下滑趋势，但是下滑速度缓慢，在 2018 年还与德国的 H 指数持平。中国十年 H 指数的峰谷值落差仅为 51。同样地，德国和日本作为起点第二和第三高的国家，H 指数在十年内回落的趋势也较为平缓，反映了二者的细胞生物学文献在质量上保持着相对稳定的状态。当然，随着知识流动加剧，科研成果质量的进一步分化，四个国家的 H 指数状况在未来一段时间还会发生较大的变化。

8.4.3 文献引用分析

以美国、德国、日本、中国四国在细胞生物学 JCR 排名前十的期刊发文被引频次数据为基础，绘制近十年中各个国家每年的总被引频次和篇均被引频次的变化趋势，如图 8.21 所示。

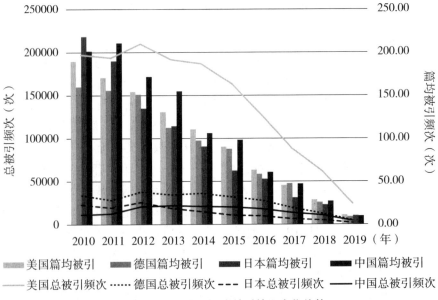

图 8.21　研究中心国家被引情况变化趋势

从文献总被引频次来看，四个国家均呈现下降趋势，走势与 H 指数大致相同。美国、德国、日本每年总被引频次峰值出现在 2012 年，此后逐年下滑；中国在 2013 年及 2014 年内仍保持上升或平稳态势，且在 2014 年超越日本，在该数值上成为第三名。美国的领先优势依然巨大，是唯一一个年被引次数突破 20 万的国家。但与此同时，美国的下滑落差最为明显。

在篇均被引频次上纵向对比，各个国家总体随着时间推进呈现波动下降，仅有个别国家在个别年份有反弹现象，例如，中国在 2011 年的篇均被引次数就比 2010 年有所增多。横向对比之下，各个国家的水平差距较小，美国的细胞生物学科研成果影响力并没有显示出巨大优势。相反，美国的篇均被引频次在 2010 年、2011 年、2012 年等年份不及中日两国，甚至一度被德国赶超。值得注意的是，最高的篇均被引频次也未出现在美国，而是出现在 2010 年的日本。这说明中国和日本虽然在总量上与美国差距较大，但是产出成果的水准普遍不低，且较为均衡，在论文平均被引用这一方面有着极高的竞争力，这与近十年亚洲细胞生物学获得世界较高关注不无关系。

无论是文献产出总量、H 指数还是总被引频次数量，美国均具备压倒性的优势，但是唯独在篇均被引频次上，其领先地位荡然无存，可以说其他三个国家与之势均力敌。出现这种现象，猜测是因为美国机构数量繁多，在产出的影响力上各个机构成果悬殊较大。虽然，绝大部分领先世界和具备高影响力的细胞生物学成果出自于美国，但是由于美国幅员辽阔，不仅有诸如硅谷这样的顶级科研高地，也存在分散于各地的机构，其科研成果参差不齐，导致整体平均被引频次不高。在篇均被引频次这一影响力竞争指标上，中日的细胞生物学的科研成果质量丝毫不逊色于美国。在 2011—2012 两年间，中日两国交替位列第一。中国在此后还有三个年份位居榜首，分别是 2012 年、2013 年和 2015 年。可见，在 2012 年左右，中国成为细胞生物学研究中心区域，为其科研产出带来了较高的曝光度，使其成果的影响力上升了一个台阶。德国在篇均被引频次指标上的表现则一直不温不火，从谷地紧随其余三个国家之后，但没有被拉开差距，且在 2017 年有过一次登顶的表现，体现了德国作为传统的细胞生物学领域研究中心国家，一直保持着较高的影响力水准。

8.5 本章小结

本章回顾了细胞生物学领域在 2000—2019 年期间，特征因子指数较高的期刊文献总体数量、国家机构分布和质量状况。基于以上数据资料，笔者使用工具软件，探究了细胞生物学的知识基础迁移过程和研究前沿的演化。同时，以主题聚类和文献追溯的方式，再现了细胞生物学的研究中心主题发展趋势和研究中心区域内的转移过程。最后，基于上述研究，对细胞生物学的研究中心区域影响力做出了相应的研判。

20 世纪 20 年代，著名生物学家威尔逊曾说过："一切生物学关键的问题必须在细胞中寻找。"细胞生物学作为一个年轻而古老的生物学学科分支，在现代社会的生态、民生、医疗等领域已显示出广阔的研究前景和重大的研究意义。由于分子生物学的大幅进步，科学家在研究蛋白质分子和细胞结构上的便利性显著提升，为进一步探究细胞内部发育、代谢过程以及基因调控机制打下了坚实的基础。进入 21 世纪以来，细胞生物学得到较高程度的重视，并且发展迅速，世界各地的相关科研机构数量与日俱增，重要期刊的发文量逐年上升，学科领域的影响力也在扩大。研究发现，细胞生物学在 2005 年后，知识流动扩散的规模显著提高，知识基础的作用发挥迅猛，成为较为活跃的学科分支领域。随着学者对其研究的深入，该领域的研究中心主题由一开始着眼于蛋白质等外显大分子的结构和功能机理，到探究 DNA 等内控小分子的调节规律，再到综合应用细胞的新陈代谢来为人类社会更好地服务。

细胞生物学的重点关注领域有：生物大分子的结构和功能的研究、真核生物基因及基因表达调控的研究、分子神经生物学的研究、医学分子生物学的研究、植物分子生物学的研究、分子进化的研究等。2012 年后，中国在继任新兴的研究中心国家这一位置后，其细胞生物学领域面临着机遇和挑战。随着新一轮研究中心区域和国家的转移，中国有望在得到世界高度关注的基础上，在以上一个或多个方面实现新的突破，并依据细胞生物学的跨学科特性，重点将其与农业、医学以及生物高新技术等高效结合，形成应用，为社会生产发展提供强有力的支撑。2017 年中国获得了全球首个遗传增强"超级"干细胞；2018 年中国诞生了世界首例干细胞修复卵巢孕育的宝宝。目前已有的成绩显示，中国现阶段在胚胎干细胞方向上的研究和应用正走在世界前列。中国应当利用好这一优势，充分发挥创新性主导作用，深入挖掘领域发展空间，走向全球一流，并且带动周边的国家同步发展。与此同时，应当认识到，中国在细胞生物学领域起步相对晚于其他国家，研究基础较为薄弱、机构分散、还未形成重点区域、未出现高影响力的机构、整体产出数量还较低、高质量的成果罕见等。这些挑战也阻碍着中国在该领域前进的步伐。

在 2018 世界生命科学大会上，中国科协生命科学学会联合体王小宁副秘书长曾表示，"在生命科学领域，中国科学家追赶发达国家的速度是最快的，现在中国生命科学研究已经有了非常强的实力，跟国际水平日益接近"。在可预见的未来，生物大分子的结构和功能、基因工程、胚胎干细胞、生态应用等热点研究领域依旧是学者们重点研究的中心主题。中国学者应当利用本国的研究优势，凝聚科研力量，形成重点区域，持续挖掘以往的基础研究知识价值，产出高数量和高影响力的成果，促进生物科学在细胞层面有更深层次的突破。

9 中国基础科学研究的发展建议

一直以来，基于技术的创新对中国经济快速发展发挥了重要作用，部分产业实现了以市场和产品需求为导向的技术创新发展路径。但由于基础研究薄弱，完全依靠技术的创新不可持续，创新驱动发展的后劲严重不足。2000 年以来，中国国家自然科学奖一等奖共 11 项，但有九年空缺。中国在国际有影响力的高被引论文和作者数量偏低，领跑世界科学前沿的战略科学家、团队和学科数量严重不足。目前中国科学创新能力不强，基于科学的创新对产业的支撑作用不够，支持和重视基础科学研究的社会氛围尚未形成。中国要强盛、复兴，就一定要大力发展科学技术，努力成为世界主要科学活动中心和创新高地。基于前述章节和对时代发展趋势的分析，我们面向中国基础科学研究提出了如下发展建议。

9.1 基础科学活动中心生态环境发展建议

9.1.1 抓住基础科学活动中心转移机遇

从全球科学史来看，科学的存在在时空中的状态是不平衡的，因此世界基础科学活动中心是动态变化的，并非始终停留于某一个地理位置之上。到目前为止，近代全球科学活动中心已完成了四次转移，按照汤浅光朝等人的研究，当前美国科学活动中心已应进行转移，但现实是美国的科学地位在短时间内衰落是无法实现的。由于汤浅现象与现实的显著偏差，因此，进一步对科学活动中心转移规律进行再探索和再认识就变得必要起来。但按照马克思主义唯物辩证法原理，可以确定科学活动中心未来必然会再次发生转移，其中全球多科学活动中心共存的局面也成为一种可能。伴随着中国改革开放后科学大发展的实际，以及综合国力的显著提升，中国要从当下开始为打造与传统科学活动中心相比具有社会主义优越性的新科学活动中心而努力。锐意改革，奋发图强，抓住创新求变这一不变的发展逻辑，努力为世界贡献科学活动中心建设的中国力量；特别是要顺势而为，利用好中国现有的制度优势并把握住当今科学发展规律的趋势。

第一,人民民主制度日趋完善为中国建设科学活动中心提供了重要前提条件。科学需要民主的土壤,科学反过来又能促进民主的实现,民主与科学不可分割。中国共产党十八大提出全过程人民民主的重大理念。全过程人民民主实现了过程民主和成果民主、程序民主和实质民主、直接民主和间接民主、人民民主和国家意志相统一,是全链条、全方位、全覆盖的民主,是最广泛、最真实、最管用的社会主义民主。人民民主制度将为科学活动中心建设提供最好的民主环境。

第二,国内文化繁荣兴盛为中国建设科学活动中心提供了新的历史条件。文化是一种渗透性极强的精神力量,人们在改造世界的过程中,文化以无形的存在转变为物质力量。[①] 先进文化是科学创新的思想源泉,是科学发展的母体,文化会影响科学的衍生、发展与扩散,导致创新进程与结果的改变。先进、前沿的科学研究和突破常常需要在一个适宜的文化环境里寻找落脚点和支撑点。前面数次科学活动中心的转移均蕴含着深厚的文化背景。新中国成立70多年来,中国始终坚持"百花齐放,百家争鸣"的文化方针,以"为人民服务,为社会主义服务"为文化事业建设方向,经过长期努力中国已进入了文化繁荣兴盛阶段。我们已做好既能积极传承中华民族优秀传统文化,也能大胆自信积极汲取全球优秀文化成果的准备,将以更强、更自信的民族自豪感和更客观、更理性的开放心态迎接科学活动中心的转移,与世界各国各族人民一道推动科学创新文化与科学创新的协调发展。

第三,科学发展的交叉融合趋势为中国建设科学活动中心提供了难得机遇。人类科学史表明我们的科学正从分化走向综合,自然科学与人文社会科学已从二元分立逐步转化为交融的状态。自20世纪中期开始,在横向学科的引领和支撑下,交叉科学在边缘学科的涌现中成为一个引人注目的领域[②]。20世纪80年代钱学森、钱三强、钱伟长三位科学家在一次交叉科学研讨会上对未来科学发展的交融大势进行了清晰剖析和热烈讨论,为中国交叉科学的发展奠定了良好基础。我们现在已进入了交叉科学的时代。《国家中长期科学和技术发展规划纲要(2006—2020年)》指出"基础学科之间、基础学科与应用学科、科学与技术、自然科学与人文社会科学的交叉与融合,往往导致重大科学发现和新兴学科的产生,是科学研究中最活跃的部分之一,要给予高度关注和重点部署。"交叉科学是当前科学创新的

---

① 眭纪刚:《以科技创新促进文化繁荣发展》,光明日报,2019年9月5日。
② 王续琨:《交叉科学结构论》,人民出版社,2015年版。

前沿阵地，代表着未来科学发展的重要趋势，它的发展空间巨大，有太多亟待挖掘和进一步深入的研究地带。中国的科学创新要在交叉科学这个点上多动脑筋，把推动交叉科学发展作为推进中国科学活动中心建设的头等大事来抓，持续开拓科学研究的新天地，不断产出更多原始创新成果，实现科学发展的弯道超车。

第四，科学创新能力在全球发展的不平衡为中国建设科学活动中心提供了历史契机。人类进入21世纪，全球各国面对越来越多的共同社会挑战，如气候变化、环境污染、人口老龄化、贫困问题解决等，这些社会挑战从另一个角度来讲，也是科学挑战。它们的解决需要大量的科学创新来支撑。当下，美国作为世界科学活动中心，由于其政治上奉行"美国优先"的原则，其创新的立足点和创新应用的着力点必然是以美国利益为核心考虑。世界各国各族人民都有着自己的发展梦，都有着对美好社会、美好生活的期待，而中国提出和坚持的"人类命运共同体"发展理念则是团结全球各国实现共筑创新方案，共享创新收益的唯一可行路径。全球各国各地区创新能力与科学水平极不均衡的现状短期内难以改变，中国要坚定不移地携手各国，特别是广大发展中国家，将各国的科学家组织起来，团结起来共同开创科学研究的新局面。

9.1.2 优化基础科学活动中心生态环境

从科学活动中心的发展史来看，一个国家能发展成为基础科学活动中心受到综合因素及条件的影响，其中最重要的因素包括国家的经济实力、政治环境、教育实力和文化实力等。因此我们必须在系统性思维的指导下，统筹好经济建设、政治革新、教育改革、文化培育与科学创新之间的协同发展关系，不断优化中国面向基础科学活动中心建设的生态环境。

第一，要坚持以经济建设为中心，不断增强国家的经济实力，使科学活动中心建设始终充满源泉需求力和发展源动力。因为对科学而言经济社会发展是其创新需求的基本来源。恩格斯基于对古代自然科学各部门的发展顺序的调查，提出"科学的发生和发展一开始就是由生产决定的"的重要观点。物质资料生产是经济社会得以延续的核心，经济社会上的需求基本上可以说是通过物质资料生产来满足的。党的十九大报告提出，中国社会的主要矛盾已从"人民日益增长的物质文化需要同落后的社会生产之间的矛盾"转化为"人民日益增长的美好生活需要和不平衡不充分的发展之间的矛盾"，这一转变并不是说人民日益增长的物质文化需要不存在了，实际上人民日益增长的美好生活需要大幅拓展了之前所强调的物质文化的需求范围和边界,同时,对物质文化的需求水平、需求质量也大幅度提升了。科学研究要面向世界科技前沿、面向经济主战场、面向国家重大需求、面向人民生命健康,后面三个需求都是以经济社会需求来驱动创新的。基础研究更要应用牵引、突破瓶颈,从经济社会发展和国家安全面临的实际问题中凝练科学问题,弄通"卡脖子"技术的基础理论和技术原理。而中国正在开展的科学创新评价改革也将科学创新对经济社会发展的实际贡献作为重要导向。当下,中央全力深化供给侧结构性改革,不断提高中国社会生产力发展水平的政策为科学研究,特别是基础研究带来新的更大的机遇。通过高水平、高质量的基础研究来解决各领域发展中物质文化不平衡、不充分的问题是中国科学创新中最反映创新分量和创新价值的部分。另外,经济实力是支撑科学发展的基本条件。一国的经济实力及其所达到的社会整体发展水平会直接制约和影响基础科学研究可以获得的物质条件,乃至人才资源条件。特别是一些重大、前沿基础性研究设施其所消耗的资金和物质资源是十分巨大的,强大的工业设计体系和生产体系、雄厚的经济基础、丰沛的社会发展资源是支撑这些研究设施建设和运转的基础。

第二,通过坚定不移地持续推进政治革新,推进中国特色社会主义道路伟大实践,为新科学活动中心建设赋予环境能量。从历史上五个科学活动中心的变迁看,科学活动中心转移是伴随着资产阶级革命中心而转移的,当时资本主义是最先进、最有生命力的制度。任何科学创新总是处于特定的政治制度和社会氛围之中的,上层建筑的变革为科学进步和大发展创造了条件。美国作为当前的科学活动中心尚没有明显的衰落迹象,其科技创新实力仍然是全球最强的。但美国由于其政治体制的本质问题,始终坚持霸权主义、强权主义、新干涉主义、单边主义,其发展理念与世界整体的发展趋势背道而驰,其科学活动中心衰落乃至国家衰落是必然的,当然这是一个长期的过程。我们要树立美国式科学活动中心必然衰落,中国式科学活动中心必将崛起的信念,坚持中国特色社会主义道路,不断壮大自身实力,推动中国式科学活动中心的早日建成,为全球科学活动中心建设贡献中国方案和中国智慧。

中国特色社会主义道路走到今天,所发展出来的一系列理论成果将对中国推进建成高影响力、高效能度的科学活动中心起到极大的引领与支撑作用。一是中国始终坚持以人民为中心的发展思想。中国共产党的十九大以来,在习近平总书记带领下,中国持续扩大科技领域的开放与合作,积极投身于全球科技创新网络的构建,致力于与各国各地区政治家、科学家一同解决人类面临的各种重大挑战，千方百计地推动科学研究成果惠及更多的国家及其人民。二是中国提出了树立和坚持创新、协调、绿色、开放、共享的发展理念，这一发展理念不仅是对中国经济发展规律的最新认识，也与人类社会发展趋势和基础科学研究价值实现方向高度契合。理念是行动的先导，"五大发展理念"为基础科学活动中心建设指明了思路、方向和着力点。三是坚持社会主义市场经济，同时发挥市场经济的长处和社会主义制度的优越性。在社会主义市场经济制度下搞基础科学研究，避免资本主义市场经济下引发社会阶层对立、贫富差距扩大、万物金钱化、人性丧失化等矛盾的科学研究及其成果应用。四是坚持对外开放的基本国策，使中国科学活动中心建设始终注意国内和国际两个大局的统筹关系，让中国始终有的放矢地促进国际科学合作秩序的建设与完善，让中国始终在国际科学合作中发挥公平公正、合作共赢的代言人作用。

第三，把深化教育体制机制改革优化创新型人才成长环境作为中国建设科学活动中心最重要的基础工作来抓。人才是科学活动中心建设的第一资源，人才在发展中始终起着引领性的战略作用。中国现有从学前教育到高等教育在校学生2.9亿，办好以创新型人才培养为核心目标的教育，关乎千家万户和我国未来的发展。要在制度设计、资源保障、教师能力、评价体系等方面共同发力，面向学前教育与义务教育阶段学生，以学生为中心重构校园学习生活生态，让每一个个体都能接触到与创新有关的优质教育资源；面向高等教育阶段学生，营造良好人才创新生态环境，充分激发学生投身创新的积极性、主动性和创造性，想方设法引导最优秀的学生将投身于基础科学研究作为个人发展的首选目标。

第四，在全社会大力培育创新型文化为科学创新营造整体氛围。一个民族、一个国家的希望和出路均在创新，要在全社会形成憧憬未来就要崇尚创新、向往美好就要支持创新的社会风气。具体而言，一是在全社会层面通过整体机制的设计和落地，让"创新光荣"的价值观生根发芽。二是在科学创新事业中切实做到以人为本，尊重人的首创精神，尊重和支持科学工作者的自由探索，推动美美与共、和而不同理念的落地。三是推崇批判性思维和辩证思维，帮助科学工作者以动态发展的眼光来看待世界。既要开放合作，鼓励大家从国内外同行的科学创新成果中找到可供学习借鉴的好点子、好想法、好办法、好做法，更要鼓励大家做到独立思考，追求原创，在科学创新中注重结合中国国情找好创新的立足点、生长点和着力点。四是把"为创新行为松绑，为创新事业搭台，为创新主体减负"作为政府支持创新文化发展的基本逻辑，想尽办法持续优化转变政府职能，放权简政，放管结合，优化服务，用更有效的举措推动创新遍地开花。

9.1.3　中国特色基础科学活动中心建设道路

未来在走向全球多科学活动中心共存局面的过程中，中国很难回避与美国为代表的西方国家间的博弈，乃至激烈的斗争。由于美国自身制度原因，其不愿面对，也不可能欣然接受他国成为新的科学活动中心，其政治家必然会使出浑身解数来阻止、打压中国正当、合理的发展需要。中国在科学活动中心建设的路途上，要以道路自信、理论自信、制度自信和文化自信为指导，做好应对万难、历经坎坷的思想准备和付出百折不挠、开拓创新的行动实践。

第一，只有坚持道路自信，才能确保中国式科学活动中心实现路径的科学性。坚定走中国特色社会主义道路，是实现社会主义现代化的必由之路，是中国建成世界科学活动中心和中国向世界贡献价值的根本保证。中国特色社会主义道路要求中国的科学活动中心建设和发展必然是立足在更好地增进人类福祉，着眼于推动人类命运共同体构建，面向人类共同挑战的初心上的。

第二，只有坚持理论自信，才能确保中国式科学活动中心指导思想的正确性。理论是实践的先导，中国建设科学活动中心，每时每刻都要重视理论思维。马克思主义是指导我们认知世界、探寻规律、把握真理、创造世界的基本思想武器。我们要不断加强马克主义理论学习，唯有此，我们才能在开展科学研究、观察世界、探知世界的时候时刻把握世界发展大势，顺应时代潮流，将自身理想、个人能力发挥与科学活动中心建设、科学造福人类的目标有机结合起来，实现依科学求发展、依科学求进步、依科学求大同的大业。

第三，只有坚持制度自信，才能确保中国式科学活动中心建设持续向前，不断向好。制度问题带有根本性、全局性、稳定性和长期性的特征。中国特色社会主义制度是一套覆盖中国社会方方面面的制度体系，事实证明它是最符合中国发展的制度体系。在这套制度体系下，我们能够集中力量办大事，能够克服一切困难，创造一个又一个"不可能"，创造一个又一个奇迹。新时代，学科之间、科学和技术之间、技术之间、自然科学和人文社会科学之间交叉融合趋势日益强烈，我们能做到坚持全国一盘棋，调动各方面积极性，这正是科学活动中心建设所必须的基础性条件，正是我们的制度优势所在。

第四，只有坚持文化自信，才能确保中国式科学活动中心建设在全球画出最大的同心圆。当前，人类命运共同体理念愈发深入人心，但国际环境也日趋复杂，不稳定性和不确定性显著增加。文化是影响世界未来的底层力量，在解决不稳定和不确定性上能发挥难以衡量的价值。中国人要坚持文化自信，将中国5000多年来优秀的科学创新经验传承接续下去，依托中华民族博采众长的文化底蕴，与世界各国、各族人民携手共创、共建科学活动中心。中国式科学活动中心不仅要成为科学技术创新的重镇，更要成为科学文化创新的重镇。

9.2 基础科学活动中心建设过程推进建议

9.2.1 助力基础科学活动中心高质量发展

科学发展中存在渐进与飞跃、分化与综合两对重要矛盾。渐进与飞跃是从纵向逻辑（即时间线）上观察，分化与综合则是从横向逻辑（即空间线）上观察。科学的渐进式发展主要指科学在原有的系统、规范或框架下进行的局部深化和迭代。科学的飞跃式发展则主要指科学在某个领域出现了颠覆式、革命性的变革，而原有的理论基础和框架被彻底突破。科学的分化是指某门科学发展到一定阶段后，逐步裂变为若干个既有联系又互相独立的分支学科。科学的综合是指两门或以上独立的学科通过互相渗透继而形成一门新兴的学科。上述两对矛盾之间也存在内在联系，它们往往对应出现。即当科学的分化趋势占上风时，渐进式的发展会成为科学的主要表现形式；当科学的综合趋势占上风时，飞跃式的发展会很快到来。我们推进基础科学活动中心要定期地对当前的科学发展整体趋势和特定领域的局部趋势进行分析，通过思考当前目标领域的主要矛盾情况，为下一步做好科学发展规划提供参考。谁能更清醒地对当前乃至未来一定时期学科发展所处的主要矛盾进行分析，就越有可能在这一思考过程中找到新的学科生长点和更有价值的创新立足点，进而抓住科学研究的先机，抢占科学创新的高地，长期以往将必将为科学活动中心的高质量建设提供有力的支撑。

9.2.2 加强使能技术的关注

发达国家高度重视使能技术，积极在此进行科学研究的战略布局，中国在这方面的思考还有所欠缺。一个国家对使能技术的整体布局能力及其在使能技术上的综合实力对该国当前的科学创新水平及未来的创新发展潜力带来极大的影响，之所以存在这个逻辑是因为使能技术本身是知识密集型的技术，它能推动不同领域的科技创新和应用，具有强大的激发新需求、新产品、新服务、新工艺的能力，为别的技术的发展提供了依托平台，从其上可以衍生出更多的后续技术，衍生出新的技术应用场景和模式。例如互联网技术催生了电子商务的发展，基因技术催生了生物开发的发展。美国、欧盟、德国、英国、澳大利亚等都已明确提出了重点发展的使能技术对象，如美国将先进的传感、测量和过程控制（包括信息物理系统），先进材料设计、合成和加工，可视化、信息和数字化制造技术，可持续制造，纳米制造，柔性电子制造，生物制造和生物信息技术，增材制造（3D打印），先进制造和检测设备，工业机器人，先进成形与焊接技术等列为使能技术重点发展的领域。浙江省曾在"十三五"重大基础研究专项实施方案中提到"构造大数据的服务化使能技术体系"。

在中国推进基础科学活动中心建设的路途中，要尽快建立使能技术规划与论证机制，深入一线调查走访了解使能技术需求方的需求，确定使能技术重点方向与重要节点，立足长远做好使能技术创新突破的整体部署，充分调配当前可用创新资源，全力推动使能技术有序发展。要深刻理解使能技术的跨学科性质，引导科学界建立促进交叉融合的评价体系，并以此为牵引，不断加强跨学科、跨领域、跨部门、跨行业复合型团队的建设，不断培育具有交叉研究能力的人才队伍。

9.2.3 吸引全球关注和资源投入

由于现代前沿科学领域的研究复杂程度通常都非常高，以及各国历史传统、文化背景、发展阶段、研究条件、学科优势的差异，加强国际间的科学合作交流是最契合当今科学发展探索需要的。我们要秉持"参与、包容、平等、互利、合作、分享、公正、透明"价值观，打造开放科学发展平台，让中国的科学研究过程和成果得到各国越来越多创新工作者的关注，引发他们的兴趣，进而吸引更多的国际同行加入我们的研究队伍和合作队伍，吸引更多的科学研究资源，不断扩大中国科学成果的影响力和发展力。只要我们始终坚持"开放"的基本态度，坚持"审问、慎思、明辨、笃行"的行为逻辑，中国的科学研究就一定不会落伍，并会逐步在各方面成为引领潮流的那一部分。

9.3 基础科学加速发展的学科保障建议

9.3.1 加强科学学学科能力建设

科学学在推进基础科学研究，科学发展与技术进步，协调科学与技术、科学与社会、科学与人文的关系，促进决策的科学化、民主化、规范化等方面发挥了重要作用。

科学学的基本使命是研究科学技术的演进发展规律。其中，揭示科学发现模式及其规律是科学学研究的基本问题，例如知识单元的游离与重组理论、引文网络分析等已经成为分析科学发现的知识结构、研究科学发现模式的理论依据和有效手段。科学学帮助基础科学研究实现"从0到1"的突破，提升原始创新能力。随着科学大数据和智能技术的快速发展，科学学在对基础研究和技术前沿的预测与判断方面发挥了越来越重要的功能。通过对科学知识的计量和可视化分析，科学学还为基础研究中心转移规律，基础研究前沿结构布局等研究提供了客观、有效的分析方法和工具。此外，科学学在科学数据管理、重大科学基础设施、科学评价体系等方面的研究成果也为我国基础科学研究更为自由、全面、深入的发展提供基础保障，为加快实现基础研究的原始创新突破提供智力支撑。

近年来，科学学在中国的快速发展主要集中在应用科学学领域及其分支学科，科学学与相邻学科"联姻"的应用研究现象日趋明显。理论科学学发展整体上相对缓慢，缺乏对基础科学的理论问题的深入研究，研究成果缺乏系统性和规范性；研究力量严重不足，研究主题不均衡、不充分；学术成果交流阵地和平台建设相对薄弱。

促进科学学研究的健康、快速发展，应在基础理论、学科建设、研究队伍和创新成果等方面构建系统化、规范化的学科协同发展体系。一是注重基础研究，提高成果的规范性和系统性。应在强化科学学元研究和基础理论研究方面加大力度。与实践问题相结合，注重理论研究的时代化、具体化。要加强基础理论研究的系统性，推进科学学元研究与分支学科研究均衡发展，协调发展。以实践问题为导向，从应用研究中归纳提炼理论问题，丰富基础理论研究。二是明确学科定位，推广科学学教育。当前，学界对科学学的学科归属认识不一致、分支学科研究失重，甚至学科地位在实践中受到怀疑，这些都动摇了科学学独立学科地位的合法性，科学学这一学科的社会认知度较低。因此，推广普及科学学教育是当务之急。应将科学学教育纳入高校（特别是理工类高校）的课程教育系统中。在研究生和本科生中开设不同层次的科学学原理、科学学基础等课程；同时，可以通过"借点授课""借窝生蛋"等方式，将科学学纳入专业培养课程体系，不断提高这门学科的认知度和重要程度。三是培育研究队伍，培养领军人物。一方面，应注意从哲学、管理学、工程学、计量学、历史学等领域吸收优秀人才，在科学学领域形成相对稳定的"研究共同体"，牢铸学术共同体意识，加强交流，使科学学具有交叉学科的优势和开阔的视野。从不同的学科视角研究"科学学"，以形成在个体差异基础上的整体优势。另一方面，如今学界缺少具有一定认可度的权威学者，作为科学学学科的领军人物或学科带头人。须加大力度培育优秀的传承者，以发挥其对学科建设的积极导向作用。四是搭建学术阵地，提升学科影响力。科学学研究领域缺少专门的学术期刊，已有的专门或相关期刊发表的多为应用科学学研究文献。鉴于此，应着力建立有针对性的全国性的学会组织，推广有影响力的科学学专门期刊，在国内外相关期刊开辟科学学研究专栏，出版学术年鉴、学术研究辑刊等作为科学学的学术阵地，发表科学学最新研究成果。同时，应充分利用自媒体等网络传播的作用，通过建立公众号、讨论组、交流群等方式搭建科学学专门的学术交流平台。还可充分发挥学术会议、座谈会、研讨会等会议的重要交流作用，交流学术成果，提升研究成果的影响力。五是创新研究成果，加强成果的转化与应用。科学学必须与时俱进，大胆借鉴和吸收人类文明中的一切先进、有益成分，丰富自己，发展自己。挖掘应用研究中值得借鉴的研究方向，如对科学家群体的研究（科学家学）、科研机构和科研团队的发展问题（科研生态学）、科学技术成果的应用和竞争力问题（科学经济学）等，提炼出实践问题的内在机理并上升到理论层面。同时促进基础研究的成果与应用研究阶段的衔接及在新领域应用的开拓。注重学科交叉融合发展，创新理论研究成果，以提高科学学理论的原始创新能力，促进理论成果的转化及应用，进一步提升科学学研究成果为基础研究和国家科技发展战略服务的能力和水平。

9.3.2 加强科技政策学学科能力建设

党的十八大以来，习近平把创新摆在国家发展全局的核心位置，高度重视科技创新，围绕实施创新驱动发展战略、加快推进以科技创新为核心的全面创新，提出一系列新思想、新论断、新要求。加快科技体制改革步伐始终是习近平总书记关心的重要话题，其中优化科技政策供给、完善政策环境是不可或缺的关键性因素。《国家创新驱动发展战略纲要》提出了"激励创新的政策法规更加健全"的战略目标。

科技政策学力求不断改善科技政策制定过程中的系统性和科学性，它对一国的知识创新，特别是基础研究以及技术创新的发展产生深刻影响[①]。目前来看，它仍是一个新兴的跨学科研究领域。根据《科技政策学：联邦研究路线图》，科技政策学主要包括三大研究主题，一是揭示科技创新活动的规律，二是关注科技投入的决策，三是从国家战略的高度探讨科技对一国竞争力的影响[②]。第一个主题属微观层，旨在将复杂的创新活动解构为若干具体问题，通过恰当的工具和方法分析基础数据，从而发展出描述创新活动规律的理论模型。这些模型将用于揭示创新主体的活动特征和行为基础，如科学共同体是如何形成、演变及与其他社会网络互动，技术开发、应用和扩散的动因和方式是什么。第二个主题属中观层，主要是化解政府用于科技投入的资源是有限的这一现实局限，寻求政府科技投入效益和效率的最大化。中观层面重点关注如下问题，政府科技投入的价值是什么，科学发现能否被预测，科学发现对于创新产生什么影响，科技投资的效益是怎样的。第三个主题属宏观层，重点关注科学对于美国国家创新和竞争力将产生什么影响、美国科技工作者的竞争力如何、科技政策中不同政策工具的相对重要性如何。

当前，我国科技政策研究更多地侧重于效果和影响方面的研究，对政策制定过程和决策依据的关注不够；在研究方法上，更多地依赖管理者经验积累和交流，定量化方法开发与应用不足、数据基础薄弱和分散、缺少公认的研究范式；科技政策研究的共同体建设明显不足，从事科技政策研究的机构很有限，目前从事科技政策方面研究的专家和学者主要活跃于科学学、科学哲学、科学社会学、公共管理等相关学科，尚未形成界限清晰的研究共同体；项目资助不够充分，许多研究非常缺乏决策者与研究者之间的双向对话及合作，对学术研究成果与决策咨询报告之间的转化重视不够。

加强科技政策学学科能力建设，应着重在研究共同体建设、项目支持、

---

① 杨国梁，刘文斌，徐芳，等：《知识创新过程中知识转化与科技政策学研究》，科学学与科学技术管理，2013年第12期，第22-28页。
② 李晓轩，杨国梁，肖小溪：《科技政策学（SoSP）：科技政策研究的新阶段》，中国科学院院刊，2012年第5期，第538-544页。

数据基础建设、研究方法开发、构建中国特色学科实践方面下大力气。①多措并举推动学科共同体建设。学科的持续发展，需要一个动态稳定和有生命力的科学共同体。美国就把培养一批接受过科学政策方法培训的专业研究人员作为科技政策学建设过程的目标之一，以形成支撑科技政策研究的共同体。应想方设法壮大研究队伍，为科技政策科学化提供智力支持，如建立专门性学会、举办科学政策学年会、建立共同体网络交流平台、建立若干有国际影响力的科技政策思想库等。②应进一步加大对科技政策学相关项目的支持力度。尽管随着国家整体科研经费的增加，科技政策研究获得各类资助也在快速增加，但是整体上我国科技政策方面的研究资助是不足的。美国对科技政策研究的支持力度很大，在 2010 年及之前，美国国家科学基金会（NSF）对科技政策学项目的平均资助额度就已达 28 万美元。③真实丰富的数据是科技政策学立足的基础①。围绕科技创新体系的基本要素（创新主体、创新活动、创新生态环境）的数据基础设施建设应作为我国科技政策学可持续发展的一项基础性、战略性任务。数据既为政策研究者和制定者提供科学决策的依据，提升决策科学化程度，也为社会公众提升决策透明度感受和增强对政策的信任度提供保障。数据基础建设要树立体系化思维，要建立统一的科技政策数据体系。一是增强指标体系的广度和深度，提供更多有效的观测入口和后续分析可能性；二是定量与定性数据资源并重；三是汇聚科技口内各部门的数据、资料和研究成果；四是跨部门开展数据资源统筹建设和共享；五是加强国际数据合作，获取国际数据资源。④加快科技政策学研究方法的研创与推广。一是对科技政策领域已有研究方法和工具进行系统分析、梳理、归纳和总结，建立研究方法体系。二是结合科技政策领域现实热点和难点问题，开发有针对性的科学方法和工具，为有关部门决策科学化的实践提供方法和工具支持。三是借鉴国外先进经验，如可参考美国重视交叉学科研究方法，聚焦科技政策的证据基础，如模式、框架、工具和数据集等做法②。四是大力开展示范应用和培训推广，增进方法和工具的认可率和普及度，全面提升科技政策的科学化水平。⑤注重学科建设的特色化和本土化，围绕本国领先的或有重大需求的领域开展专门性政策研究。日本在此是一个值得借鉴的对象。如日本

---

① 杜建，武夷山：《我国科技政策学研究态势及国际比较》，科学学研究，2017 年第 9 期，第 1289–1300 页。

② 李宁，顾玲琍，杨耀武：《2007—2016 年美国科技政策学基金项目分析及启示》，科技管理研究，2017 年第 18 期，第 29–33 页。

针对自身原创、国际领先的诱导多功能细胞领域开展政策研究,直接服务于保持国家竞争优势的科技创新战略。我国也可在量子信息、干细胞、脑科学、图像识别、语音识别、铁基超导材料等领先的、具有国际高影响力或对新兴产业发展有深远影响的领域积极推进科技政策学研究,构建中国特色、中国风格的本土科技政策学。

9.3.3 加强科技哲学学科能力建设

关于科学技术的哲学即科技哲学,它从哲学上对科学和技术活动及其成果进行研究,其实质是将人类、自然与科技"放在一起"进行哲学考察,其内容涉及科学技术的本体论、认识论、方法论和价值论等问题[①]。科技哲学可以粗略分为科学哲学和技术哲学。科学哲学是研究科学发展的根本观点和普遍性规律的学问,是一种对科学本身的探索,包括价值、目的、结构等,如讨论科学问题与科学观察的关系、经验与更改的关系、科学的形成和评价,以及对其方法论的研究等。而技术哲学从哲学观点看待和研究技术问题,以及用科学方法论开展技术问题的研究,是对人、自然、价值问题等方面的探讨。随着科学技术在经济社会中的作用和影响越来越大,对科学技术进行哲学研究和思考,也愈发重要[②]。对科学技术进行哲学反思,使我们对科技发展的内在机制和一般规律更加明晰、对科技发展的方向和社会定位更加准确,让我们的科技创新有更高的成功概率,让我们不会迷失方向。

当代科学发展过程中引发了一系列的哲学问题:主体与客体关系、有限与无限、简单性与复杂性、决定论与非决定论、精确性与模糊性、整体与部分、连续与间断、可逆与不可逆、对称与破缺、有序与无序、进化与退化、质量与能量问题等。当代技术进步过程中也面临一系列的哲学问题:技术的异化和技术的社会控制、人工智能与人类智能等问题。当代科技进步为科技哲学注入了强大的生命力,科技的发展既关乎各国国运,也影响全人类命运[③]。肩负着对人类终极命运关怀的科技哲学必须要进一步发扬光

---

① 段伟文:《科技哲学的进路重整与时代观照》,哲学动态,2014年第5期,第14-25页。
② 闻邦椿:《科技哲学研究方法论探析》,科学出版社,2019年版。
③ 王伟民,邵瑾,秦宗仓:《当代科技哲学前沿问题研究》,中央文献出版社,2007年版。

大，以匹配新时代的发展需要。推动国内科技哲学学科能力发展，可重点从完善研究面向、创新研究方法、创新科技哲学教育、创新中国特色学科实践等方面进行探索或改革。

第一，因应第四次工业革命完善研究面向，实现科技哲学研究的经验转向[①]。进入新世纪全球哲学研究愈发关注科学技术问题，一系列针对前沿科学技术的哲学反思快速增长，其中信息哲学、人工智能哲学、纳米技术伦理、能源哲学等尤为引人注目，引领型的高科技公司谷歌、苹果等纷纷招募哲学家进入其创新团队。可以说，哲学正在发生经验转向：应用性哲学兴起，哲学论证更多借助经验事实，概念分析的力量减弱，哲学更着眼于能更直接地帮助个体应对具体的生活环境。这里谈及的经验转向，其核心在于强调科学技术与社会文化是一种嵌入式关系，这种关系往往被传统科技哲学忽视。在嵌入式关系中，科学技术发展和社会转型是同步的，科学技术发展受到社会和文化因素的影响。未来，科技哲学在嵌入式关系基础上研究科学技术及其发展变化，更加关注科学技术的研究和使用的过程中出现的一系列哲学问题，为传统研究即分析科学技术社会后果的研究补充新材料和新视角。

第二，要利用数字化时代的新技术创新科技哲学研究方法。信息化、数字化、网络化是当今时代的基本情境，信息、数字、网络技术既是科技哲学研究的对象，反过来信息、数字、网络技术也是推动科技哲学发展的基础性工具和平台型工具。科技哲学研究者要善于利用这些技术，将其与各种优化理论和方法、创新思维原理和方法、预测学理论与方法、系统工程理论与方法等结合起来，进一步提升科技哲学探索的范围和深度，提升学科成果的前瞻性、远观力和洞察力[②]。

第三，通过创新科技哲学教育推动学科影响力提升，助推学科价值现实。当前国内科技哲学教育正面临诸如新晋从业者大多缺乏理工科背景，迷恋抽象理论的风气愈演愈烈，流行哲学史式的研究方法（热衷译介总结国外研究），研究脱离中国创新实践活动。抽象哲学理论教学对各专业学生帮助不大，使学生覆盖面窄，面临缺乏学习兴趣等困难。因此要重新找准科技哲学的教学定位，即将科技哲学视为文理沟通的专业桥梁，渗透到广大自然科学专业学生的学习过程中，作为创新型人才培养的核心素质予以

[①] 刘永谋，滕菲：《发挥科技哲学在高校创新教育中的作用》，中国大学教学，2020年第1期，第17-21页。

[②] 闻邦椿：《科技哲学研究方法论探析》，科学出版社，2019年版。

重视。积极推动科技哲学教研的中国化。创新教育是有语境的，只有中国化的科技哲学教育才能为提升中国学生的创新能力发挥更大的作用。

第四，强化学科本土化实践，立足祖国大地服务国家创新大局。科技哲学本质上是有历史性、语境性和地方性的，要突显它们的价值必须要从原创做起，要结合中国国情研究中国问题，形成具有中国格局的学科面貌，构建具有国际影响力的学科话语体系。注重国际交流，但不盲从国外理论与实践，积极向全球贡献中国经验和中国故事，才能彰显中国学术自信和文化自信。

9.4 基础科学人才队伍建设发展建议

9.4.1 培养造就基础科学创新生力军

坚持创新驱动实质是人才驱动，人才是创新的第一资源。基础研究人才队伍建设是极其重要的问题。面对"两个一百年"奋斗目标的历史交汇期，我们须围绕基础研究培养造就一大批具有国际水平的战略科学家、科技领军人才、青年科技人才和创新团队。

第一，重视战略科学家的培育。加快建设世界基础科学研究中心迫切需要一批堪当重任的战略科学家。战略科学家相较于普通科学家，在战略前瞻上有洞察力、在战略布局上有判断力、在战略实施上有领导力。科学发展史揭示了这样一条基本规律：每一个历史时期，总有一个国家成为世界科学活动中心，引领世界科学技术发展的潮流。世界科学活动中心的转移更替往往与各国的科学家，尤其是与战略科学家成长与发展紧密相关，其规模虽然不大，但举足轻重。战略科学家本身不是靠选拔出来的，而是在科学实践中不断锤炼并逐渐得到承认的。有关部门应从科技体制、运行机制、评价体系、资源配置政策等多个方面深化改革，在战略科学家成长的环境、土壤等方面下大工夫，以发挥战略科学家主观能动性的创新平台为载体，以国家科技计划、专项战略计划等重大任务为牵引[①]，长期支持一

---

① 黄娅娜，贺俊：《集聚培育战略科学家势在必行》，中国发展观察，2021年第23期，第52–53页。

批从事国家基础性、战略性、公益性研究的科研团队①。打破陈规，不论资排辈，消除门户之见和工作单位级别、性质等方面的歧视，让有战略科学家潜质的人才有发挥才能的空间和载体；同时也可与"揭榜挂帅"、国际科技合作等相结合，不拘一格培养引进中国所需要的各类战略科学家②。

第二，重视科技领军人才的培育。2016年，习近平总书记在"科技三会"上提出"要培养一大批善于凝聚力量、统筹协调的科技领军人才"。中国科学技术协会原书记尚勇在"科技领军人才专题研修班"对科技领军人才的价值进行了明确，即科技领军人才在引导8100万科技工作者投身决胜全面建成小康社会和建设世界科技强国的伟大征程中发挥着领头雁和主心骨作用，其要进一步增强模范带头和表率作用，努力做到前沿探索争相领跑、短板攻坚争先突破、转化创业争当先锋、普及服务争做贡献。但目前国内外对科技领军人才并无统一界定标准。要做好科技领军人才培育工作，可重点以下四个方面着手：一是制订实施科技领军人才培养专项规划，加强科技领军人才系统培养开发。二是配套科技计划，打造高端培养平台。制订较长时期的科技攻关计划，由现有领军人才领衔，组织优秀后备人才参与持续攻关，为新的人才成长提供持续基础条件。三是根据科技领军人才特质及成长规律做好针对性挖掘和开发。突出能力导向，强化实践锻炼，实行滚动培养。四是完善有利于科技领军人才发挥作用的激励机制。从生活保障、事业支持、资金支持三方面创新安排，激发领军人才的活力。

第三，重视青年科技人才的培育。科学发展史显示科学家在25～45岁时创造力和创新精神最强，这个时期是科学家最有可能做出其研究生涯中最重要科学发现的阶段③。重视青年科技人才的培育要在以下四个方面重点努力：一要不断加大对优秀青年科技人才的发掘、培养、使用和资助力度，为青年人才高效成长创造环境，用最合适的条件助推其成为基础研究的关键力量；二要做好顶层规划，以国家重大需求为导向，把正当年的青年科技人才的引进作为人才引进的核心指标；三要改革创新，给予青年科技人才必要且合理的研究自由，将习近平总书记强调的"在基础研究领域，要尊重科学研究灵感瞬间性、方式随意性、路径不确定性的特点，允许科学

---

① 陈劲，王璐瑶：《战略科技人才培养的"点、线、面、体"动态框架——大国竞争新变局下的前沿探索》，创新科技，2021年第8期，第1-7页。
② 罗中云：《培养战略科学家需要打破陈规》，北京科技报，2021年10月11日。
③ 周建中：《关于青年科技人才发展战略的思考与建议》，科技导报，2019年第12期，第97-101页。

家自由畅想、大胆假设、认真求证。不要以出成果的名义干涉科学家的研究，不要用死板的制度约束科学家的研究活动"重要指示落实到位；四要各级管理部门要依据科研活动客观运行规律分级分类开展评价工作，特别要强调依靠实践和贡献价值评价青年科技人才的导向。

第四，重视创新团队的培育。20世纪末开始，在一些科技发达国家，以学术权威为核心，以共同研究范式为基础，以团队合作为支撑的创新模式迅速发展[①]。进入新世纪，科学创新以单科化和学科交叉化两种形式向前进发，而学科交叉化方面展现出更强大的创新力量。从整体而言，对创新团队的支持变得比对科学家个体的支持更重要。通过支持创新团队，既能让团队中的核心带头人集中精力解决最重要的问题，也可发挥带头人培养人才梯队的领头雁价值，通过有机的人才组合推动学科交叉碰撞，还可通过人才集聚效应快速放大研究成果的影响力。做好创新团队的培育，要重点解决以下方面的问题：①宣传树立"走得远靠团队"的正确信念。在科学高峰的攀登过程中，必须树立正确的发展信念，其中团队信念是最为重要的一个。这里并非否定个人价值，而是现实证明个人价值的实现和发挥一旦脱离了组织，其发展后劲会明显不足，发展能效会明显降低，发展空间会大幅受制，发展影响会大幅削弱。②建立激励团队合作的发展机制。光有团队信念是不够的，还要有帮助这一信念变为现实的环境。加强团队建设需要设计能够有效激发团队组建和生存的管理制度、文化氛围和生态条件，改革探索新的创新资源配置方式，改革考核评价逻辑，将能否形成并有效运作一支学缘结构、年龄结构、知识结构、能力结构合理的队伍作为基本目标。③鼓励学科交叉融合。21世纪科学前沿的重大突破，基础研究的重大创新将会更多地发轫于学科交叉融合领域，学科间的渗透赋能已成为科学发展的基本趋势，在创新团队的培养过程中要特别关注团队交叉融合现实条件和发展潜力的信息，引导广大科学研究团队走出一条开放合作、取长补短、鼎力互助的创新发展道路。④加强产学研协同选题能力。科技立则民族立，未来只有坚持走科技自强自立的道路我们才能拥有因部分发达国家抱着零和思维对我无端打压和恶意竞争的底气。基础研究的核心目的之一是服务于国家发展需要，其发展不只是为了拓展认识自然的边界、开拓知识疆域，也要坚持问题导向，采纳应用牵引的逻辑，从中国经济社会发展和国家安全的实际困难中凝练科学问题。因此基础研究人员要

---

① 陈宜瑜：《培育高水平创新团队 服务创新型国家建设》，中国科学基金，2010年第5期，第257-259页。

到广阔的社会中去,特别是到企业中去,与一线人员多交流、广交流、深交流,建立跨界团队,打破组织边界,切实化解基础研究选题质量和效率的问题。

9.4.2 让科学工作成为青少年尊崇向往的职业

纵观过去,可以说凡成就突出的科学家都有着一颗执着的好奇心。好奇心是人的天性,而青少年时期又是好奇心最强的年龄段,对科学兴趣的引导和培养要从娃娃抓起,在人生的早期阶段让尽可能多的孩子在心中生发科学的萌芽。青少年时期的教育和经历对人生未来发展产生深远影响,它是人生成长的关键十字路口,科学教育做得好,对我国整体人口科学素质的提升意义深远,也为我国未来有更多的科学人才苗子提供了肥沃的土壤。不断加强青少年科学教育的投入,核心目标就是要形成源源不断的具备科学家潜质的青少年群体。

要让广大青少年尊崇科学,向往科学家职业,应积极着力在以下方面优化青少年成长环境:①帮助青少年树立追求科学的价值取向。青少年处于人生观、价值观的形成和确立时期,在这一阶段,要尽一切可能营造爱科学、学科学、用科学的校园环境氛围,让每一位青少年都有一个科学梦想。②加强科学教育骨干师资的培育能力。一是要建立综合机制吸引优秀的人才到科学教学岗位上来,解决师资匮乏的问题;二是通过各种宣传渠道,多种宣传方式,增强科学教师的影响力,帮助他们提升职业存在感、成就感和自豪感,解决职业归属感的问题;三是通过各种项目支持,试点示范,为广大科学教师创新育人方法提供基础条件,解决教学吸引力不足的问题;四是建立国际交流合作平台,帮助科学教师第一时间了解域外经验,对外传播中国典范,使我国科学教师水平与国外比具有鲜明的竞争力。③强化人文历史教育与科学教育的结合让青少年的发展前途更加光明。人是有血有肉的生命,不是抽象的物体,因此青少年的思维、品格、情感是否得到良好的教化会直接影响未来科学事业的成败和归途。科学精神和人文精神的融合是优秀科学家的核心内质特征,应积极探索人文历史教育与科学教育的有机结合模式,实现具有中国特色的人才培养局面。④为青少年树立更多投身科学事业的榜样。教育主管部门要把树立和宣传科学家榜样的工作作为科学教育工作中的关键任务来抓。青少年风华正茂,既对未来满怀憧憬,也对未来充满迷茫。榜样的力量是无穷的,是引导青少年奋发努力的一颗明星,要让青少年走近榜样、走进榜样的奋斗环境,让青少年认识到通过努力梦想是可及的，而不是虚无缥缈的。

9.4.3 引进才华让国际人才为我所用

中国进入了全面建设社会主义现代化国家，向第二个百年奋斗目标进军的新征程，我们比历史上任何时期都更加渴求人才。人才是实现民族振兴、赢得国际竞争主动的战略资源，我们要加快建设世界重要人才中心和创新高地，要坚持聚天下英才而用之。这已成为我国人才工作的基本方向和基本要求。经过长期的艰苦奋斗，当前我国综合国力得到了大幅提升，我国的科学创新环境得到了前所未有的革新和升级，国家的发展为国际人才提供了新的重大历史机遇和更广阔的发展空间。

当前，我们要想方设法凝聚共识，营造环境，搭建平台，创造条件引才入华，重点可从以下方面进行努力：①以精准聚焦的思路强化引进对象的针对性。人才遴选一是要其专业符合国家基础研究重点方向，二是要其工作经历与我国的各项战略，如乡村振兴战略、区域协调发展战略、军民融合发展战略、可持续发展战略等有很高的契合度，其过往有在海外相近或相似的战略中做出具有较大影响的成绩。②以双向开放的思想发挥海外人才的人脉价值。要进一步加大人才对外开放强度。要在新形势下提升国内人才与海外人才的交流互动。要在引进来的人才的帮助下，将国内的人才送出去提升，让国内自主培养的人才也有良好的国际视野。必要时，可以在海外设立研究机构，在当地吸纳海外人才，提升人才可及性。③以港澳为桥接器让国际人才为我所用。要实施更加积极、更加有效的人才引进政策，内地可以借助港澳的制度差异、文化差异，以实现优势互补，将部分有特殊情况的人才部署在港澳为内地所用，做到人才资源配置的协同化。④重视引进有转化创业经验的科学家人才。提到基础科学研究，多数时候想到的是理论研究，但实际上理论与应用是密不可分的关系。以诺贝尔奖为例，近年来其评奖标准不仅关注学理价值，也关注成果的社会应用价值。特别是生理学或医学奖更是如此。再如，华为还提出了十大数学问题。将理论突破与实践创新结合起来，在科学、工程和技术之间架起桥梁，是使基础研究成为推动中国建成创新型国家和世界科技强国的核心路径。⑤加强人类命运共同体理念在全球科学圈的宣传，吸纳更多的有识之士加入中国的研究队伍。当前世界各主要文明之间既有依承与合作，也有竞争与博弈，更有对抗与冲突。人类命运共同体理念不仅是政治家和人文学者的使命，也是科学人的使命。只有建立起共同的信念，确立起彼此认同的终极归宿，人类的科学事业才能求得大同，才能携手走向更加美好的未来。⑥要让海外引进人才对外传播中国科学事业正能量。海外引进人才身在中国或与国内科学研究单位建立起了密切合作，他们是中国科学创新环境和文化氛围的亲历者，要让他们成为中国科学研究国际影响力的使者，将中华优秀创新文化传播出去，让他们成为中国科学界声音的翻译员的和中国故事的讲授者。

参考文献

[1] 巴志超,李纲,朱世伟. 科研合作网络的知识扩散机理研究 [J]. 中国图书馆学报,2016 (5): 68 - 84.

[2] 柏廷顿: 化学简史 [M]. 北京: 商务印书馆,1979.

[3] 陈劲,王璐瑶. 战略科技人才培养的"点、线、面、体"动态框架——大国竞争新变局下的前沿探索 [J]. 创新科技,2021 (8): 1 - 7.

[4] 陈宜瑜. 培育高水平创新团队 服务创新型国家建设 [J]. 中国科学基金,2010 (5): 257 - 259.

[5] 陈悦,刘则渊,陈劲,等. 科学知识图谱的发展历程 [J]. 科学学研究,2008 (3): 449 - 460.

[6] 钮文权. 药物大分子穿越细胞核孔的动力学理论模型研究 [D]. 南京: 东南大学,2016.

[7] 戴维. 科学家在社会中的角色 [M]. 赵佳苓,译. 成都: 四川人民出版社,1988.

[8] 杜建,武夷山. 我国科技政策学研究态势及国际比较 [J]. 科学学研究,2017 (9): 1289 - 1300.

[9] 段伟文. 科技哲学的进路重整与时代观照 [J]. 哲学动态,2014 (5): 14 - 25.

[10] 冯烨,梁立明. 世界科学活动中心转移的时空特征及学科层次析因(上) [J]. 科学学与科学技术管理,2000 (5): 4 - 8.

[11] 冯烨,梁立明. 世界科学活动中心转移的时空特征及学科层次析因(下) [J]. 科学学与科学技术管理,2000 (6): 10 - 11.

[12] 冯烨,梁立明. 世界科学活动中心转移与文化中心分布的相关性分析 [J]. 科技管理研究,2006 (2): 192 - 195.

[13] 高晗,钟蓓. 转基因技术和转基因动物的发展与应用 [J]. 现代畜牧科技,2020 (6): 1 - 4,18.

[14] 高习习. 细胞起源研究在中国 [D]. 合肥: 中国科学技术大学,2019.

[15] 顾新,李久平,王维成. 知识流动、知识链与知识链管理 [J]. 软科学,2006 (2): 10 - 12,16.

[16] 贵淑婷, 彭爱东. 基于专利引文网络的技术扩散速度研究 [J]. 情报理论与实践, 2016 (5): 40-45.

[17] 华连连, 张悟移. 知识流动及相关概念辨析 [J]. 情报杂志, 2010 (10): 112-117.

[18] 黄娅娜, 贺俊. 集聚培育战略科学家势在必行 [J]. 中国发展观察, 2021 (23): 52-53.

[19] 匡华. 描述科技文献增长规律的六种数学模型 [J]. 情报刊, 1998: 3605-3608.

[20] 李宁, 顾玲琍, 杨耀武. 2007—2016年美国科技政策学基金项目分析及启示 [J]. 科技管理研究, 2017 (18): 29-33.

[20] 李顺才, 邹珊刚, 常荔. 知识存量与流量: 内涵、特征及其相关性分析 [J]. 自然辩证法研究, 2001 (4): 42-45.

[22] 李顺才, 邹珊刚, 常荔. 知识存量与流量: 内涵、特征及其相关性分析 [J]. 自然辩证法研究, 2001 (4): 42-45.

[23] 李晓轩, 杨国梁, 肖小溪. 科技政策学: 科技政策研究的新阶段 [J]. 中国科学院院刊, 2012 (5): 538-544.

[24] 李韵婷, 郑纪刚, 张日新. 国内外智库影响力研究的前沿和热点分析——基于CiteSpace V的可视化计量 [J]. 情报杂志, 2018 (12): 78-85.

[25] 林东清. 知识管理理论与实践 [M]. 北京: 电子工业出版社, 2005.

[26] 刘立. 发展科技政策学 推进科技体制改革的科学化和民主化 [J]. 科学与管理, 2012 (5): 4-11.

[27] 刘永谋, 滕菲. 发挥科技哲学在高校创新教育中的作用 [J]. 中国大学教学, 2020: 17-21.

[28] 罗中云. 培养战略科学家需要打破陈规 [N]. 北京科技报, 2021-10-11.

[29] 马旭军. 区域创新系统中知识流动的重要性分析 [J]. 经济问题, 2007 (5): 19-20.

[30] 毛峥乐, 王琛, 程亚. 超分辨远场生物荧光成像——突破光学衍射极限 [J]. 中国激光, 2008 (09): 1283-1307.

[31] 倪延年. 知识传播学 [M]. 南京: 南京师范大学出版社, 1999.

[32] 邱均平. 文献信息印证规律和引文分析法 [J]. 情报理论与实践, 2001 (3): 236-240.

[33] 邱均平. 信息计量学（二）第二讲：文献信息增长规律与应用 [J]. 情报理论与实践, 2000, 23 (2): 153-157.

[34] 眭纪刚. 以科技创新促进文化繁荣发展 [N]. 光明日报, 2019-9-5.

[35] 王亮. 基于 SCI 引文网络的知识扩散研究 [D]. 哈尔滨：哈尔滨工业大学, 2014.

[36] 王伟民, 邵瑾, 秦宗仓. 当代科技哲学前沿问题研究 [M]. 北京：中央文献出版社, 2007.

[37] 王晓文, 王树恩. "三大中心"转移与"汤浅现象"的终结 [J]. 科学管理研究, 2007 (4): 36-38.

[38] 王续琨. 交叉科学结构论 [M]. 北京：人民出版社, 2015.

[39] 闻邦椿, 科技哲学研究方法论探析 [M]. 北京：科学出版社, 2019.

[40] 吴交交, 樊星, 高芮, 等. 磁性纳米粒子介导的细胞生物学效应 [J]. 生命的化学, 2019 (5): 885-896.

[41] 徐建华, 朱家勇. 生物信息学在蛋白质结构与功能预测中的应用 [J]. 医学分子生物学杂志, 2005 (3): 227-232.

[42] 徐占忱, 何明升. 知识转移障碍纾解与集群企业学习能力构成研究 [J]. 情报科学, 2005 (5): 659-663.

[43] 杨国梁, 刘文斌, 徐芳, 等. 知识创新过程中知识转化与科技政策学研究 [J]. 科学学与科学技术管理, 2013 (12): 22-28.

[44] 杨瑞. 浅析生物细胞工程的现状及未来展望 [J]. 科技风, 2020 (6): 11.

[45] 叶伟萍, 向本琼, 王英典. 美国一流大学生物学本科专业设置的启示 [J]. 高校生物学教学研究（电子版）, 2011 (1): 57-61.

[46] 赵兴太, 王国领. 世界科学活动中心转移与 21 世纪的中国科技 [M]. 开封：河南人民出版社, 2007.

[47] 中华人民共和国中央人民政府. 国家中长期科学和技术发展规划纲要 (2006—2020 年). [EB/OL]. http://www.gov.cn/jrzg/2006-02/09/content_183787_6.htm.

[48] 周建中. 关于青年科技人才发展战略的思考与建议 [J]. 科技导报, 2019 (12): 97-101.

[49] ABBOTT B P, ABBOTT R, ABBOTT T D, et al. Observation of gravitational waves from a binary black hole merger [J]. Physical Review Let-

ters, 2016: 116 (6).

[50] AKHTAR A, BECKER P B. Activation of transcription through histone H4 acetylation by MOF, an acetyltransferase essential for dosage compensation in Drosophila [J]. Molecular Cell, 2000, 5 (2): 367-375.

[51] AMBROSINI G, ADIDA C, ALTIERI D C. A novel anti-apoptosis gene, surviving, expressed in cancer and lymphoma [J]. Nature Medicine, 1997, 3 (8): 917-21.

[52] ANDREW C I, ADVA D. Knowledge management processes and international joint ventures [J]. Organization Science, 1998, 9 (4): 454-468.

[53] CHEN C M, HICKS D. Tracing knowledge diffusion [J]. Scientometrics, 2004, 59 (2): 199-211.

[54] CHEN C. Searching for intellectual turning points: Progressive knowledge domain visualization [J]. Proceedings of the National Academy of Sciences of the United States of America, 2004: 5303-5310.

[55] CHO H, MU J, KIM J K, et al. Insulin Resistance and a Diabetes Mellitus-Like Syndrome in Mice Lacking the Protein Kinase Akt2 [J]. Science, 2001, 292 (5522): 1728-1731.

[56] CNFMAB, DMA, EBFD, et al. Inhibitory effect of melatonin on hypoxia-induced vasculogenic mimicry via suppressing epithelial-mesenchymal transition (EMT) in breast cancer stem cells [J]. European Journal of Pharmacology, 2020, 6 (8): 12-20.

[57] DAVENPORT T H, PHILIP K. Managing customer support knowledge [J]. California Management Review, 1998, 40 (3): 195-208.

[58] ECONOMOPOULOU M, LANGER H F, CELESTE A, et al. Histone H2AX is integral to hypoxia driven neovascularization [J]. Nature Medicine, 2009, 15 (5): 553.

[59] EINSTEIN A. Nherungsweise Integration der Feldgleichungen der Gravitation [M] //Wiley-VCH Verlag GmbH & Co. KGaA, Albert Einstein: Akademie-Vorträge: Sitzungsberichte der Preußischen Akademie der Wissenschaften 1914—1932, 2006: 688-696.

[60] ELBADAWI M, EFFERTH T. Organoids of human airways to study infectivity and cytopathy of SARS-CoV-2 [J]. The Lancet Respiratory Medi-

cine, 2020, 8 (6): 7-15.

[61] EMSLEY P, COWTAN K. Coot: model-building tools for molecular graphics [J]. Acta Crystallogr D Biol Crystallogr, 2004, 60 (12): 2126-2132.

[62] GENZEL R, LUTZ D, STURM E, et al. What Powers Ultra-luminous IRAS Galaxies? [J]. Astrophysical Journal, 1997, 498 (2): 579-605.

[63] HADDADI P, MAHDAVI M, RAHBARGHAZI R, et al. Down-regulation of Bcl2 and Survivin, and up-regulation of Bax involved in copper (Ⅱ) phenylthiosemicarbazone complex-induced apoptosis in leukemia stem-like KG1a cells [J]. Process Biochemistry, 2020, 28 (4): 35-50.

[64] HOWLAND J L. Essential cell biology: An introduction to the molecular biology of the cell [J]. Biochemistry & Molecular Biology Education, 1999, 27 (4): 241-241.

[65] HU M, LI P, LI M, et al. Crystal structure of a UBP-family deubiquitinating enzyme in isolation and in complex with ubiquitin aldehyde [J]. Cell, 2002, 111 (7): 1041-1054.

[66] JENUWEIN, T. Translating the Histone Code [J]. Science, 2001, 293 (5532): 1074.

[67] KOUZARIDES T. Chromatin modifications and their function [J]. Cell, 2007, 128 (8): 46-58.

[68] LEARNED W S. The American public library and the diffusion of knowledge [M]. Harcourt: Brace, 1997.

[69] LIU Y, ROUSSEAU R. Knowledge diffusion through publications and citations: A case study using ESI-fields as unit of diffusion [J]. Journal of the American Society for Information Science and Technology, 2010, 61 (2): 340-351.

[70] MAX H, BOISOT. Is your firm a creative destroyer competitive learning and knowledge flows in the technological strategies of firm [J]. Research Policy, 1995 (24): 489-506.

[71] MIKKELSEN T S, KU M, JAFFE D B, et al. Genome-wide maps of chromatin state in pluripotent and lineage-committed cells [J]. Nature, 2007, 448 (7153): 553-560.

[72] NIEL G V, D'ANGELO G, GRAçA RAPOSO. Shedding light on the cell biology of extracellular vesicles [J]. Nature Reviews Molecular Cell Biology,

2018, 27 (8): 36-42.

[73] PLEISS J A, WHITWORTH G B, BERGKESSEL M, et al. Rapid, transcript-specific changes in splicing in response to environmental stress [J]. Molecular Cell, 2007, 27 (6): 928-937.

[74] PRICE D. Networks of scientific papers [J]. Science, 1965 (149): 510-515.

[75] RIDLEY A J, HALL A. The small GTP-binding protein rho regulates the assembly of focal adhesions and actin stress fibers in response to growth factors [J]. Trends in Cell Biology, 1992 (8): 8-16.

[76] ROUSSEAU R. Robert Fairthorne and the empirical power laws [J]. Journal of Documentation, 2005, 61 (2): 194-205.

[77] SHIN J A, CHOI E S, KIM H S, et al. SUMO modification is involved in the maintenance of heterochromatin stability in fission yeast [J]. Molecular Cell, 2005, 19 (6): 817-828.

[78] SPIEGEL S, MERRILL A H. Sphingolipid metabolism and cell growth regulation [J]. Faseb Journal, 1996, 10 (12): 1388-1397.

[79] TEECE D. Technology transfer by multinational firms: the resource cost of transferring technological know-how [J]. The Economic Journal, 1977 (87): 242-2611.

[80] TISCHER E G, ABRAHAM J A, FIDDES J C, et al. Production of vascular endothelial cell growth factor [J]. Faseb Journal, 1993, 10 (12): 135.

[81] WYLLIE A H, KERR J F, CURRIE A R, et al. Cell Death: the significance of apoptosis [J]. International Review of Cytology-a Survey of Cell Biology, 1980 (8): 251-306.